实战Java高并发程序设计

第3版

葛一鸣◎著

電子工業出版社
Publishing House of Electronics Industry
北京•BEIJING

内 容 简 介

在单核 CPU 时代，单任务在一个时间点只能执行单一程序，随着多核 CPU 的发展，并行程序开发变得尤为重要。

本书主要介绍基于 Java 的并行程序设计基础、思路、方法和实战。第一，立足于并行程序基础，详细介绍 Java 并行程序设计的基本方法。第二，进一步详细介绍 JDK 对并行程序的强大支持，帮助读者快速、稳健地进行并行程序开发。第三，详细讨论"锁"的优化，以及提高并行程序性能级别的方法和思路。第四，介绍并行的基本设计模式，以及 Java 8/9/10 对并行程序的支持和改进。第五，介绍高并发框架 Akka 的使用方法。第六，详细介绍并行程序的调试方法。第七，分析 Jetty 代码并给出一些其在高并发优化方面的例子。

本书内容丰富，实例典型，实用性强，适合有一定 Java 基础的技术开发人员阅读。

图书在版编目（CIP）数据

实战 Java 高并发程序设计 / 葛一鸣著. —3 版. —北京：电子工业出版社，2022.7
ISBN 978-7-121-43707-6

Ⅰ. ①实… Ⅱ. ①葛… Ⅲ. ①JAVA 语言－程序设计 Ⅳ. ①TP312.8

中国版本图书馆 CIP 数据核字（2022）第 096118 号

责任编辑：董　英
印　　刷：三河市良远印务有限公司
装　　订：三河市良远印务有限公司
出版发行：电子工业出版社
　　　　　北京市海淀区万寿路 173 信箱　　邮编：100036
开　　本：787×980　1/16　印张：26.75　字数：599.2 千字
版　　次：2015 年 10 月第 1 版
　　　　　2022 年 7 月第 3 版
印　　次：2022 年 7 月第 1 次印刷
定　　价：99.00 元

凡所购买电子工业出版社图书有缺损问题，请向购买书店调换。若书店售缺，请与本社发行部联系，联系及邮购电话：（010）88254888，88258888。

质量投诉请发邮件至 zlts@phei.com.cn，盗版侵权举报请发邮件至 dbqq@phei.com.cn。
本书咨询联系方式：010-51260888-819，faq@phei.com.cn。

前　　言

关于 Java 与并行

由于单核 CPU 的主频逐步逼近极限，多核 CPU 架构成了一种必然的技术趋势，因此多线程并行程序便显得越来越重要。并行计算的一个重要应用场景就是服务端编程。目前服务端 CPU 的核心数已经轻松超越 10 个，而 Java 显然是当下最流行的服务端编程语言，且已经更新到 JDK 14，因此熟悉和了解基于 Java 的并行程序开发有着重要的实用价值。

本书的体系结构

本书立足于实际开发，但不缺乏理论介绍，力求通俗易懂、循序渐进。本书共分为 9 章。

第 1 章主要介绍并行计算中的一些基本概念，让读者对并行计算有一个基本认识，其中包括两个重要的并行性能评估定律，以及 Java 内存模型 JMM。

第 2 章介绍 Java 并行程序开发的基础，包括 Java 中线程的基本使用方法等，也详细介绍了并行程序容易引发的一些错误，以及容易出现的误用。

第 3 章介绍 JDK 内部对并行程序开发的支持，主要介绍 JUC（java.util.concurrent）中一些工具的使用方法、各自的特点及它们的内部实现原理。

第 4 章介绍在开发过程中可以进行的对锁的优化，也进一步简要描述了 Java 虚拟机层面对并行程序的优化和支持。此外，还花了一定的篇幅介绍无锁的计算。

第 5 章介绍并行程序设计中常见的一些设计模式，以及典型的并行算法和使用方法，其中包括重要的 Java NIO 和 AIO 的介绍。

第 6 章介绍 Java 8/9/10 为并行计算所做的改进，包括并行流、CompletableFuture、StampedLock、LongAdder，以及发布和订阅模式等。

第 7 章主要介绍高并发框架 Akka 的基本使用方法，并使用 Akka 框架实现了一个简单的粒子群算法，模拟超高并发的场景。

第 8 章介绍使用 Eclipse 进行多线程调试的方法，并演示了通过 Eclipse 进行多线程调试来重现 ArrayList 的线程不安全问题。

第 9 章介绍 Jetty，并分析 Jetty 的关键代码，主要展示它在高并发优化中所做的一些努力，也为读者学会并深入理解高并发提供一些提示和思考。

本书特色

本书的主要特色如下。

1. **结构清晰**。本书一共 9 章，总体上循序渐进、逐步提升。每一章都有鲜明的侧重点，有利于读者快速抓住重点。
2. **理论结合实战**。本书注重实战，书中重要的知识点都安排了代码实例，从而利于读者理解，同时对系统的内部实现原理进行了深度剖析。
3. **通俗易懂**。本书尽量避免采用过于理论化的描述方式，简单的白话文风格贯穿全书，配图基本上为手工绘制示意图，降低了理解难度，并尽量做到让读者在阅读过程中少盲点、无盲点。

适合阅读人群

虽然本书力求通俗，但是要通读本书并取得良好的学习效果，仍要求读者具备基本的

Java 知识或者一定的编程经验。因此，本书适合以下读者。

- 拥有一定开发经验的 Java 平台开发人员（Java、Scala、JRuby 等）。
- 软件设计师、架构师。
- 系统调优人员。
- 有一定的 Java 编程基础并希望进一步加深对并行程序的理解的研发人员。

本书的约定和更新

本书在叙述过程中，有如下约定。

- 本书所述的 JDK 1.8、JDK 1.9、JDK 1.10 分别等同于 JDK 8、JDK 9、JDK 10。
- 如无特殊说明，本书的程序、示例均在 JDK 1.8 以上环境中运行。

相较前一版，本书的主要更新如下。

1. 第 3 章更新的内容如下。

- 更新了“3.1.3　允许多个线程同时访问：信号量（Semaphore）”。
- 增加了对 AbstractQueuedSynchronizer 的介绍。
- 增加了对 ConcurrentHashMap 在 JDK 8 中实现的介绍。

2. 第 4 章更新的内容如下。

- 更新了“4.1.2　减小锁粒度”。
- 增加了对 ThreadLocalRandmon 实现的介绍。
- 更新了“4.4.2　无锁的线程安全整数：AtomicInteger”中有关原子类实现的介绍。
- 更新了“4.4.3　Java 中的指针：Unsafe 类”中有关 Unsafe 类的说明。

3. 第 5 章更新的内容如下。

- 更新了“5.4.4　CPU Cache 的优化：解决伪共享问题”中的示例。

4. 第 6 章更新内容如下。

- 更新了“6.7.1　更快的原子类：LongAdder”中有关 LongAdder 的实现。

感谢

本书能够面世，是因为得到了众人的支持。首先，感谢我的妻子，她始终不辞辛劳、毫无怨言地对我照顾有加，这才让我得以腾出大量时间安心工作。其次，感谢所有编辑为我一次又一次地审稿改错，批评指正，帮助本书逐步完善。最后，感谢我的母亲三十年如一日对我的体贴和关心。

参与本书写作的还有薛淑英，特此感谢！

葛一鸣

读者服务

微信扫码回复：43707

- 获取本书配套源码、参考文献
- 加入“Java 架构”读者交流群，与更多同道中人互动
- 获取【百场业界大咖直播合集】（持续更新），仅需 1 元

目　录

1

第 1 章 走入并行世界

当你打开本书时，也许你正试图将你的应用改造成并行模式运行，也许你只是单纯地对并行程序感兴趣。无论出于何种原因，你正对并行计算充满好奇、疑问和求知欲。如果是这样，那就对了，带着你的好奇和疑问，让我们一起遨游并行程序的世界，深入了解并行程序究竟是如何工作的吧！

不过首先，我想要公布一条令人沮丧的消息。就在大伙儿都认为并行计算必然成为未来的大趋势时，2014 年年底，在 Avoiding ping pong 论坛上，伟大的 Linus Torvalds 提出了一个截然不同的观点，他说："忘掉那该死的并行吧！"（原文：Give it up. The whole "parallel computing is the future" is a bunch of crock.）

1.1 何去何从的并行计算

我们到底该如何选择呢？本节的目的就是拨云见日。

1.1.1 忘掉那该死的并行

Linus Torvalds 是一个传奇式的人物（图 1.1），是他给出了 Linux 的原型，并一直致力于推广和发展 Linux 系统。1991 年，他首先在网络上发布了 Linux 源码，从此 Linux 迅速崛起壮大，成为目前使用最广泛的操作系统之一。

图 1.1 传奇的 Linus Torvalds

自 2002 年起，Linus 就决定使用 BitKeeper 作为 Linux 内核开发的版本控制工具，以此来维护 Linux 的内核源码。BitKeeper 是一套分布式版本控制软件，它是一套商用系统，由 BitMover 公司开发。2005 年，BitKeeper 宣称：发现 Linux 内核开发人员试图使用逆向工程来解析 BitKeeper 内部协议，因此，决定向 Linus 收回 BitKeeper 授权。虽然 Linux 核心团队与 BitMover 公司进行了协商，但是仍无法解决他们之间的分歧。因此，Linus 决定自行研发版本控制工具来代替 BitKeeper。于是，Git 诞生了。

如果你正在使用 Git，那么我相信你一定会为 Git 的魅力所折服；如果你还没有了解过 Git，那么我强烈建议你关注一下这款优秀的产品。

而正是这位传奇人物，给目前红红火火的并行计算泼了一大盆冷水。那么，并行计算究竟应该何去何从呢？

Linus 在发言中这么说道：

Where the hell do you envision that those magical parallel algorithms would be used?

The only place where parallelism matters is in graphics or on the server side, where we already largely have it. Pushing it anywhere else is just pointless.

So the whole argument that people should parallelize their code is fundamentally flawed. It rests on incorrect assumptions. It's a fad that has been going on too long.

需要有多么奇葩的想象力才能想象出并行计算的用武之地？

并行计算只能在图像处理和服务端程序两个领域使用，并且它在这两个领域已经有了大量广泛的使用。但是在其他任何地方，并行计算毫无建树！

因此，人们争论是否应该将代码并行化是一个本质上的错误。这完全基于一个错误的假设。“并行”是一个早该结束的时髦用语。

看了这段较为完整的表述，大家应该对 Linus 的观点有所感触，我对此也表示赞同。与串行程序不同，并行程序的设计和实现异常复杂，其复杂性不仅体现在程序的功能分离上，多线程间的协调性、乱序性都会成为程序得以正确执行的障碍。只要你稍不留神，就会“失之毫厘，谬以千里”！混乱的程序难以阅读、难以理解，更难以调试。所谓“并行”，也就是把简单问题复杂化的典型。因此，只有“疯子”才会叫嚣“并行就是未来”（The crazies talking about scaling to hundreds of cores are just that – crazy）。

但是，Linus 也提出了两个特例，那就是图像处理和服务端程序是可以、也需要使用并行技术的。仔细想想，为什么图像处理和服务端程序是特例呢？

和用户终端程序不同，图像处理往往拥有极大的计算量。一张 1024 像素×768 像素的图片，包含多达 78 万 6 千多个像素。即使将所有的像素遍历一遍，也得花不少时间。更何况，图像处理涉及大量的矩阵计算，矩阵的规模和数量都会非常大。因为如此密集的计算，很有可能超过单核 CPU 的计算能力，所以自然需要引入多核计算了。

而服务端程序与一般的用户终端程序相比，一方面，服务端程序需要承受很大的用户访问压力。根据淘宝的数据，它在“双 11”一天，支付宝核心数据库集群就处理了 41 亿个事务、执行了 285 亿次 SQL、生成了 15TB 日志、访问了 1931 亿次内存数据块且发生了 13 亿个物理读。如此密集的访问，恐怕任何一台单核计算机都难以承受，因此，并行程序也就自然成了唯一的选择。另一方面，服务端程序往往会比用户终端程序拥有更复杂的业务模型。面对复杂业务模型，并行程序会比串行程序更容易适应业务需求、模拟我们的现实世界。毕竟，我们的世界本质上是并行的。比如，当你开开心心去上学的时候，妈妈可能在家里忙着家务，爸爸在外打工赚钱，一家人其乐融融。如果有一天，你需要使用你的计算机来模拟这个场景，你会怎么做呢？如果你在一个线程里，既做了你自己，又做了妈妈，又做了爸爸，显然这不是一种好的解决方案。但如果你使用三个线程，分别模拟这三个人，一切看起来那么自然，而且容易被人理解。

再举一个专业点的例子，比如基础平台 Java 虚拟机，虚拟机除了要执行 main 函数外，还需要做 JIT 编译和垃圾回收。无论是 main 函数、JIT 编译还是垃圾回收，在虚拟机内部都是一个单独的线程。是什么使得虚拟机的研发人员这么做的呢？显然，这是因为建模的需要。因为这里的每一项任务都是相对独立的。我们不应该将没有关联的业务代码拼凑在一起，分离为不同的线程更容易理解和维护。因此，使用并行也不完全是出于对性能的考虑，有时候我们会很自然地那么做。

1.1.2 可怕的现实：摩尔定律的失效

摩尔定律是由 Intel 创始人之一戈登·摩尔提出来的，其内容为：集成电路上可容纳的电晶体（晶体管）数目，约每隔 24 个月便会增加一倍。经常被引用的“18 个月”，是由 Intel 首席执行官大卫·豪斯所说“预计 18 个月会将芯片的性能提高一倍（即更多的晶体管使其更快）”而来的。

说得直白点，就是每 18 个月到 24 个月，我们的计算机性能就能翻一番。

反过来说，就是每过 18 个月到 24 个月，你用一半的价钱就能买到和现在性能相同的计算设备了。这听起来是一件多么激动人心的事情呀！

但是，摩尔定律并不是一种自然法则或者物理定律，它只是基于人为观测数据对未来的预测。按照这种速度，我们的计算能力将会按照指数速度增长，用不了多久，我们的计算能力就能超越“上帝”了！畅想未来，基于强劲的超级计算机，我们甚至可以模拟整个宇宙。

摩尔定律的有效性已经超过半个世纪了，然而，在 2004 年，Intel 宣布将 4GHz 芯片的发布时间推迟到 2005 年。在 2004 年秋季，Intel 宣布彻底取消 4GHz 计划（图 1.2）。

是什么迫使世界顶级的科技巨头放弃 4GHz 的研发呢？显然，就目前的硅电路而言，很有可能已经走到了头。我们的制造工艺已经精确到纳米了。1 纳米是 10^{-9} 米，也就是十亿分之一米。这已经是一个相当小的数字了。就目前的科技水平而言，如果无法在物质分子层面以下进行工作，那么也许 4GHz 的芯片就已经接近理论极限了。因为即使一个水分子，它的直径也有 0.4 纳米。当然，如果我们使用完全不同的计算理论或者芯片生成工艺，也许会有本质的突破，但目前我们还没有看到这种技术被大规模使用的可能性。

图 1.2　Intel CEO Barret 单膝下跪对取消 4GHz 感到抱歉

因此，摩尔定律在 CPU 的计算性能上可能已经失效。虽然，现在 Intel 已经研制出了 4GHz 芯片，但可以看到，在近 10 年的发展中，CPU 主频的提升已经明显遇到了一些暂时不可逾越的瓶颈。

1.1.3　柳暗花明：不断地前进

虽然 CPU 的性能已经几近止步，长达半个世纪的摩尔定律轰然倒地，但是这依然没有阻挡科学家和工程师们带领我们不断向前的脚步。

从 2005 年开始，我们已经不再追求单核的计算速度，而是着迷于研究如何将多个独立的计算单元整合到单独的 CPU 中，也就是我们所说的多核 CPU。短短十几年的发展，家用型 CPU，比如 Intel i7 就可以拥有 4 核，甚至 8 核。而专业服务器则通常可以配有几个独立的 CPU，每个 CPU 都拥有多达 8 个甚至更多的内核。从整体上看，专业服务器的内核总数甚至可以达到几百个。

非常令人激动的是，摩尔定律在另外一个侧面又生效了。根据这个定律，我们可以预测，每过 18 个月到 24 个月，CPU 的内核数就会翻一番。用不了多久，拥有几十甚至上百个 CPU 内核的芯片就能进入千家万户。

顶级计算机科学家唐纳德・尔文・克努斯（Donald Ervin Knuth）如此评价这种情况：“在我看来，这种现象（并发）或多或少是由硬件设计者已经无计可施导致的，他们将摩尔定律失效的责任推给软件开发者。”

唐纳德（图 1.3）是计算机巨著《计算机程序设计艺术》的作者。《美国科学家》杂志曾将该书与爱因斯坦的《相对论》、狄拉克的《量子力学》和理查·费曼的《量子电动力学》等书并列为 20 世纪最重要的 12 本物理科学类专论书之一。

图 1.3 唐纳德

1.1.4 光明或是黑暗

根据唐纳德的观点，摩尔定律本应该由硬件开发人员维持。但是，很不幸，硬件工程师似乎已经无计可施了。为了继续保证性能的高速发展，硬件工程师破天荒地想出了将多个 CPU 内核塞进一个 CPU 里的奇妙想法。由此，并行计算就被非常自然地推广开来，随之而来的问题也层出不穷，程序员的黑暗时期也随之到来。简化的硬件设计方案必然带来软件设计的复杂性。换句话说，软件工程师正在为硬件工程师无法完成的工作负责，因此，也就有了唐纳德的“他们将摩尔定律失效的责任推给了软件开发者”的说法。

所以，如何让多个 CPU 有效并且正确地工作也就成了一门技术，甚至成了很大的学问比如，多线程间如何保证线程安全，如何正确理解线程间的无序性、可见性，如何尽可能地设计并行程序，如何将串行程序改造为并行程序。而对并行计算的研究，就是希望给这片黑暗带来光明。

1.2　你必须知道的几个概念

现在，并行计算显然已经成为一门正式的学科。也许很多人（包括 Linus 在内）都觉得并行计算或者说并行算法是多么的奇葩。但现在我们也不得不承认，在某些领域，这些算法还是有用武之地的。既然说服务端编程还是需要大量并行计算的，而 Java 也主要占领着服务端市场，那么对 Java 并行计算的研究就显得非常必要。但我想在这里先介绍几个重要的相关概念。

1.2.1　同步（Synchronous）和异步（Asynchronous）

同步和异步通常用来形容一次方法调用。同步方法调用一旦开始，调用者必须等到方法调用返回后，才能继续后续的行为。异步方法调用更像一个消息传递，一旦开始，方法调用就会立即返回，调用者就可以继续后续的操作。而异步方法通常会在另外一个线程中“真实”地执行。整个过程，不会阻碍调用者的工作。图 1.4 显示了同步方法调用和异步方法调用的区别。对于调用者来说，异步方法调用似乎是一瞬间就完成的。如果异步方法调用需要返回结果，那么当这个异步方法调用真实完成时，则会通知调用者。

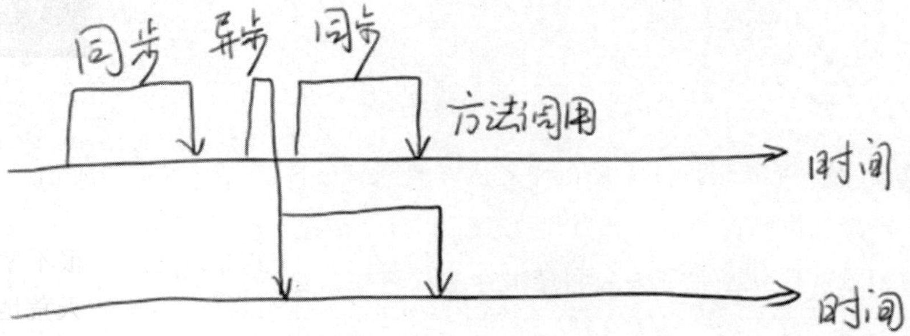

图 1.4　同步方法调用和异步方法调用的区别

打个比方，比如购物，如果你去商场买空调，当你到了商场看中了一款空调，你就向售货员下单。售货员去仓库帮你调配物品。这天你热得实在不行了，就催着商家赶紧给你送货，于是你就在商店里候着他们，直到商家把你和空调一起送回家，一次愉快的购物就结束了。这就是同步方法调用。

不过，如果你赶时髦，就坐在家里打开电脑，在网上订购一台空调。当你完成网上支付的时候，对你来说购物过程已经结束了。虽然空调还没送到家，但是你的任务已经完成了。商家接到了你的订单后，就会加紧安排送货，当然这一切已经跟你无关了。你已经支付完成，想干什么就能去干什么，出去溜几圈都不成问题。等送货上门的时候，你接到商家的电话，回家签收就完事了。这就是异步方法调用。

1.2.2 并发（Concurrency）和并行（Parallelism）

并发和并行是两个非常容易被混淆的概念。它们都可以表示两个或者多个任务一起执行，但是侧重点有所不同。并发偏重于多个任务**交替**执行，而多个任务之间有可能还是串行的，而并行是真正意义上的“同时执行”，图 1.5 很好地诠释了这点。

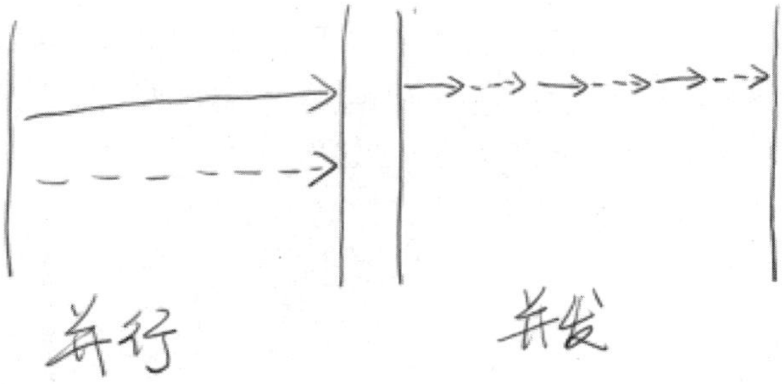

图 1.5 并发和并行

从严格意义上来说，并行的多个任务是真的同时执行，而对于并发来说，这个过程只是交替的，一会儿执行任务 A，一会儿执行任务 B，系统会不停地在两者之间切换。但对于外部观察者来说，即使多个任务之间是串行并发的，也会产生多任务并行执行的错觉。

这两种情况在生活中都很常见。我曾经去黄山旅游过两次。黄山风景奇特，有着“五岳归来不看山，黄山归来不看岳”的美誉。只要去过黄山的人都应该知道，导游时常挂在嘴边的“走路不看景，看景不走路”。因为黄山顶上经常下雨，地面湿滑、地形险峻。如果边走边看，跌倒擦伤那是常有的事。为了安全起见，游客被要求看景的时候停下脚步，走路的时候能够专心看着地面，管好双脚，这就是“并发”。它和“边走边看”有着非常奇妙的关系，因为这两种情况都可以被认为是“同时在看景和走路”。

那么在黄山上，真正的“并行”应该是什么样的呢？聪明的同学应该可以想到，那就是坐缆车上山。缆车可以代替步行，你坐在缆车上才能专心欣赏沿途的风景，“走路”全部交给缆车去完成就好了。

实际上，如果系统内只有一个 CPU，而使用多进程或者多线程任务，那么真实环境中这些任务不可能是真实并行的，毕竟一个 CPU 一次只能执行一条指令，在这种情况下多进程或者多线程就是并发的，而不是并行的（操作系统会不停地切换多个任务）。真实的并行也只可能出现在拥有多个 CPU 的系统中（比如多核 CPU）。

由于并发的最终效果可能和并行的效果一样，因此，如果没有特别的需要，我在本书中不会特别强调两者的区别。

1.2.3　临界区

临界区用来表示一种公共资源或者说共享数据，可以被多个线程使用。但是每一次只能有一个线程使用它，一旦临界区资源被占用，其他线程要想使用这个资源就必须等待。

比如，在一个办公室里有一台打印机，打印机一次只能执行一个任务。如果小王和小明同时需要打印文件，很显然，如果小王先下发了打印任务，打印机就开始打印小王的文件。小明的任务就只能等待小王打印结束后才能被执行。这里的打印机就是一个临界区的例子。

在并行程序中，临界区资源是保护的对象，如果意外出现打印机同时执行两个打印任务的情况，那么最可能的结果就是打印出来的文件是损坏的文件。它既不是小王想要的，也不是小明想要的。

1.2.4　阻塞（Blocking）和非阻塞（Non-Blocking）

阻塞和非阻塞通常用来形容多线程间的相互影响。比如一个线程占用了临界区资源，那么其他所有需要这个资源的线程就必须在这个临界区中等待。等待会导致线程挂起，这种情况就是阻塞。此时，如果占用资源的线程一直不愿意释放资源，那么其他所有阻塞在这个临界区上的线程都不能工作。

非阻塞的意思与之相反，它强调没有一个线程可以妨碍其他线程执行，所有的线程都会尝试不断向前执行，“1.3　并发级别”中将对这个概念做更详细的描述。

1.2.5 死锁（Deadlock）、饥饿（Starvation）和活锁（Livelock）

死锁、饥饿和活锁都属于多线程的活跃性问题。如果发现上述几种情况，那么相关线程可能就不再活跃，也就是说它可能很难再继续往下执行了。

死锁应该是最糟糕的一种情况了（当然，其他几种情况也好不到哪里去），图 1.6 显示了死锁的发生。

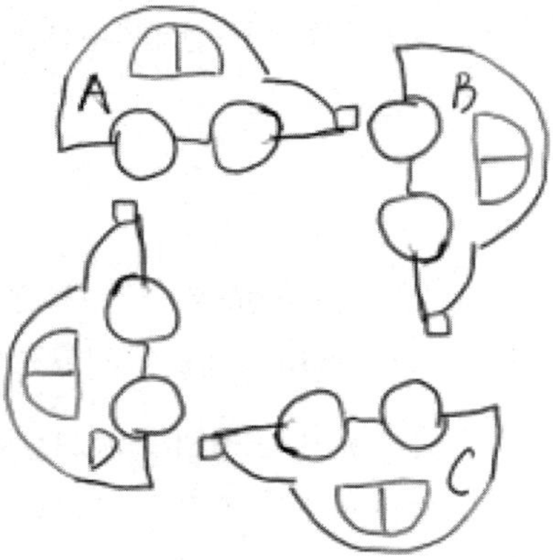

图 1.6　死锁的发生

A、B、C、D 四辆小车在这种情况下都无法继续行驶了，它们彼此之间占用了其他车辆的车道，如果大家都不愿意释放自己的车道，那么这个状态将永远持续下去，谁都不可能通过。死锁是一个很严重的并且应该避免和时时小心的问题，我们将把它安排在“第 4 章　锁的优化及注意事项”中进行更详细的讨论。

饥饿是指某一个或者多个线程因为种种原因无法获得所需要的资源，导致一直无法执行。比如，它的线程优先级可能太低，而高优先级的线程不断抢占它需要的资源，导致低优先级线程无法工作。在自然界中，母鸟给雏鸟喂食时很容易出现这种情况。由于雏鸟很多，食物有限，雏鸟之间的食物竞争可能非常厉害，经常抢不到食物的雏鸟有可能会被饿死。线程的饥饿与这种情况非常类似。此外，某一个线程一直占着关键资源不放，导致其他需要这个资源的线程无法正常执行，这种情况也是饥饿的一种。与死锁相比，饥饿还是有可能在未来一段时间内解决的（比如，高优先级的线程已经完成任务，不再疯狂执行）。

活锁是一种非常有趣的情况。不知道大家是否遇到过这么一种场景，当你要坐电梯下楼时，电梯到了，门开了，这时你正准备出去，但很不巧的是，门外一个人挡着你的去路，他想进来。于是，你很礼貌地靠左走，避让对方。同时，对方也非常礼貌地靠右走，希望避让你。结果，你们俩就又撞上了。于是乎，你们都意识到了问题，希望尽快避让对方，你立即向右边走，同时，他立即向左边走。结果，又撞上了！不过介于人类的智力，我相信这个动作重复两三次后，你应该可以顺利解决这个问题。因为这时候，大家都会本能地对视，进行交流，保证这种情况不再发生。

但如果这种情况发生在两个线程之间可能就不会那么幸运了。如果线程的智力不够，且都秉承着“谦让”的原则，主动将资源释放给他人使用，那么就会导致资源不断地在两个线程间跳动，从而没有一个线程可以同时拿到所有资源。这种情况就是活锁。

1.3　并发级别

由于临界区的存在，多线程之间的并发必须受到控制。根据控制并发的策略，我们可以把并发的级别分为阻塞、无饥饿、无障碍、无锁、无等待等。

1.3.1　阻塞

一个线程是阻塞的，那么在其他线程释放资源之前，当前线程无法继续执行。当我们使用 synchronized 关键字或者重入锁时（我们将在第 2、3 章介绍这两种技术），我们得到的就是阻塞线程。

synchronized 关键字和重入锁都试图在执行后续代码前，得到临界区的锁，如果得不到，线程就会被挂起，直到占有了所需资源为止。

1.3.2　无饥饿（Starvation-Free）

如果线程之间是有优先级的，那么线程调度的时候总是会倾向于先满足高优先级的线程。也就说是，系统对于同一个资源的分配是不公平的！图 1.7 显示了非公平锁与公平锁两种情况（五角星表示高优先级线程）。对于非公平锁来说，系统允许高优先级的线程插队。这样有可能导致低优先级线程产生饥饿。但如果锁是公平的，遵守先进先出规则，那么饥饿就不会产生，不管新来的线程优先级多高，要想获得资源，就必须乖乖排队，这样所有的线程都有机会执行。

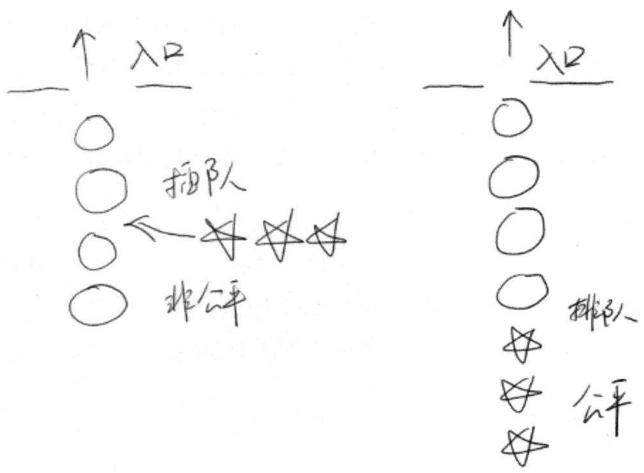

图 1.7 非公平锁与公平锁

1.3.3 无障碍（Obstruction-Free）

无障碍是一种最弱的非阻塞调度。两个线程如果无障碍地执行，那么不会因为临界区的问题导致一方被挂起。换言之，大家都可以大摇大摆地进入临界区。那么大家一起修改共享数据，把数据改坏了怎么办呢？对于无障碍的线程来说，一旦检测到这种情况，它就会立即对自己所做的修改进行回滚，以确保数据安全。但如果没有数据竞争发生，那么线程就可以顺利地完成自己的工作，走出临界区。

如果说阻塞的控制方式是悲观策略（系统认为两个线程之间很有可能发生不幸的冲突，因此以保护共享数据为第一优先级），相对来说，非阻塞的调度就是一种乐观的策略。它认为多个线程之间很有可能不会发生冲突，或者说发生冲突的概率不大。因此大家都应该无障碍地执行，但是一旦检测到冲突，就应该回滚。

从这个策略中也可以看到，无障碍的多线程程序并不一定能顺畅执行。因为当临界区中存在严重的冲突时，所有的线程可能都会不断地回滚自己的操作，而没有一个线程可以走出临界区。这种情况会影响系统的正常运行。所以，我们可能会非常希望在一堆线程中，至少有一个线程能够在有限的时间内完成自己的操作，从而退出临界区。至少这样可以保证系统不会在临界区中进行无限的等待。

一种可行的无障碍实现可以依赖一个“一致性标记”来实现。在操作之前，线程先读取并保存这个标记，在操作完成后，再次读取这个标记，检查这个标记是否被更改过。如果两者是一致的，则说明资源访问没有冲突。如果不一致，则说明可能在操作过程中与其他线程冲突，需要重试操作。任何对资源有修改操作的线程，在修改数据前，都需要更新这个“一致性标记”，表示数据不再安全。

1.3.4　无锁（Lock-Free）

无锁的并行都是无障碍的。在无锁的情况下，所有的线程都能尝试对临界区进行访问，不同的是，无锁的并发必然有一个线程能够在有限步内完成操作并离开临界区。

在无锁的调用中，一个典型的特点是它可能会包含一个无穷循环。在这个循环中，线程会不断尝试修改共享变量。如果没有冲突，修改成功，那么程序退出，否则线程会继续尝试修改。但无论如何，无锁的并行总能保证有一个线程是可以胜出的，不至于全军覆没。至于临界区中竞争失败的线程，它们必须不断重试，直到自己获胜。如果运气很不好，总是尝试不成功，则会出现类似饥饿的现象，线程会停止。

下面就是一段无锁的示意代码，如果修改不成功，那么循环永远不会停止：

```
while (!atomicVar.compareAndSet(localVar, localVar+1)) {
    localVar = atomicVar.get();
}
```

有关无锁，我们将在“第 4 章　锁的优化及注意事项”一章中详细介绍。

1.3.5　无等待（Wait-Free）

无锁只要求有一个线程可以在有限步内完成操作，而无等待则在无锁的基础上更进一步扩展，它要求所有的线程都必须在有限步内完成，这样就不会引起饥饿问题。如果限制这个步骤的上限，还可以进一步分解为有界无等待和与线程数无关的无等待等，它们之间的区别只是对循环次数的限制不同。

一种典型的无等待结构就是 RCU（Read Copy Update）。它的基本思想是，对数据的读可以不加控制，因此所有的读线程都是无等待的，它们既不会被锁定等待也不会引起任何冲突。但在写数据的时候，先取得原始数据的副本，接着只修改副本数据（这就是为什么读可以不加控制），修改完成后，在合适的时机回写数据。

1.4 有关并行的两个重要定律

对于“为什么要使用并行程序”前面已经进行了简单的探讨。总的来说，出于两个最重要的目的：第一，为了获得更好的性能；第二，由于业务模型的需要，确实需要多个执行实体。在这里，我更加关注第一种情况，也就是有关性能的问题。将串行程序改造为并发程序，一般来说可以提高程序的整体性能，但是究竟能提高多少，甚至说是否可以真的提高，还是一个需要研究的问题。目前，主要有两个定律对这个问题进行了解答，一个是 Amdahl 定律，另外一个是 Gustafson 定律。

1.4.1 Amdahl 定律

Amdahl 定律是计算机科学中非常重要的定律。它定义了串行系统并行化后的加速比的计算公式和理论上限。

加速比的定义如下：

加速比 = 优化前耗时 / 优化后耗时

加速比就是优化前耗时与优化后耗时的比值。加速比越高，表明优化效果越明显。图 1.8 显示了 Amdahl 公式的推导过程，其中 n 表示处理器个数，T 表示时间，T_1 表示优化前耗时（也就是只有 1 个处理器时的耗时），T_n 表示使用 n 个处理器优化后的耗时。F 是程序中只能串行执行的比例。

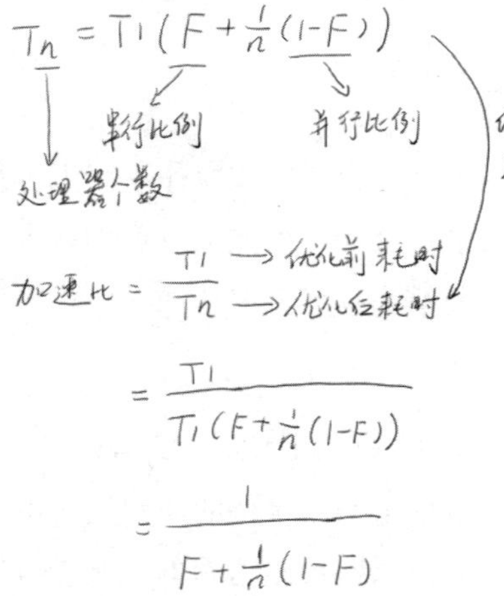

图 1.8 Amdahl 公式的推导过程

根据这个公式，如果 CPU 的处理器数量趋于无穷，那么加速比与系统的串行化比例成反比，如果系统中必须有 50%的代码串行执行，那么系统的最大加速比为 2。

假设有一个程序分为以下步骤执行，每个执行步骤花费 100 个单位时间。其中，只有步骤 2 和步骤 5 可以并行，步骤 1、3、4 必须串行。在全串行的情况下，系统合计耗时为 500 个单位时间，如图 1.9 所示。

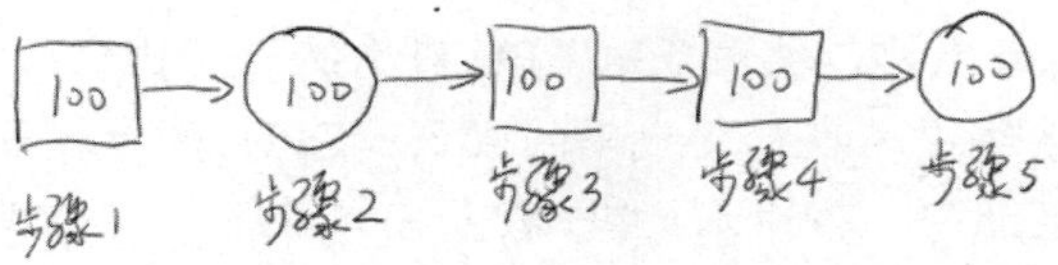

图 1.9　串行工作流程

若将步骤 2 和步骤 5 并行化，假设在双核处理器上，则有如图 1.10 所示的处理流程。在这种情况下，步骤 2 和步骤 5 的耗时将为 50 个单位时间。故系统整体耗时为 400 个单位时间。根据加速比的定义有：

加速比 ＝ 优化前系统耗时 / 优化后系统耗时 = 500 / 400 = 1.25

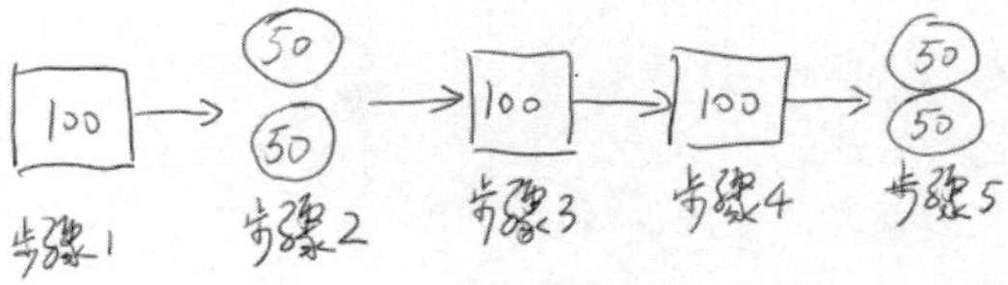

图 1.10　在双核处理器上的并行化流程

由于在 5 个步骤中，3 个步骤必须串行，因此其串行化比例为 3/5 = 0.6，即 $F = 0.6$，且双核处理器的处理器个数 n 为 2。代入加速比公式得：

加速比 = 1/(0.6+(1−0.6)/2) = 1.25

在极端情况下，假设并行处理器个数为无穷，则有如图 1.11 所示的处理过程。步骤 2 和步骤 5 的处理时间趋于 0。即使这样，系统整体耗时依然大于 300 个单位时间。使用加速比计算公式，n 趋于无穷，有加速比 ＝ $1/F$，且 $F = 0.6$，故有加速比 ＝ 1.67。即加速比的极限为 500/300 = 1.67。

由此可见，为了提高系统的速度，仅增加处理器的数量并不一定能起到有效的作用。我们需要从根本上修改程序的串行行为，提高系统内可并行化的代码的比例，在此基础上，合理增加并行处理器数量，才能以最小的投入得到最大的加速比。

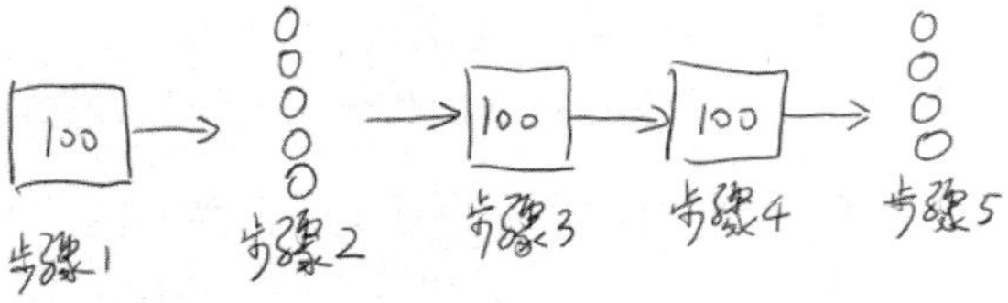

图 1.11　极端情况下的并行化处理过程

注意：根据 Amdahl 定律，使用多核 CPU 对系统进行优化的效果取决于 CPU 的数量，以及系统中的串行化代码的比例。CPU 数量越多，串行化比例越低，则优化效果越好。仅增加 CPU 数量而不降低程序的串行化比例，无法提高系统性能。

1.4.2　Gustafson 定律

Gustafson 定律也试图说明处理器个数、串行化比例和加速比之间的关系，如图 1.12 所示，但是 Gustafson 定律和 Amdahl 定律的角度不同。同样，加速比都被定义为优化前耗时除以优化后耗时。

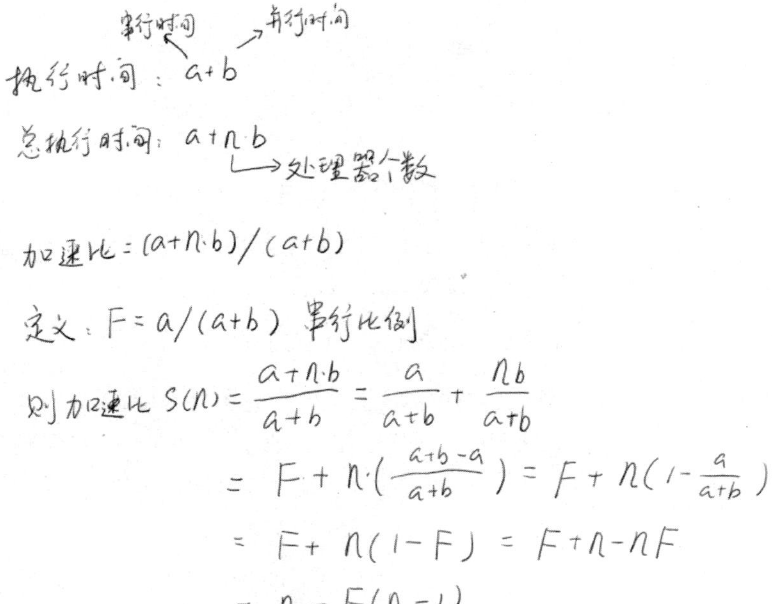

图 1.12　Gustafson 定律的推导

可以看到，由于切入角度不同，Gustafson 定律的公式和 Amdahl 定律的公式截然不同。从 Gustafson 定律中，我们可以更容易地发现，如果串行化比例很小，并行化比例很大，那么加速比就是处理器的个数。只要增加处理器，就能获得更快的速度。

1.4.3　是否相互矛盾

Amdahl 定律和 Gustafson 定律的结论不同，这是不是说明这两个定律有一个是错误的呢？其实不然，两者的差异其实是因为这两个定律对同一个客观事实从不同的角度进行了审视，它们的侧重点有所不同。

举一个生活中的例子，一辆汽车行驶在 60km 的路上，你花了一个小时，行驶了 30km。无论接下来开多快，你都不可能达到 90km/h 的速度。图 1.13 很好地说明了原因。

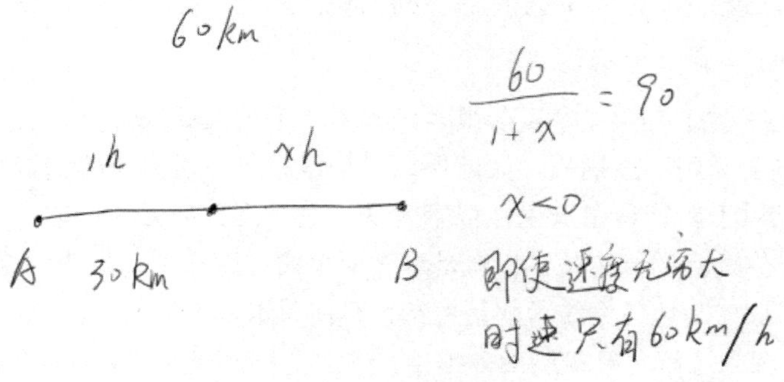

图 1.13　Amdahl 定律的偏重点

求解图 1.13 中的方程，你会发现如果想达到 90km/h 的速度，那么你从 AB 中点到达 B 点的时间会是一个负数，这显然不是一个合理的结论。实际上，如果前半程 30km 你使用了 1 小时，那么即使你从中点到 B 点使用光速，也只能把整体的平均时速维持在 60km/h。

也就是说 Amdahl 定律强调：当串行化比例一定时，加速比是有上限的，不管你堆叠多少个处理器参与计算，都不能突破这个上限！

对 Gustafson 定律来说，不管你从 A 点出发的速度有多慢，只要给你足够的时间和距离，只要你后期的速度比期望值快那么一点点，你总是可以把平均速度调整到非常接近那个期望值的。比如，你想要达到均速 90km/h，即使在前 30km，你的速度只有 30km/h，但你只要在后面的速度达到 91km/h，并且给你足够的时间和距离，总有一天你可以把均速提高到 90km/h。

因此，Gustafson 定律关心的是：如果可被并行化的代码所占比例足够大，那么加速比就能随着处理器数量线性增长。

所以，这两个定律并不矛盾。从极端的角度来说，如果系统中没有可并行化的代码（即 $F = 1$），那么根据这两个定律，加速比都是 1。反之，如果系统中可被并行化的代码的比例达到 100%，那么根据这两个定律得到的加速比都是 n（处理器个数）。

1.5 回到 Java：JMM

前面我已经介绍了一些有关并行程序的关键概念和定律。这些概念和定律可以说是与语言无关的。无论你使用 Java、C 或者其他任何一门语言编写并发程序，都有可能会涉及这些问题。但本书是一本面向 Java 程序员的书籍，因此，在本章最后我们探讨一下 Java 的内存模型（JMM）。

由于并行程序要比串行程序复杂很多，其中一个重要原因是并行程序中数据访问的一致性和安全性将会受到严重挑战。如何保证一个线程可以看到正确的数据呢？这个问题看起来很白痴，但对于串行程序来说，根本就是小菜一碟。如果你读取一个变量，这个变量的值是 1，那么你读到的一定是 1，就是这么简单的问题在并行程序中居然变得复杂起来。事实上，如果不加控制地任由线程胡乱并行，即使原本是 1 的数值，你也有可能读到 2。因此，我们需要在深入了解并行机制的前提下，再定义一种规则，保证多个线程可以有效地、正确地协同工作。而 JMM 也就是为此而生的。

JMM 的关键技术点都是围绕着多线程的原子性、可见性和有序性来建立的。因此，我们首先必须了解这些概念。

1.5.1 原子性（Atomicity）

原子性是指一个操作是不可中断的。即使在多个线程一起执行的时候，一个操作一旦开始，就不会被其他线程干扰。

比如，对于一个静态全局变量 int i，两个线程同时对它赋值，线程 A 给它赋值为 1，线程 B 给它赋值为-1。那么不管这两个线程以何种方式、何种步调工作，i 的值要么是 1，要么是-1。线程 A 和线程 B 之间是没有干扰的。这就是原子性的一个特点——不可被中断。

但如果我们不使用 int 型数据而使用 long 型数据，可能就没有那么幸运了。对于 32 位系统来说，long 型数据的读写不是原子性的（因为 long 型数据有 64 位）。也就是说，如果两个线程同时对 long 型数据进行写入（或者读取），则线程之间是有干扰的。

大家可以仔细观察一下下面的代码：

```
public class MultiThreadLong {
    public static long t=0;
    public static class ChangeT implements Runnable{
        private long to;
        public ChangeT(long to){
            this.to=to;
        }
        @Override
        public void run() {
            while(true){
            MultiThreadLong.t=to;
            Thread.yield();
            }
        }
    }
    public static class ReadT implements Runnable{
        @Override
        public void run() {
            while(true){
             long tmp=MultiThreadLong.t;
             if(tmp!=111L && tmp!=-999L && tmp!=333L && tmp!=-444L)
                 System.out.println(tmp);
            Thread.yield();
            }
        }
    }

    public static void main(String[] args) {
        new Thread(new ChangeT(111L)).start();
        new Thread(new ChangeT(-999L)).start();
        new Thread(new ChangeT(333L)).start();
        new Thread(new ChangeT(-444L)).start();
        new Thread(new ReadT()).start();
    }
}
```

上述代码有 4 个线程对 long 型数据 t 进行赋值，分别将 t 赋值为 111、-999、333、444。然后，有一个读取线程读取这个 t 的值。一般来说，t 的值总是这 4 个数值中的一个。这当然也是我们的期望。但很不幸，在 32 位的 Java 虚拟机中，未必总是这样。

如果读取线程 ReadT 总是读到合理的数据，那么这个程序应该没有任何输出。但是，实际上，这个程序一旦运行，就会大量输出以下信息（再次强调，使用 32 位虚拟机）：

```
......
-4294966963
4294966852
-4294966963
......
```

这里截取了部分输出。我们可以看到，读取线程居然读到了两个似乎根本不可能存在的数值。这不是幻觉，在这里，你看到的确实是事实，因为在 32 位系统中 long 型数据的读和写都不是原子性的，多线程之间相互干扰了！

如果给出这几个数值的二进制表示，大家就会有更清晰的认识了：

```
+111=0000000000000000000000000000000000000000000000000000000001101111
-999=1111111111111111111111111111111111111111111111111111110000011001
+333=0000000000000000000000000000000000000000000000000000000101001101
-444=1111111111111111111111111111111111111111111111111111111001000100
+4294966852=0000000000000000000000000000000011111111111111111111111001000100
-4294967185=1111111111111111111111111111111100000000000000000000000001101111
```

上面显示了相关数字的补码形式，也就是它们在计算机内的真实存储内容。不难发现，这个奇怪的 4294966852，其实是 111 或者 333 的前 32 位与-444 的后 32 位夹杂后的数字。而-4294967185 只是-999 或者-444 的前 32 位与 111 夹杂后的数字。换句话说，由于并行的关系，数字被写乱了，或者读的时候读串位了。

通过这个例子，我想大家对原子性应该有了基本的认识。

1.5.2 可见性（Visibility）

可见性是指当一个线程修改了某个共享变量的值时，其他线程是否能够立即知道这个修改。显然，对于串行程序来说，可见性问题是不存在的。因为你在任何一个操作步骤中修改了某个变量的值，在后续的步骤中读取这个变量的值时，读取的一定是修改后的新值。

但是这个问题存在于并行程序中。如果一个线程修改了某个全局变量的值，那么其他线程未必可以马上知道这个改动。图 1.14 展示了发生可见性问题的一种可能。如果在 CPU1 和 CPU2 上各运行了一个线程，它们共享变量 t，由于编译器优化或者硬件优化的缘故，在

CPU1 上的线程将变量 t 进行了优化，然后将其缓存在 cache 中或者寄存器里。在这种情况下，如果在 CPU2 上的某个线程修改了变量 t 的实际值，那么 CPU1 上的线程可能无法知道这个改动，依然会读取 cache 中或者寄存器里的数据。因此，就产生了可见性问题。外在表现为：变量 t 的值被修改，但是 CPU1 上的线程依然会读到一个旧值。可见性问题也是并行程序开发中需要重点关注的问题之一。

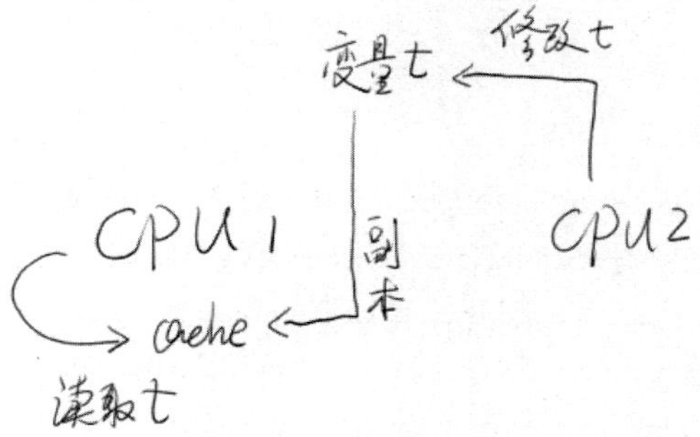

图 1.14　发生可见性问题的一种可能

可见性问题是一个综合性问题。除上面提到的缓存优化或者硬件优化（有些内存读写可能不会立即触发，而会先进入一个硬件队列等待）会导致可见性问题，指令重排（这个问题将在下一节中详细讨论）及编辑器的优化，也有可能导致一个线程的修改不会立即被其他线程察觉。

下面来看一个简单的例子：

```
Thread 1     Thread 2
1: r2 = A;  3: r1 = B;
2: B = 1;   4: A = 2;
```

上述两个线程并行执行，分别有 1、2、3、4 四条指令。其中指令 1、2 属于线程 1，而指令 3、4 属于线程 2。

从指令的执行顺序上看，r2==2 并且 r1==1 似乎是不可能出现的。但实际上，我们并没有办法从理论上保证这种情况不出现。因为编译器可能将指令重排成：

```
Thread 1       Thread 2
B = 1;         r1 = B;
r2 = A;        A = 2;
```

在这种执行顺序中，就有可能出现刚才看似不可能出现的 r2 == 2 并且 r1 == 1 的情况。

这个例子就说明，在一个线程中观察另外一个线程的变量，它们的值是否能观测到、何时能观测到是没有保证的。

再来看一个稍微复杂一些的例子：

```
Thread 1        Thread 2
r1 = p;         r6 = p;
r2 = r1.x;      r6.x = 3;
r3 = q;
r4 = r3.x;
r5 = r1.x;
```

这里假设在初始时，p == q 并且 p.x == 0。对于大部分编译器来说，可能会对线程 1 进行向前替换的优化，也就是 r5 = r1.x 这条指令会被直接替换成 r5 = r2。由于它们都读取了 r1.x，又发生在同一个线程中，因此，编译器很可能认为第 2 次读取是完全没有必要的。因此，上述指令可能会变成：

```
Thread 1        Thread 2
r1 = p;         r6 = p;
r2 = r1.x;      r6.x = 3;
r3 = q;
r4 = r3.x;
r5 = r2;
```

现在思考这么一种场景。假设线程 2 中的 r6.x = 3 发生在 r2 = r1.x 和 r4 = r3.x 之间，而编译器又打算重用 r2 来表示 r5，那么就有可能出现非常奇怪的现象。你看到的 r2 是 0，r4 是 3，但是 r5 还是 0。因此，如果从线程 1 来看就是：p.x 的值从 0 变成了 3（因为 r4 是 3），接着又变成了 0（这是不是算一个非常怪异的问题呢？）。

1.5.3 有序性（Ordering）

有序性问题可能是三个问题中最难理解的了。对于一个线程的执行代码而言，我们总是习惯性地认为代码是从前往后依次执行的。这么理解也不能说完全错误，因为就一个线程内而言，确实会表现成这样。但是，在并行时，程序的执行可能就会出现乱序。给人的直观感觉就是：写在前面的代码，会在后面执行。听起来有些不可思议，是吗？出现有序性问题的原因是，程序在执行时可能会进行指令重排，重排后的指令与原指令的顺序未必一致。下面来看一个简单的例子：

```
class OrderExample {
int a = 0;
```

```
03 boolean flag = false;
04 public void writer() {
05     a = 1;
06     flag = true;
07 }
08 public void reader() {
09     if (flag) {
10         int i =  a +1;
11         ……
12     }
13 }
14 }
```

假设线程 A 首先执行 writer()方法，接着线程 B 执行 reader()方法，如果发生指令重排，那么线程 B 在代码第 10 行时，不一定能看到 a 已经被赋值为 1 了，如图 1.15 所示。

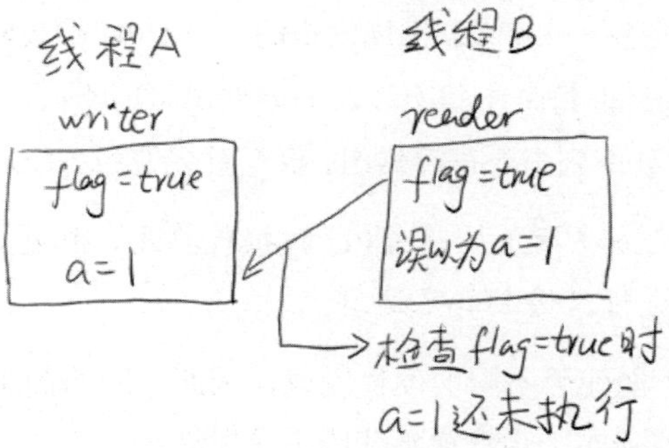

图 1.15　指令重排引起线程间语义不一致

这确实是一个看起来很奇怪的问题，但是它确实可能存在。

注意： 这里说的是可能存在。因为如果指令没有重排，这个问题就不存在了，但是指令是否发生重排、如何重排，恐怕是我们无法预测的。因此，对于这类问题，我认为比较严谨的描述是：线程 A 的指令执行顺序在线程 B 看来是没有保证的。如果运气好的话，线程 B 也许真的可以看到和线程 A 一样的执行顺序。

不过这里还需要强调一点，对于一个线程来说，它看到的指令执行顺序一定是一致的（否则应用根本无法正常工作）。也就是说指令重排是有一个基本前提的，就是保证串行语义的一致性。指令重排不会使串行语义逻辑发生问题。因此，在串行代码中，大可不必担心。

注意： 指令重排可以保证串行语义一致，但是没有义务保证多线程的语义也一致。

那么，好奇的你可能马上就会在脑海里闪出一个疑问——为什么要进行指令重排呢？一步一步执行多好呀，也不会有那么多奇葩的问题。

之所以那么做，完全是出于性能考虑。我们知道，一条指令的执行是可以分为很多步的。简单地说，可以分为以下几步。

- 取指 IF。
- 译码和取寄存器操作数 ID。
- 执行或者有效地址计算 EX。
- 存储器访问 MEM。
- 写回 WB。

我们的汇编指令也不是一步就可以执行完毕的，在 CPU 中实际工作时，它是需要分为多个步骤依次执行的。当然，每个步骤所涉及的硬件也可能不同。比如，取指时会用到 PC 寄存器和存储器，译码时会用到指令寄存器组，执行时会使用 ALU，写回时需要寄存器组。

注意： ALU 指算术逻辑单元。它是 CPU 的执行单元，也是 CPU 的核心组成部分，主要功能是进行二进制算术运算。

由于每一个步骤都可能使用不同的硬件完成，因此，聪明的工程师们就发明了流水线技术来执行指令。图 1.16 显示了指令流水线的工作原理。

图 1.16　指令流水线的工作原理

可以看到，当指令 2 执行时，指令 1 其实并未执行完，确切地说指令 1 还没开始执行，只是刚刚完成了取指操作而已。这样的好处非常明显，假如这里每一个步骤都需要花费 1 毫秒，那么指令 2 等待指令 1 完全执行后再执行，则需要等待 5 毫秒，而使用流水线后，指令 2 只需要等待 1 毫秒就可以执行了。如此大的性能提升，当然让人眼红。更何况，实际的商业 CPU 的流水线级别甚至可以达到 10 级以上，性能提升更加明显。

有了流水线，CPU 才能真正高效地执行，但是，别忘了一点，流水线总是害怕被中断的。流水线满载时，性能确实相当不错，但是一旦被中断，所有的硬件设备都会进入一个停顿期，再次满载又需要几个周期，因此，性能损失会比较大。所以，我们必须要想办法尽量不让流水线被中断！

那么答案就来了，之所以需要做指令重排，就是为了尽量少地中断流水线。当然了，指令重排只是减少中断的一种技术，实际上，在 CPU 的设计中，我们还会使用更多的软硬件技术来防止中断，不过对它们的讨论已经远远超出本书范围，有兴趣的读者可以查阅相关资料。

让我们来仔细看一个例子。图 1.17 展示了 A = B + C 这个操作的执行过程。写在左边的指令就是汇编指令。LW 表示 load，其中 LW R1,B 表示把 B 的值加载到 R1 寄存器中。ADD 指令就是加法，例子中把 R1、R2 的值相加，并存放到 R3 中。SW 表示 store——存储，例子中就是将 R3 寄存器的值保存到变量 A 中。

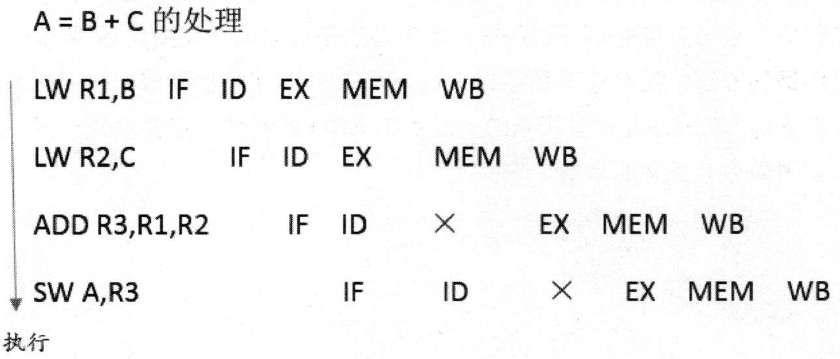

图 1.17　A = B + C 的执行过程

右边就是流水线的情况。注意，在 ADD 指令上，有一个大叉，表示一个中断。也就是说 ADD 在这里停顿了一下。为什么 ADD 会在这里停顿呢？原因很简单，R2 中的数据还没有准备好，所以，ADD 操作必须等待。由于 ADD 的延迟，导致其后所有的指令都要慢一拍。

理解了上面这个例子，我们就可以来看一下更加复杂的情况：

```
a=b+c
```

```
d=e-f
```

上述代码的执行过程如图 1.18 所示。

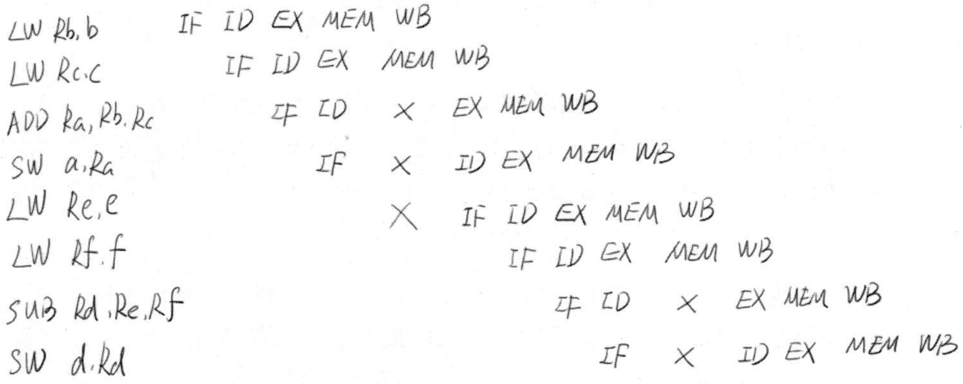

图 1.18　重排前指令执行过程

由于 ADD 和 SUB 都需要等待上一条指令的结果，因此，在这里插入了不少停顿。那么对于这段代码，是否有可能消除这些停顿呢？显然是可以的，如图 1.19 所示，显示了指令重排消除停顿的方法。我们只需要将 LW Re, e 和 LW Rf, f 移动到前面执行即可。思路很简单，先加载 e 和 f 对程序是没有影响的。既然在 ADD 的时候一定要停顿一下，那么停顿的时间还不如去做点有意义的事情。

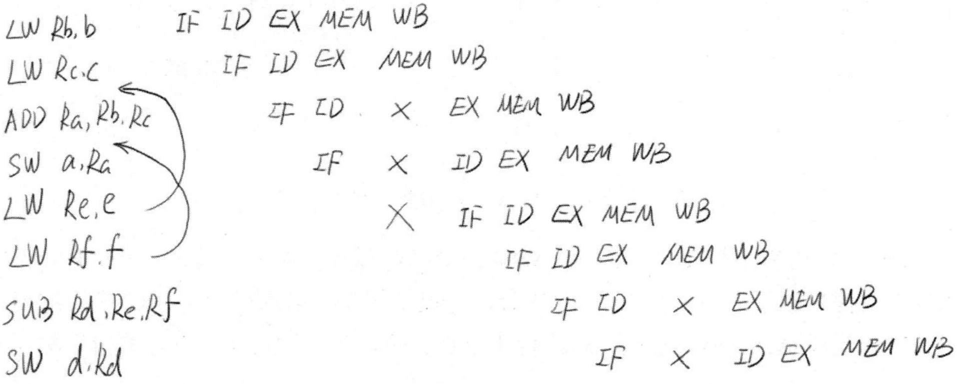

图 1.19　指令重排以消除停顿

重排后的指令如图 1.20 所示。可以看到，所有的停顿都已经消除，流水线已经顺畅了。

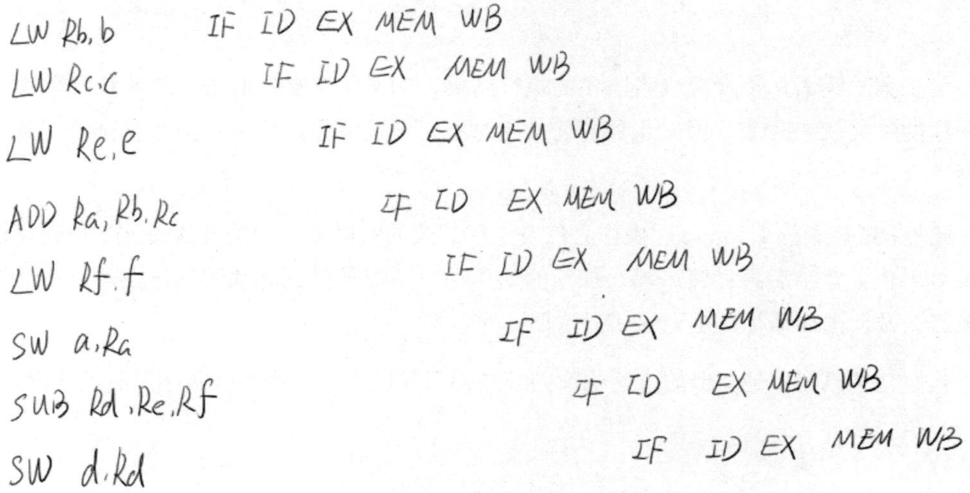

图 1.20　重排后的指令

由此可见，指令重排对于提高 CPU 性能是十分必要的。虽然确实带来了乱序的问题，但是这点牺牲是完全值得的。

1.5.4　哪些指令不能重排：Happen-Before 规则

前文已经介绍了指令重排，虽然 Java 虚拟机和执行系统会对指令进行一定的重排，但是指令重排是有原则的，并非所有的指令都可以随便改变执行位置。以下罗列了一些基本原则，这些原则是指令重排不可违背的。

- 程序顺序原则：在一个线程内保证语义的串行性。
- volatile 规则：volatile 变量的写先于读发生，这保证了 volatile 变量的可见性。
- 锁规则：解锁（unlock）必然发生在随后的加锁（lock）前。
- 传递性：A 先于 B，B 先于 C，那么 A 必然先于 C。
- 线程的 start()方法先于它的每一个动作。
- 线程的所有操作先于线程的终结（Thread.join()）。
- 线程的中断（interrupt()）先于被中断线程的代码。
- 对象的构造函数的执行、结束先于 finalize()方法。

以程序顺序原则为例，重排后的指令绝对不能改变原有的串行语义，比如：

```
a=1;
b=a+1;
```

由于第二条语句依赖第一条语句的执行结果。如果贸然交换两条语句的执行顺序，那么程序的语义就会改变。因此这种情况是绝对不允许发生的，这也是指令重排的一条基本原则。

此外，锁规则强调，unlock 操作必然发生在后续的对同一个锁的 lock 之前。也就是说，如果对一个锁解锁后再加锁，那么加锁的动作绝对不能重排到解锁的动作之前。很显然，如果这么做，则加锁行为是无法获得这把锁的。

其他几条原则也是类似的，这些原则都是为了保证指令重排不会破坏原有的语义。

2

第 2 章 Java 并行程序基础

我们已经探讨了为什么必须面对并行程序这样复杂的程序设计方法，那么下面就需要静下心来，认真研究如何才能构建一个正确、健壮并且高效的并行系统。本章将详细介绍 Java 并行程序的设计基础，以及一些常见的问题。

2.1 有关线程你必须知道的事

在介绍线程前，我们先了解一下线程的"母亲"——进程。如果你上过操作系统的课程，那么你对进程一定不会陌生。在相关的专业书中，应该会给出一些"官方"的解释，比如像下面这样描述：

进程（Process）是计算机中的程序关于某数据集合上的一次运行活动，是系统进行资源分配和调度的基本单位，是操作系统结构的基础。在早期面向进程设计的计算机结构中，进程是程序的基本执行实体；在当代面向线程设计的计算机结构中，进程是线程的容器。

程序是指令、数据及其组织形式的描述，进程是程序的实体。

不过我不想把这种严谨且抽象的描述介绍给大家。用一句简单的话来说，你在 Windows 中看到的后缀为.exe 的文件都是程序。不过程序是“死”的、静态的。当你双击这个.exe 文件的时候，这个.exe 文件中的指令就会被加载，你就能得到一个有关这个程序的进程。进程是“活”的，或者说是正在被执行的。图 2.1 使用任务管理器显示了当前系统中的进程信息。

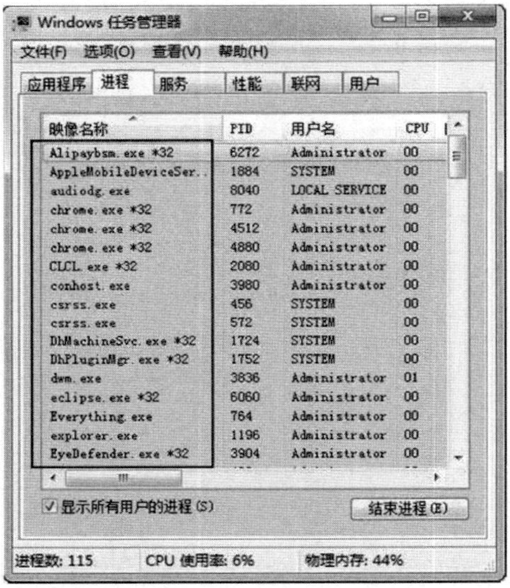

图 2.1　系统进程信息

进程中可以容纳若干线程。它们并不是看不见、摸不着的，可以使用工具查看它们，如图 2.2 所示。

那么线程和进程之间究竟是一种什么样的关系呢？简单地说，进程是一个容器。比如一间漂亮的小别墅，别墅里有卧室、厨房、书房、洗手间等，当然还有一家三口住在里面。当妈妈带女儿外出游玩时，爸爸一个人在家。这时爸爸一个人在家里爱去哪里就去哪里、爱干什么就干什么，这时爸爸就像一个线程（这个进程中只有一个活动线程），小别墅就像一个进程，家里的厨房、书房就像这个进程占有的资源。当三个人住在一起时（相当于三个线程），有时候可能就会有些小冲突，比如，当女儿占着电视机看动画片时，爸爸就不能看体育频道了，这就是线程间的资源竞争。当然，大部分时候，线程之间是协作关系（如果我们创建线程是用来打架的，那么创建它干什么呢？）。比如，妈妈在厨房为爸爸和女儿做饭，爸爸在书房工作赚钱以养家糊口，女儿在写作业，各司其职，那么这个家就其乐融融。相应地，这个进程也就在健康地执行。

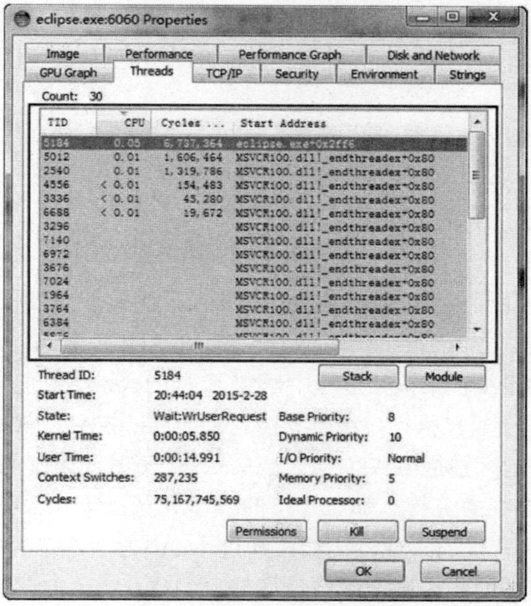

图 2.2　进程中线程的信息

用稍微专业点的术语说，线程就是轻量级进程，是程序执行的最小单位。使用多线程而不是多进程去进行并发程序的设计，是因为线程的切换和调度的成本远远小于进程。

接下来让我们更细致地观察一个线程的生命周期。我们可以绘制一张简单的状态图来描述这个概念，如图 2.3 所示。

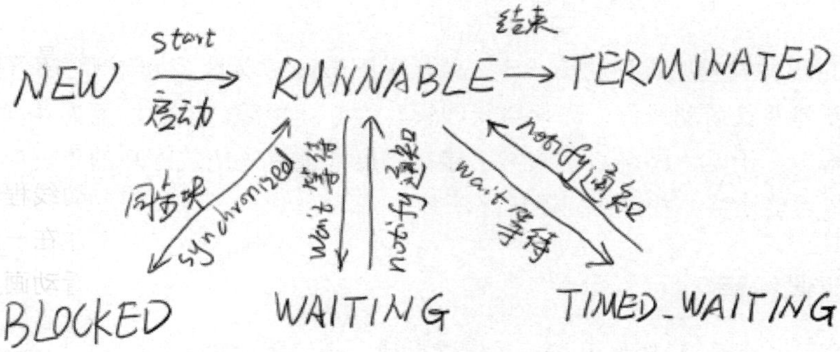

图 2.3　线程状态图

线程的所有状态都在 Thread 中的 State 枚举中定义，如下所示：

```
public enum State {
   NEW,
   RUNNABLE,
   BLOCKED,
   WAITING,
   TIMED_WAITING,
   TERMINATED;
}
```

NEW 状态表示刚刚创建的线程，这种线程还没开始执行。等到线程的 start()方法执行时，才表示线程开始执行。当线程执行时，处于 RUNNABLE 状态，表示线程所需的一切资源都已经准备好了。如果线程在执行过程中遇到了 synchronized 同步块，就会进入 BLOCKED 阻塞状态，这时线程会暂停执行，直到获得请求的锁。WAITING 和 TIMED_WAITING 都表示等待状态，它们的区别是 WAITING 会进入一个无时间限制的等待，TIMED_WAITING 会进行一个有时间限制的等待。那么等待的线程究竟在等什么呢？一般来说，WAITING 的线程是在等待一些特殊的事件。比如，通过 wait()方法等待的线程在等待 notify()方法，而通过 join()方法等待的线程则会等待目标线程的终止。一旦等到了期望的事件，线程就会再次执行，进入 RUNNABLE 状态。当线程执行完毕后，则进入 TERMINATED 状态，表示结束。

注意： 从 NEW 状态出发后，线程不能再回到 NEW 状态，同理，处于 TERMINATED 状态的线程也不能再回到 RUNNABLE 状态。

2.2 初始线程：线程的基本操作

进行 Java 并发程序设计的第一步，就是了解 Java 中为线程操作所提供的一些 API。比如，如何新建并且启动线程，如何终止线程、中断线程等。当然，因为并行操作要比串行操作复杂得多，于是，围绕着这些常用接口，可能就有些比较隐晦的“坑”等着你去踩，而本节会尽可能地将一些潜在问题描述清楚。

2.2.1 新建线程

新建线程很简单。只要使用 new 关键字创建一个线程对象，并且将它“start()”起来即可：

```
Thread t1=new Thread();
```

```
t1.start();
```

那么线程“start()”后，会干什么呢？这才是问题的关键。线程 Thread 中有一个 run()方法，start()方法会新建一个线程并让这个线程执行 run()方法。

这里要注意，下面的代码通过编译也能正常执行。但是，却不能新建一个线程，而是在当前线程中调用 run()方法，此时的 run()方法只是作为一个普通的方法被调用。

```
Thread t1=new Thread();
t1.run();
```

因此，这里希望大家特别注意调用 start()方法和直接调用 run()方法的区别。

注意： 不要用 run()方法来开启新线程，它只会在当前线程中串行执行 run()方法中的代码。

在默认情况下，线程 Thread 的 run()方法什么都没有做，因此，这个线程一启动就马上结束了。如果你想让线程做点什么，就必须重写 run()方法，把你的“任务”填进去：

```
Thread t1=new Thread(){
   @Override
   public void run(){
      System.out.println("Hello, I am t1");
   }
};
t1.start();
```

上述代码使用匿名内部类重写了 run()方法，并要求线程在执行时打印“Hello, I am t1”的字样。如果没有特别的需要，都可以通过继承线程 Thread，重写 run()方法来自定义线程。但考虑到 Java 是单继承的，也就是说继承本身也是一种很宝贵的资源，因此，我们也可以使用 Runnable 接口来实现同样的操作。Runnable 接口是一个单方法接口，它只有一个 run()方法：

```
public interface Runnable {
   public abstract void run();
}
```

此外，Thread 类有一个非常重要的构造方法：

```
public Thread(Runnable target)
```

它传入一个 Runnable 接口的实例，在调用 start()方法时，新的线程就会执行 Runnable.run()方法。实际上，默认的 Thread.run()方法就是这么做的：

```
public void run() {
    if (target != null) {
        target.run();
    }
}
```

注意：默认的 Thread.run()方法就是直接调用内部的 Runnable 接口。因此，使用 Runnable 接口告诉线程该做什么更为合理。

```
public class CreateThread3 implements Runnable {
    public static void main(String[] args) {
        Thread t1=new Thread(new CreateThread3());
        t1.start();
    }

    @Override
    public void run() {
        System.out.println("Oh, I am Runnable");
    }
}
```

上述代码实现了 Runnable 接口，并将该实例传入线程 Thread 中。这样避免了重写 Thread.run()方法，单纯使用接口来定义线程 Thread 也是最常用的做法。

2.2.2 终止线程

一般来说，线程执行完毕就会关闭，无须手动关闭。但是，凡事都有例外。一些服务端的后台线程可能会常驻系统，它们通常不会正常终止。比如，它们的执行体本身就是一个大大的无穷循环，用于提供某些服务。

那么如何正常地终止一个线程呢？查阅 JDK，你不难发现线程 Thread 提供了一个 stop()方法。如果你使用 stop()方法，就可以立即将一个线程终止，非常方便。但如果你使用 Eclipse 之类的 IDE 写代码，就会发现 stop()方法是一个被标注为废弃的方法。也就是说，将来 JDK 可能会移除该方法。

为什么 stop()方法被废弃而不推荐使用呢？原因是 stop()方法过于暴力，强行把执行到一半的线程终止，可能会引起一些数据不一致的问题。

为了让大家更好地理解本节内容，我先简单介绍一些有关数据不一致的概念。假设我们在数据库里维护着一张用户表，里面记录了用户 ID 和用户名，有两条记录：

```
记录1：ID=1，NAME=小明
记录2：ID=2，NAME=小王
```

如果我们用一个 User 对象保存这些记录，那么我们总是希望这个对象要么保存记录 1，要么保存记录 2。如果这个 User 对象一半存着记录 1，另外一半存着记录 2，我想大部分人都会抓狂吧！现在如果真的由于程序问题，出现了这么一个怪异的对象 u，u 的 ID 是 1，但是 u 的 NAME 是小王。那么，在这种情况下，数据就已经不一致了，说白了就是系统有错误了。这种情况是相当危险的，如果我们把一个不一致的数据直接写入了数据库，那么就会造成数据被破坏和丢失，后果不堪设想。

也许有人会问："怎么可能呢？跑得好好的系统，怎么会出现这种问题呢？"在单线程环境中确实不会，但在并行程序中，如果考虑不周，就有可能出现类似的情况。不经思考地使用 stop()方法就有可能导致这种问题。

stop()方法在结束线程时，会直接终止线程，并立即释放这个线程所持有的锁，而这些锁恰恰是用来维持对象一致性的。如果此时，写线程正写到一半，强行终止线程对象就会被写坏。同时，由于锁已经被释放，另外一个等待该锁的读线程就顺理成章地读到了这个被写坏的对象，悲剧也就此发生。整个过程如图 2.4 所示。

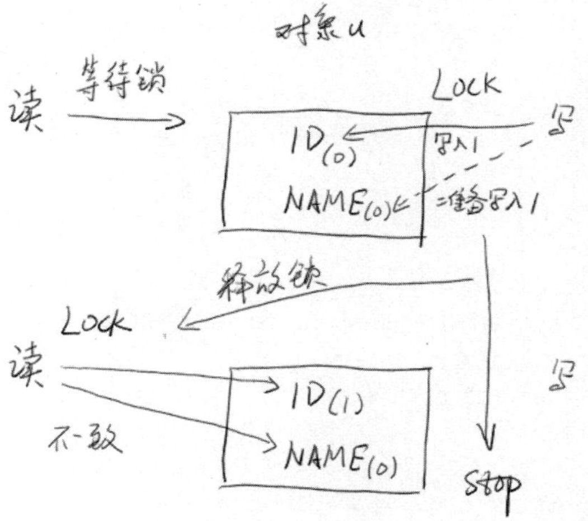

图 2.4　stop()方法强行终止线程导致数据不一致的过程

首先，对象 u 持有 ID 和 NAME 两个字段，假设当 ID 等于 NAME 时表示对象是一致的，否则表示对象出错。写线程总是会将 ID 和 NAME 写成相同的值，并且在这里初始值都为 0。当写线程在写对象时，读线程由于无法获得锁，因此必须等待，所以读线程是看不见一个写了一半的对象的。当写线程写完 ID 后，很不幸地被终止，此时对象 u 的 ID 为 1 而 NAME 仍然为 0，处于不一致状态。而被终止的写线程简单地将锁释放，读线程争夺到锁后，读取数据，于是，读到了 ID=1 而 NAME=0 的错误值。

这个过程可以用以下代码模拟，这里读线程 ReadObjectThread 在读到对象的 ID 和 NAME 不一致时，会输出这些对象。而写线程 ChangeObjectThread 总是会写入两个相同的值。注意，代码在第 56 行会通过 stop()方法强行终止写线程。

```
01 public class StopThreadUnsafe {
02     public static User u=new User();
03     public static class User{
04         private int id;
05         private String name;
06         public User(){
07             id=0;
08             name="0";
09         }
10         // 省略 setter()方法和 getter()方法
11         @Override
12         public String toString() {
13             return "User [id=" + id + ", name=" + name + "]";
14         }
15     }
16     public static class ChangeObjectThread extends Thread{
17         @Override
18         public void run(){
19             while(true){
20                 synchronized(u){
21                     int v=(int)(System.currentTimeMillis()/1000);
22                     u.setId(v);
23                     // Oh, do sth. else
24                     try {
25                         Thread.sleep(100);
26                     } catch (InterruptedException e) {
27                         e.printStackTrace();
28                     }
29                     u.setName(String.valueOf(v));
30                 }
31                 Thread.yield();
```

```
            }
        }
    }

    public static class ReadObjectThread extends Thread{
        @Override
        public void run(){
            while(true){
                synchronized(u){
                    if(u.getId() != Integer.parseInt(u.getName())){
                        System.out.println(u.toString());
                    }
                }
                Thread.yield();
            }
        }
    }

    public static void main(String[] args) throws InterruptedException {
        new ReadObjectThread().start();
        while(true){
            Thread t=new ChangeObjectThread();
            t.start();
            Thread.sleep(150);
            t.stop();
        }
    }
}
```

执行以上代码，可以很容易地得到类似如下输出，ID 和 NAME 发生了不一致：

```
User [id=1425135593, name=1425135592]
User [id=1425135594, name=1425135593]
```

如果在线上环境中跑出以上结果，那么加班估计是免不了了，因为这类问题一旦出现，就很难排查，它们甚至没有任何错误信息，也没有线程堆栈。这种情况一旦混杂在十几万行的程序代码中，发现它们就全凭经验、时间及一点点运气了。因此，除非你很清楚自己在做什么，否则不要随便使用 stop()方法来终止一个线程。

如果需要终止一个线程，那么应该怎么做呢？其实方法很简单，只需要由我们自行决定线程何时退出就可以了。仍然用本例说明，只需要给 ChangeObjectThread 线程增加一个

stopMe()方法即可：

```
01 public static class ChangeObjectThread extends Thread {
02    volatile boolean stopme = false;
03
04    public void stopMe(){
05       stopme = true;
06    }
07    @Override
08    public void run() {
09       while (true) {
10          if (stopme){
11             System.out.println("exit by stop me");
12             break;
13          }
14          synchronized (u) {
15             int v = (int) (System.currentTimeMillis() / 1000);
16             u.setId(v);
17             // Oh, do sth. else
18             try {
19                Thread.sleep(100);
20             } catch (InterruptedException e) {
21                e.printStackTrace();
22             }
23             u.setName(String.valueOf(v));
24          }
25          Thread.yield();
26       }
27    }
28 }
```

第 2 行代码定义了一个标记变量 stopme，用于指示线程是否需要终止。当 stopMe()方法被调用时，stopme 就被设置为 true，此时，当第 10 行代码检测到这个改动时，线程就自动终止了。使用这种方式终止线程，不会使对象 u 的状态出现错误。因为，ChangeObjectThread 已经没有机会写坏对象了，它总是会选择在一个合适的时间终止线程。

2.2.3 线程中断

在 Java 中，线程中断是一种重要的线程协作机制。从表面上理解，中断就是让目标线程停止执行的意思，实际上并非完全如此。在上一节中，我们已经详细讨论了使用 stop()

方法终止线程的坏处，并且使用了一套自有的机制完善线程终止的功能。JDK 中是否会提供更强大的支持呢？答案是肯定的，那就是线程中断。

严格地讲，线程中断并不会使线程立即关闭，而是给线程发送一个通知，告知目标线程，有人希望你关闭啦！至于目标线程接到通知后如何处理，则完全由目标线程自行决定。这点很重要，如果中断后，线程立即无条件关闭，我们就会又遇到 stop()方法的老问题。

有三个方法与线程中断有关，这三个方法看起来很像，可能会发生误用，希望大家注意：

```
public void Thread.interrupt()                  // 中断线程
public boolean Thread.isInterrupted()           // 判断线程是否被中断
public static boolean Thread.interrupted()      // 判断线程是否被中断，并清除当前中断状态
```

Thread.interrupt()方法是一个实例方法。它通知目标线程中断，也就是设置中断标志位。中断标志位表示当前线程已经被中断了。Thread.isInterrupted()方法也是实例方法，它判断当前线程是否被中断（通过检查中断标志位）。最后的静态方法 Thread.interrupted()也可用来判断当前线程的中断状态，但同时会清除当前线程的中断状态。

下面这段代码对 t1 线程进行了中断，那么中断后 t1 线程会终止执行吗？

```
public static void main(String[] args) throws InterruptedException {
    Thread t1=new Thread(){
        @Override
        public void run(){
            while(true){
                Thread.yield();
            }
        }
    };
    t1.start();
    Thread.sleep(2000);
    t1.interrupt();
}
```

在这里，虽然对 t1 线程进行了中断，但是在 t1 线程中并没有中断处理的逻辑，因此，即使 t1 线程被置为中断状态，这个中断也不会产生任何作用。

如果希望 t1 线程在中断后停止执行，就必须为它增加相应的中断处理代码：

```
Thread t1=new Thread(){
    @Override
```

```
    public void run(){
        while(true){
            if(Thread.currentThread().isInterrupted()){
                System.out.println("Interruted!");
                break;
            }
            Thread.yield();
        }
    }
};
```

上述代码的加粗部分使用 Thread.isInterrupted()方法判断当前线程是否被中断了，如果是，则退出循环体，终止线程。这看起来与前面增加 stopme 标记的手法非常相似，但是中断的功能更为强劲。如果在循环体中出现了类似于 wait()方法或者 sleep()方法这样的操作，则只能通过中断来识别了。

下面来了解一下 Thread.sleep()方法，它的签名如下：

```
public static native void sleep(long millis) throws InterruptedException
```

Thread.sleep()方法会让当前线程休眠若干时间，它会抛出一个 InterruptedException 中断异常。InterruptedException 不是运行时异常，也就是说程序必须捕获并且处理它，当线程在休眠时，如果被中断，这个异常就会产生。

```
public static void main(String[] args) throws InterruptedException {
    Thread t1=new Thread(){
        @Override
        public void run(){
            while(true){
                if(Thread.currentThread().isInterrupted()){
                    System.out.println("Interruted!");
                    break;
                }
                try {
                    Thread.sleep(2000);
                } catch (InterruptedException e) {
                    System.out.println("Interruted When Sleep");
                    // 设置中断状态
                    Thread.currentThread().interrupt();
                }
                Thread.yield();
            }
```

```
19         }
20     };
21     t1.start();
22     Thread.sleep(2000);
23     t1.interrupt();
24 }
```

注意上面代码中的第 10~15 行，如果线程在第 11 行代码处被中断，则程序会抛出异常，并进入第 13 行代码。在 catch 子句部分，由于已经捕获了中断，我们可以立即退出线程。但在这里，我们并没有这么做，因为也许在这段代码中，我们还必须进行后续的处理来保证数据的一致性和完整性，因此，执行了 Thread.interrupt()方法再次中断，设置中断标志位。只有这么做，在第 6 行代码的中断检查中，才能发现当前线程已经被中断了。

注意：Thread.sleep()方法由于中断而抛出异常，此时，它会清除中断标志位，如果不加处理，那么在下一次循环开始时，就无法捕获这个中断。故在异常处理中，再次设置中断标志位。

2.2.4　等待（wait）和通知（notify）

为了支持多线程之间的协作，JDK 提供了两个非常重要的接口线程：等待方法 wait()和通知方法 notify()。这两个方法并不在 Thread 类中，而在输出的 Object 类中。这也意味着任何对象都可以调用这两个方法。

这两个方法的签名如下：

```
public final void wait() throws InterruptedException
public final native void notify()
```

当在一个对象实例上调用 wait()方法后，当前线程就会在这个对象上等待。这是什么意思呢？比如，在线程 A 中，调用了 wait()方法，那么线程 A 就会停止执行，转为等待状态。等待到何时结束呢？线程 A 会一直等到其他线程调用了 notify()方法为止。这时，object 对象俨然成了多个线程之间的有效通信手段。

那么 wait()方法和 notify()方法究竟是如何工作的呢？图 2.5 展示了两者的工作过程。如果一个线程调用了 object.wait()方法，那么它就会进入 object 对象的等待队列。这个等待队列中可能会有多个线程，因为系统运行了多个线程，同时等待某一个对象。当 object.notify()方法被调用时，它就会从这个等待队列中随机选择一个线程，并将其唤醒。这里希望大家注意的是，这个选择是不公平的，并不是先等待的线程就会优先被选择，这个选择完全是随机的。

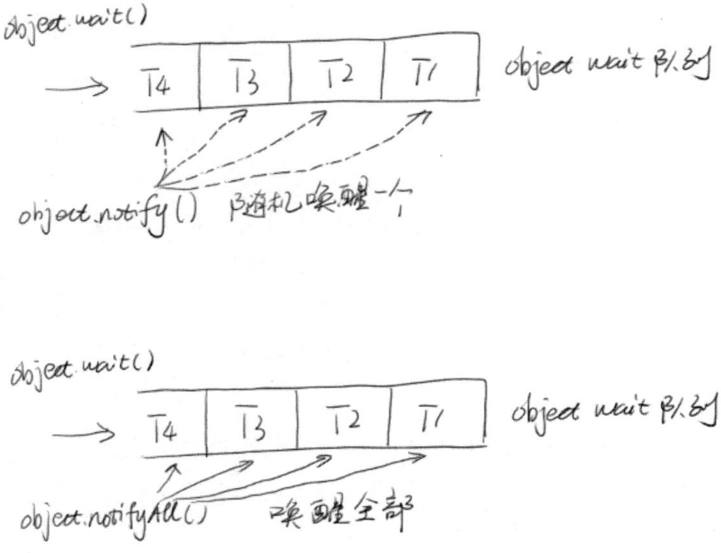

图 2.5　wait()方法和 notify()方法的工作过程

除 notify()方法外，Object 对象还有一个类似的 notifyAll()方法，它和 notify()方法的功能基本一致，不同的是，它会唤醒在这个等待队列中等待的所有线程，而不是随机选择一个。

这里还需要强调一点，wait()方法并不能随便调用。它必须包含在对应的 synchronized 语句中，无论是 wait()方法还是 notify()方法都需要首先获得目标对象的一个监视器。图 2.6 显示了 wait()方法和 notify()方法的工作流程细节。其中 T1 和 T2 表示两个线程，T1 在正确执行 object.wait()方法前，必须获得 object 对象的监视器，而 object.wait()方法在执行后，会释放这个监视器。这样做的目的是使其他在 object 对象上等待的线程不至于因为 T1 的休眠而全部无法正常执行。

线程 T2 在 object.notify()方法调用前，也必须获得 object 对象的监视器。所幸，此时 T1 已经释放了这个监视器。因此，T2 可以顺利获得 object 对象的监视器。接着，T2 执行了 object.notify()方法尝试唤醒一个等待线程，这里假设唤醒了 T1。T1 在被唤醒后，要做的第一件事并不是执行后续的代码，而是要尝试重新获得 object 对象的监视器，而这个监视器也正是 T1 在 object.wait()方法执行前所持有的那个。如果暂时无法获得，则 T1 还必须等待这个监视器。当监视器顺利获得后，T1 才可以在真正意义上继续执行。

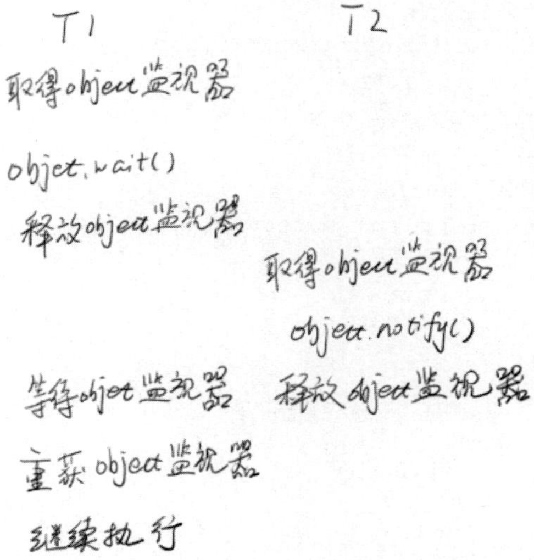

图 2.6　wait()方法和 notify()方法的工作流程细节

为了方便大家理解，这里给出一个使用 wait()方法和 notify()方法的简单案例：

```
public class SimpleWN {
   final static Object object = new Object();
   public static class T1 extends Thread{
      public void run()
      {
         synchronized (object) {
            System.out.println(System.currentTimeMillis()+":T1 start! ");
            try {
               System.out.println(System.currentTimeMillis()+":T1 wait for object ");
               object.wait();
            } catch (InterruptedException e) {
               e.printStackTrace();
            }
            System.out.println(System.currentTimeMillis()+":T1 end!");
         }
      }
   }
   public static class T2 extends Thread{
      public void run()
      {
```

```
21          synchronized (object) {
22             System.out.println(System.currentTimeMillis()+":T2 start! notify one thread");
23             object.notify();
24             System.out.println(System.currentTimeMillis()+":T2 end!");
25             try {
26                Thread.sleep(2000);
27             } catch (InterruptedException e) {
28             }
29          }
30       }
31    }
32    public static void main(String[] args) {
33       Thread t1 = new T1() ;
34       Thread t2 = new T2() ;
35       t1.start();
36       t2.start();
37    }
38 }
```

上述代码中，开启了 T1 和 T2 两个线程。T1 执行了 object.wait()方法。注意，在程序的第 6 行，T1 先申请 object 的对象锁。因此，在执行 object.wait()方法时，它是持有 object 的对象锁的。object.wait()方法执行后，T1 会等待，并释放 object 的对象锁。T2 在执行 object.notify()方法之前也会先获得 object 的对象锁。这里为了让实验效果明显，特意安排在 object.notify()方法执行之后，让 T2 休眠 2 秒，这样做可以更明显地说明，T1 在得到 object.notify()方法通知后，还是会先尝试重新获得 object 的对象锁。上述代码的执行结果如下：

```
1425224592258:T1 start!
1425224592258:T1 wait for object
1425224592258:T2 start! notify one thread
1425224592258:T2 end!
1425224594258:T1 end!
```

注意程序打印的时间戳信息，在 T2 通知 T1 继续执行后，T1 并不能立即继续执行，而是要等待 T2 释放 object 的对象锁，重新成功获得锁后才能继续执行。因此，加粗部分时间戳的间隔为 2 秒（因为 T2 休眠了 2 秒）。

> **注意**：wait()方法和 sleep()方法都可以让线程等待若干时间。除 wait()方法可以被唤醒外，另外一个主要区别就是 wait()方法会释放目标对象锁，而 sleep()方法不会释放任何资源。

2.2.5　挂起（suspend）和继续执行（resume）线程

如果你阅读 JDK 有关 Thread 类的 API 文档，可能还会发现两个看起来非常有用的接口，即线程挂起（suspend）和继续执行（resume）。这两个操作是一对相反的操作，被挂起的线程，必须要等到执行 resume()方法后，才能继续执行。乍看，这对操作就像 stop()方法一样好用。但如果你仔细阅读说明文档，会发现它们也早已被标注为废弃方法，并不推荐使用。

不推荐使用 suspend()方法挂起线程是因为 suspend()方法在暂停线程的同时，并不会释放任何锁资源。此时，其他任何线程想要访问被它占用的锁，都会被牵连，导致无法正常继续运行（如图 2.7 所示）。直到对应的线程执行了 resume()方法，线程才能继续执行，从而其他所有阻塞在相关锁上的线程才可以继续执行。但是，如果 resume()方法意外地在 suspend()方法前就执行了，那么被挂起的线程可能很难有机会被继续执行。更严重的是，它所占用的锁不会被释放，因此可能会导致整个系统工作不正常。而且，对于被挂起的线程，从它的线程状态上看，居然还是 RUNNABLE，这也会严重影响我们对系统当前状态的判断。

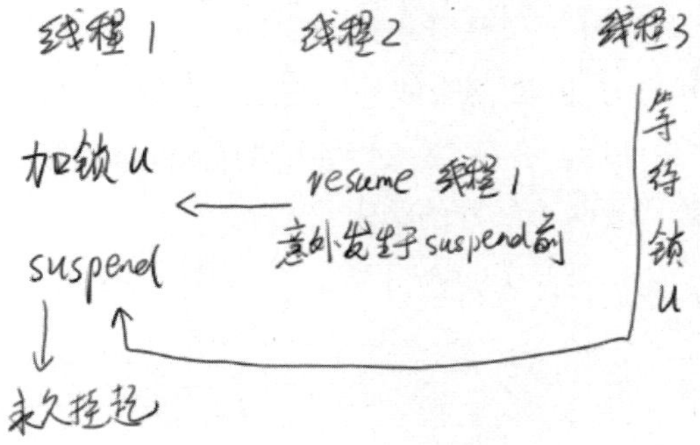

图 2.7　suspend()方法导致线程进入类似死锁的状态

为了方便大家理解 suspend()方法的问题，这里用一个简单的程序演示这种情况：

```
public class BadSuspend {
    public static Object u = new Object();
    static ChangeObjectThread t1 = new ChangeObjectThread("t1");
    static ChangeObjectThread t2 = new ChangeObjectThread("t2");

    public static class ChangeObjectThread extends Thread {
        public ChangeObjectThread(String name){
            super.setName(name);
```

```
09        }
10        @Override
11        public void run() {
12            synchronized (u) {
13                System.out.println("in "+getName());
14                Thread.currentThread().suspend();
15            }
16        }
17    }
18
19    public static void main(String[] args) throws InterruptedException {
20        t1.start();
21        Thread.sleep(100);
22        t2.start();
23        t1.resume();
24        t2.resume();
25        t1.join();
26        t2.join();
27    }
28 }
```

执行上述代码，开启 t1 和 t2 两个线程。它们会在第 12 行通过对象锁 u 实现对临界区的访问。线程 t1 和 t2 启动后，在第 23~24 行中执行 resume()方法，目的是让它们得以继续执行。接着，主函数等待着两个线程的结束。

执行上述代码后，我们可能会得到以下输出：

```
in t1
in t2
```

这表明两个线程先后进入了临界区，但是程序不会退出，而是会挂起。使用 jstack 命令打印系统的线程信息，可以看到：

```
"t2" #9 prio=5 os_prio=0 tid=0x15c85c00 nid=0x1ddc runnable [0x15f2f000]
   java.lang.Thread.State: RUNNABLE
        at java.lang.Thread.suspend0(Native Method)
        at java.lang.Thread.suspend(Thread.java:1029)
        at geym.conc.ch2.suspend.BadSuspend$ChangeObjectThread.run(BadSuspend. java:16)
        - locked <0x048b2e58> (a java.lang.Object)
```

这时我们需要注意，在当前系统中，线程 t2 其实是被挂起的，但是它的线程状态却是 RUNNABLE，这很有可能使我们误判当前系统的状态。同时，虽然主函数中已经调用了

resume()方法，但是由于时间先后顺序的缘故，那个 resume()方法并没有生效！这就导致了线程 t2 被永远挂起，并且永远占用了对象 u 的锁。这对于系统来说极有可能是致命的。

如果需要一个比较可靠的 suspend()方法，那么应该怎么办呢？回想一下上一节中提到的 wait()方法和 notify()方法，这也不是一件难事。下面的代码就给出了一个利用 wait()方法和 notify()方法在应用层面实现 suspend()方法和 resume()方法功能的例子：

```
public class GoodSuspend {
   public static Object u = new Object();

   public static class ChangeObjectThread extends Thread {
      volatile boolean suspendme = false;

      public void suspendMe() {
         suspendme = true;
      }

      public void resumeMe(){
         suspendme=false;
         synchronized (this){
            notify();
         }
      }
      @Override
      public void run() {
         while (true) {

            synchronized (this) {
               while (suspendme)
                  try {
                     wait();
                  } catch (InterruptedException e) {
                     e.printStackTrace();
                  }
            }

            synchronized (u) {
               System.out.println("in ChangeObjectThread");
            }
            Thread.yield();
         }
```

```
35          }
36      }
37
38      public static class ReadObjectThread extends Thread {
39          @Override
40          public void run() {
41              while (true) {
42                  synchronized (u) {
43                      System.out.println("in ReadObjectThread");
44                  }
45                  Thread.yield();
46              }
47          }
48      }
49
50      public static void main(String[] args) throws InterruptedException {
51          ChangeObjectThread t1 = new ChangeObjectThread();
52          ReadObjectThread t2 = new ReadObjectThread();
53          t1.start();
54          t2.start();
55          Thread.sleep(1000);
56          t1.suspendMe();
57          System.out.println("suspend t1 2 sec");
58          Thread.sleep(2000);
59          System.out.println("resume t1");
60          t1.resumeMe();
61      }
62  }
```

在代码第 5 行，用标记变量 suspendme 表示当前线程是否被挂起。同时，增加了 suspendMe()和 resumeMe()两个方法，分别用于挂起线程和继续执行线程。

在代码第 21~28 行，线程会先检查自己是否被挂起，如果是，则执行 wait()方法进行等待。否则，则进行正常的处理。当线程继续执行时，resumeMe()方法被调用（代码第 11~16 行），线程 t1 得到一个继续执行的 notify()方法通知，并且清除了挂起标记，从而得以正常执行。

2.2.6 等待线程结束（join）和谦让（yield）

在很多情况下，线程之间的协作和人与人之间的协作非常类似。一种常见的合作方式就是分工合作。以我们非常熟悉的软件开发为例，在一个项目中，总是应该有几位号称“需求分析师”的同事，先对系统的需求和功能点进行整理和总结，以书面形式给出一份需求说明或者类似的参考文档，然后，软件设计师、研发工程师才会一拥而上，进行软件开发。如果缺少需求分析师的工作输出，那么软件研发的难度可能会比较大。因此，作为一名软件研发人员，总是喜欢等待需求分析师完成他应该完成的任务后才投身工作。简单地说，就是软件研发人员需要等待需求分析师完成他的工作后才能进行研发。

将这个关系对应到多线程应用中，很多时候，一个线程的输入可能非常依赖于另外一个或者多个线程的输出，此时，这个线程就需要等待依赖线程执行完毕，才能继续执行。JDK提供了 join()方法来实现这个功能。join()方法如下所示：

```
public final void join() throws InterruptedException
public final synchronized void join(long millis) throws InterruptedException
```

第一个 join()方法表示无限等待，它会一直阻塞当前线程，直到目标线程执行完毕。第二个 join()方法给出了一个最大等待时间，如果超过给定时间，目标线程还在执行，则当前线程也会因为“等不及了”而继续往下执行。

join 通常是加入的意思，这个意思用在这里也非常贴切。因为一个线程要加入另外一个线程，最好的方法就是等着它一起走。

这里提供一个简单的 join()方法实例供大家参考：

```
public class JoinMain {
    public volatile static int i=0;
    public static class AddThread extends Thread{
        @Override
        public void run() {
            for(i=0;i<10000000;i++);
        }
    }
    public static void main(String[] args) throws InterruptedException {
        AddThread at=new AddThread();
        at.start();
        at.join();
        System.out.println(i);
    }
}
```

在主函数中，如果不使用 join()方法等待 AddThread，那么得到的 i 很可能是 0 或者一个非常小的数字。因为 AddThread 还没开始执行，i 的值就已经被输出了。但在使用 join()方法后，主线程愿意等待 AddThread 执行完毕，跟着 AddThread 一起往前走。故在 join()方法返回时，AddThread 已经执行完成，因此 i 总是 10 000 000。

有关 join()方法，我还想再补充一点，join()方法的本质是在当前线程对象实例上调用线程 wait()方法。下面是 JDK 中 join()方法的核心代码片段：

```
while (isAlive()) {
   wait(0);
}
```

可以看到，它让调用线程在当前线程对象上等待。当线程执行完成后，被等待的线程会在退出前调用 notifyAll()方法通知所有的等待线程继续执行。因此，值得注意的一点是，不要在应用程序中，在 Thread 对象实例上使用 wait()方法或者 notify()方法等，因为这很有可能会影响系统 API 的工作，或者被系统 API 所影响。

另外一个比较有趣的方法是 yield()方法，它的定义如下：

```
public static native void yield();
```

这是一个静态方法，一旦执行，它会使当前线程让出 CPU。但要注意，让出 CPU 并不表示当前线程不执行了。当前线程在让出 CPU 后，还会进行 CPU 资源的争夺，但是，是否能够再次被分配到就不一定了。因此，对 yield()方法的调用就好像在说："我已经完成了一些最重要的工作了，我可以休息一下了，可以给其他线程一些工作机会啦！"

如果你觉得一个线程不那么重要，或者优先级非常低，而且又害怕它会占用太多的 CPU 资源，那么可以在适当的时候调用 yield()方法，给予其他重要线程更多的工作机会。

2.3 volatile 与 Java 内存模型（JMM）

之前已经简单介绍了 Java 内存模型（JMM）。Java 内存模型都是围绕着原子性、有序性和可见性展开的，大家可以先回顾一下上一章中的相关内容。为了在适当的场合，确保线程的有序性、可见性和原子性，Java 使用了一些特殊的操作或者关键字来声明、告诉虚拟机。这里要尤其注意，不能随意变动优化目标指令。关键字 volatile 就是其中之一。

如果你在英文字典中查阅 volatile 的解释，你会看到最常用的解释是"易变的、不稳定的"。这也正是关键字 volatile 的语义。

当你用关键字 volatile 声明一个变量时，就等于告诉虚拟机，这个变量极有可能会被某些程序或者线程修改。为了确保这个变量被修改后，应用程序范围内的所有线程都能够“看到”这个改动，虚拟机就必须采用一些特殊的手段，保证这个变量的可见性等特点。

比如，根据编译器的优化规则，如果不使用关键字 volatile 声明变量，那么这个变量被修改后，其他线程可能并不会知道，甚至在别的线程中，看到变量的修改顺序都会是反的。一旦使用关键字 volatile，虚拟机就会特别小心地处理这种情况。

大家应该对上一章中介绍原子性时给出的 MultiThreadLong 案例记忆犹新吧！我想，没有人愿意就这么把数据“写坏”。那么，在这种情况下应该怎么处理才能保证每次写进去的数据不坏呢？最简单的方法就是加入关键字 volatile，告诉编译器：“这个 long 型数据你要格外小心，因为它会不断地被修改。”

下面的代码显示了关键字 volatile 的使用方法，限于篇幅，这里不再给出完整代码：

```
public class MultiThreadLong {
   public volatile static long t=0;
   public static class ChangeT implements Runnable{
      private long to;
......
```

我们可以看到，关键字 volatile 对于保证操作的原子性是有非常大的帮助的。但是需要注意的是，关键字 volatile 并不能代替锁，它也无法保证一些复合操作的原子性。比如下面的例子，通过关键字 volatile 无法保证 i++的原子性：

```
static volatile int i=0;
public static class PlusTask implements Runnable{
   @Override
   public void run() {
      for(int k=0;k<10000;k++)
         i++;
   }
}

public static void main(String[] args) throws InterruptedException {
   Thread[] threads=new Thread[10];
   for(int i=0;i<10;i++){
      threads[i]=new Thread(new PlusTask());
      threads[i].start();
   }
   for(int i=0;i<10;i++){
```

```java
17        threads[i].join();
18    }
19
20    System.out.println(i);
21 }
```

执行上述代码，如果第 6 行的 i++是原子性的，那么最终的值应该是 100 000（10 个线程各累加 10 000 次）。但实际上，上述代码的输出总是会小于 100 000。

此外，关键字 volatile 也能保证数据的可见性和有序性。下面再来看一个简单的例子：

```java
01 public class NoVisibility {
02    private static boolean ready;
03    private static int number;
04
05    private static class ReaderThread extends Thread {
06       public void run() {
07          while (!ready);
08          System.out.println(number);
09       }
10    }
11
12    public static void main(String[] args) throws InterruptedException {
13       new ReaderThread().start();
14       Thread.sleep(1000);
15       number = 42;
16       ready = true;
17       Thread.sleep(10000);
18    }
19 }
```

上述代码中，ReaderThread 线程只有在数据准备好时（ready 为 true），才会打印 number 的值。它通过 ready 变量判断是否应该打印。在主线程中，开启 ReaderThread 后，就为 number 和 ready 赋值，并期望 ReaderThread 能够看到这些变化并将数据输出。

执行这个程序时，由于系统优化的结果，ReaderThread 线程无法“看到”主线程中的修改，导致 ReaderThread 永远无法退出（因为代码第 7 行中的判断条件永远不会成立），这显然不是我们想看到的结果。这个问题就是一个典型的可见性问题。

注意： 在一些陈旧的 JDK 版本中，可以使用-client 参数让虚拟机运行在客户端模式下，在这种情况下，虚拟机不会进行太多的优化，因此还是可以发现 ready

> 的值发生了变化。但无论如何，我们不能期待在一个线程中可以看到另外一个线程对一个变量的修改，除非对这个变量进行同步或者使用 volatile 关键字修饰。

和原子性问题一样，我们只要简单地使用关键字 volatile 来声明 ready 变量，告诉 Java 虚拟机“这个变量可能会在不同的线程中被修改”，就可以顺利地解决这个问题了。

2.4 分门别类的管理：线程组

在一个系统中，如果线程数量很多，而且功能分配比较明确，就可以将相同功能的线程放在同一个线程组里。打个比方，如果你有一个苹果，你可以把它拿在手里，但是如果你有十个苹果，你最好还有一个篮子，否则不方便携带。对于多线程来说，也是这个道理。想要轻松处理几十个甚至上百个线程，最好还是将它们都装进对应的篮子里。

线程组的使用非常简单，如下所示：

```
public class ThreadGroupName implements Runnable {
   public static void main(String[] args) {
      ThreadGroup tg = new ThreadGroup("PrintGroup");
      Thread t1 = new Thread(tg, new ThreadGroupName(), "T1");
      Thread t2 = new Thread(tg, new ThreadGroupName(), "T2");
      t1.start();
      t2.start();
      System.out.println(tg.activeCount());
      tg.list();
   }

   @Override
   public void run() {
      String groupAndName=Thread.currentThread().getThreadGroup().getName()
            + "-" + Thread.currentThread().getName();
      while (true) {
         System.out.println("I am " + groupAndName);
         try {
            Thread.sleep(3000);
         } catch (InterruptedException e) {
            e.printStackTrace();
         }
      }
```

```
24     }
25 }
```

上述代码第 3 行建立了一个名为 PrintGroup 的线程组，并将 T1 和 T2 两个线程加入这个组中。第 4、5 两行代码创建了两个线程，使用 Thread 的构造函数，指定线程所属的线程组，将线程和线程组关联起来。第 8、9 两行代码展示了线程组的两个重要功能：activeCount()方法可以获得活动线程的总数，但由于线程是动态的，因此这个值只是一个估计值，无法精确；list()方法可以打印这个线程组中所有线程的信息，对调试有一定帮助。

线程组还有一个值得注意的方法 stop()，它会终止线程组中所有的线程。这看起来是一个很好的功能，但是它会遇到和 Thread.stop()方法相同的问题，因此，使用时也需要格外谨慎。

此外，对于编码习惯，我还想再多说几句。强烈建议大家在创建线程和线程组的时候，给它们取一个好听的名字。对于计算机来说，也许名字并不重要，但是在系统出现问题时，你很有可能会导出系统内的所有线程。你拿到的如果是一连串的 Thread-0、Thread-1、Thread-2，我想你一定会头疼。而你看到的如果是类似 HttpHandler、FTPService 这样的名字，则会心情倍爽。

2.5 驻守后台：守护线程（Daemon）

守护线程是一种特殊的线程，就和它的名字一样，它是系统的守护者，在后台默默地完成一些系统性的服务，比如垃圾回收线程和 JIT 线程就可以理解为守护线程。与之相对应的是用户线程，我们可以认为用户线程是工作线程，它会完成程序应该要完成的业务操作。如果用户线程全部结束，则意味着这个程序实际上无事可做了。守护线程要守护的对象已经不存在了，那么整个程序就应该结束。因此，当一个 Java 程序内只有守护线程时，Java 虚拟机就会自然退出。

下面看一下守护线程的使用方法：

```
public class DaemonDemo {
   public static class DaemonT extends Thread{
      public void run(){
         while(true){
            System.out.println("I am alive");
            try {
               Thread.sleep(1000);
```

```
08              } catch (InterruptedException e) {
09                  e.printStackTrace();
10              }
11          }
12      }
13  }
14  public static void main(String[] args) throws InterruptedException {
15      Thread t=new DaemonT();
16      t.setDaemon(true);
17      t.start();
18
19      Thread.sleep(2000);
20  }
21 }
```

上述第 16 行代码将线程 t 设置为守护线程。这里要注意，守护线程必须在线程 start() 之前设置，否则你会得到一个类似如下的异常，告诉你守护线程设置失败。但是你的程序和线程依然可以正常执行，只是被当作用户线程而已。因此，如果不小心忽略了下面的异常信息，你就很可能察觉不到这个错误，还会诧异：为什么程序永远停不下来了呢？

```
Exception in thread "main" java.lang.IllegalThreadStateException
   at java.lang.Thread.setDaemon(Thread.java:1367)
   at geym.conc.ch2.daemon.DaemonDemo.main(DaemonDemo.java:20)
```

在这个例子中，由于 t 被设置为守护线程，程序中只有主线程 main 为用户线程，因此在 main 线程休眠 2 秒后退出时，整个程序也随之结束。但如果不把线程 t 设置为守护线程，那么 main 线程结束后，t 线程还会不停地打印，永远不会结束。

2.6　先做重要的事：线程优先级

Java 中的线程可以有自己的优先级。优先级高的线程在竞争资源时会更有优势，更可能抢到资源，当然，这只是一个概率问题。如果运气不好，那么高优先级线程可能也会抢占资源失败。由于线程的优先级调度和底层操作系统有密切的关系，在各个平台上表现不一，并且这种优先级产生的后果也可能不容易预测，无法精准控制，比如一个低优先级的线程可能一直抢占不到资源，从而始终无法运行，而产生饥饿（虽然优先级低，但是也不能饿死它呀）。因此，在要求严格的场合，还是需要我们自己在应用层解决线程调度问题。

在 Java 中，使用 1 到 10 表示线程优先级。一般可以使用内置的三个静态标量表示：

```
public final static int MIN_PRIORITY = 1;
public final static int NORM_PRIORITY = 5;
public final static int MAX_PRIORITY = 10;
```

数字越大则优先级越高，但有效范围在 1 到 10 之间。下面的代码展示了优先级的作用，高优先级的线程倾向于更快地执行完：

```
public class PriorityDemo {
    public static class HightPriority extends Thread{
        static int count=0;
        public void run(){
            while(true){
                synchronized(PriorityDemo.class){
                    count++;
                    if(count>10000000){
                        System.out.println("HightPriority is complete");
                        break;
                    }
                }
            }
        }
    }
    public static class LowPriority extends Thread{
        static int count=0;
        public void run(){
            while(true){
                synchronized(PriorityDemo.class){
                    count++;
                    if(count>10000000){
                        System.out.println("LowPriority is complete");
                        break;
                    }
                }
            }
        }
    }

    public static void main(String[] args) throws InterruptedException {
        Thread high=new HightPriority();
        LowPriority low=new LowPriority();
        high.setPriority(Thread.MAX_PRIORITY);
        low.setPriority(Thread.MIN_PRIORITY);
```

```
        low.start();
        high.start();
    }
```

上述代码定义了两个线程，分别把 HightPriority 和 LowPriority 设置为高优先级线程和低优先级线程，让它们完成相同的工作，也就是把 count 从 0 加到 10 000 000。完成后，会通过打印信息给一个提示，这样我们就知道谁先完成了。注意，在对 count 累进行加前，我们使用关键字 synchronized 产生了一次资源竞争，目的是使优先级的差异表现得更明显。

大家尝试执行上述代码可以看到，高优先级的线程在大部分情况下都会首先完成任务（就这段代码而言，试运行多次，HightPriority 总是比 LowPriority 的速度快，但我们不能保证在所有情况下都是这样的）。

2.7　线程安全的概念与关键字 synchronized

并行程序开发的一大重点就是线程安全。一般来说，程序并行化是为了获得更高的执行效率，但前提是，高效率不能以牺牲正确性为代价。如果程序并行化后，连基本的执行结果的正确性都无法保证，那么并行化本身也就没有任何意义了。因此，线程安全就是并行程序的根基。大家还记得那个多线程读写 long 型数据的案例吧，它就是一个典型的反例。虽然在使用 volatile 关键字后这种错误的情况有所改善，但是 volatile 关键字并不能真正保证线程安全，它只能确保一个线程修改了数据后，其他线程能够看到这个改动。但当两个线程同时修改某一个数据时，依然会产生冲突。

下面的代码演示了一个计数器，两个线程同时对 i 进行累加操作，各执行 10 000 000 次。我们期望的执行结果当然是最终 i 的值可以达到 20 000 000，但事实并非总是如此。如果你多执行几次代码就会发现，在很多时候，i 的最终值会小于 20 000 000。这是因为两个线程同时对 i 进行写入时，其中一个线程的结果会覆盖另外一个线程的结果（虽然这个时候 i 被声明为 volatile 变量）。

```
public class AccountingVol implements Runnable{
    static AccountingVol instance=new AccountingVol();
    static volatile int i=0;
    public static void increase(){
        i++;
    }
```

```
07     @Override
08     public void run() {
09         for(int j=0;j<10000000;j++){
10             increase();
11         }
12     }
13     public static void main(String[] args) throws InterruptedException {
14         Thread t1=new Thread(instance);
15         Thread t2=new Thread(instance);
16         t1.start();t2.start();
17         t1.join();t2.join();
18         System.out.println(i);
19     }
20 }
```

图 2.8 展示了这种可能的冲突，这就是多线程不安全的恶果。线程 1 和线程 2 同时读取 i，并各自计算得到 i=1，先后写入这个结果，因此，虽然 i++被执行了两次，但是实际 i 的值只增加了 1。

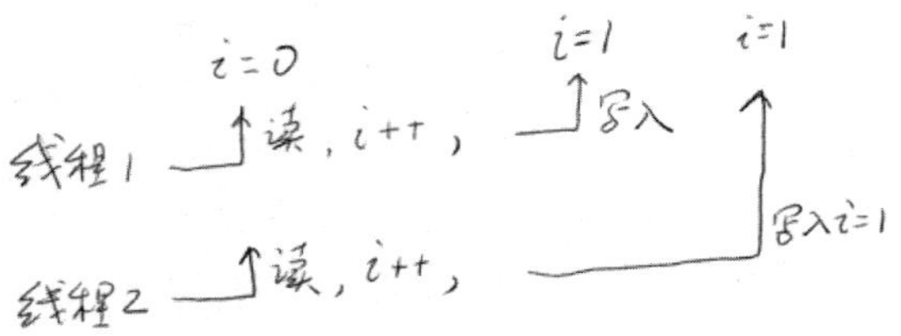

图 2.8　多线程的写入冲突

要从根本上解决这个问题，我们就必须保证多个线程在对 i 进行操作时做到完全同步。也就是说，当线程 A 在写入时，线程 B 不仅不能写，还不能读。因为在线程 A 写完之前，线程 B 读取的一定是一个过期数据。Java 提供了一个重要的关键字 synchronized 来实现这个功能。

关键字 synchronized 的作用是实现线程的同步。它的工作是对同步的代码加锁，使得每一次只能有一个线程进入同步块，从而保证线程的安全性（也就是说在上述代码的第 5 行，每次应该只有一个线程可以执行）。

关键字 synchronized 有多种用法，这里做一个简单的整理。

- 指定加锁对象：对给定对象加锁，进入同步代码前要获得给定对象的锁。

- 直接作用于实例方法：相当于对当前实例加锁，进入同步代码前要获得当前实例的锁。
- 直接作用于静态方法：相当于对当前类加锁，进入同步代码前要获得当前类的锁。

下述代码将关键字 synchronized 作用于一个给定对象 instance，每次当线程进入被关键字 synchronized 包裹的代码段，就都会要求请求 instance 实例的锁。如果当前有其他线程正持有这把锁，那么新到的线程就必须等待。这样，就保证了每次只能有一个线程执行 i++操作。

```
public class AccountingSync implements Runnable{
    static AccountingSync instance=new AccountingSync();
    static int i=0;
    @Override
    public void run() {
        for(int j=0;j<10000000;j++){
            synchronized(instance){
                i++;
            }
        }
    }
    // main 函数参见本节第一段代码
```

当然，上述代码也可以写成如下形式，两者是等价的：

```
public class AccountingSync2 implements Runnable{
    static AccountingSync2 instance=new AccountingSync2();
    static int i=0;
    public synchronized void increase(){
        i++;
    }
    @Override
    public void run() {
        for(int j=0;j<10000000;j++){
            increase();
        }
    }
    public static void main(String[] args) throws InterruptedException {
        Thread t1=new Thread(instance);
        Thread t2=new Thread(instance);
        t1.start();t2.start();
        t1.join();t2.join();
```

```
18         System.out.println(i);
19     }
20 }
```

在上述代码中，关键字 synchronized 作用于一个实例方法。这就是说在进入 increase()方法前，线程必须获得当前对象实例的锁。在本例中就是 instance 对象。我不厌其烦地给出 main 函数的实现，是想强调第 14、15 行代码，也就是 Thread 的创建方式。这里使用 Runnable 接口创建两个线程，并且这两个线程都指向同一个 Runnable 接口实例（instance 对象），这样才能保证两个线程在工作时能够关注同一个对象锁，从而保证线程安全。

一种错误的同步方式如下：

```
01 public class AccountingSyncBad implements Runnable{
02     static int i=0;
03     public synchronized void increase(){
04         i++;
05     }
06     @Override
07     public void run() {
08         for(int j=0;j<10000000;j++){
09             increase();
10         }
11     }
12     public static void main(String[] args) throws InterruptedException {
13         Thread t1=new Thread(new AccountingSyncBad());
14         Thread t2=new Thread(new AccountingSyncBad());
15         t1.start();t2.start();
16         t1.join();t2.join();
17         System.out.println(i);
18     }
19 }
```

上述代码犯了一个严重的错误。虽然在第 3 行的 increase()方法中声明了这是一个同步方法，但很不幸的是，执行这段代码的两个线程指向了不同的 Runnable 实例。由第 13、14 行代码可以看到，这两个线程的 Runnable 实例并不是同一个对象。因此，线程 t1 会在进入同步方法前加锁自己的 Runnable 实例，而线程 t2 也关注自己的对象锁。换言之，这两个线程使用的是两把不同的锁，因此线程安全无法保证。

我们只要简单地修改上述代码，就能使其正确执行，那就是使用关键字 synchronized

的第三种用法，将其作用于静态方法。将 increase()方法修改如下：

```
public static synchronized void increase(){
    i++;
}
```

这样，即使两个线程指向不同的 Runnable 对象，但由于方法需要请求的是当前类的锁，而非当前实例，因此，线程间还是可以正确同步。

除了用于线程同步、确保线程安全，关键字 synchronized 还可以保证线程间的可见性和有序性。就可见性而言，关键字 synchronized 可以完全替代关键字 volatile 的功能，只是使用上没有那么方便。就有序性而言，由于关键字 synchronized 限制每次只有一个线程可以访问同步块，因此，无论同步块内的代码如何被乱序执行，只要保证串行语义一致，那么执行结果总是一样的。而其他访问线程，又必须在获得锁后方能进入代码块读取数据，因此，它们看到的最终结果并不取决于代码的执行过程，有序性问题自然就得到了解决（换言之，被关键字 synchronized 限制的多个线程是串行执行的）。

2.8　程序中的幽灵：隐蔽的错误

作为一名软件开发人员，修复程序 BUG 应该说是日常的基本工作之一。作为 Java 程序员，也许你经常会被抛出的一大堆异常堆栈所困扰，因为这可能预示着你又有工作可做了。但我在这里想说的是，如果程序出错，你看到了异常堆栈，你应该感到格外高兴，因为这也意味着你极有可能在两分钟内修复这个问题（当然，并不是所有的异常都是错误）。最可怕的情况是系统没有任何异常表现，没有日志，也没有堆栈，但是却给出了一个错误的执行结果。这种情况才真会让人头疼。

2.8.1　无提示的错误案例

我在这里想给出一个系统运行错误却没有任何提示的案例，让大家体会一下这种情况的可怕之处。在任何一个业务系统中，求平均值应该是一种极其常见的操作，这里就以求两个整数的平均值为例，请看下面的代码：

```
int v1=1073741827;
int v2=1431655768;
System.out.println("v1="+v1);
System.out.println("v2="+v2);
```

```
int ave=(v1+v2)/2;
System.out.println("ave="+ave);
```

上述代码中，加粗部分试图计算 v1 和 v2 的均值。乍看之下，没有什么问题。目测 v1 和 v2 的当前值，估计两者的平均值大约为 12 亿。但如果你执行代码，却会得到以下输出：

```
v1=1073741827
v2=1431655768
ave=-894784850
```

你一定会非常吃惊，均值竟然是一个负数！但只要你有一点钻研精神，就会马上有所觉悟。这是一个典型的溢出问题，v1+v2 的结果导致了 int 的溢出。

把这个问题单独拿出来研究，也许你不会有特别的感触，但是，一旦这个问题发生在一个复杂系统内部，复杂的业务逻辑很可能掩盖这个看起来微不足道的问题，再加上程序自始至终没有任何日志或异常，如果你运气不是太好，那么不耗上几个通宵，恐怕也难有眉目。

所以，我们自然会害怕这些问题，我们也希望在程序出错时，能够得到异常或者相关的日志。但是，非常不幸的是，错误地使用并行非常容易产生这类问题，它们难觅踪影，就如同幽灵一般。

2.8.2 并发下的 ArrayList

我们都知道，ArrayList 是一个线程不安全的容器。在多线程中使用 ArrayList，可能会导致程序出错。究竟可能引起哪些问题呢？看下面的代码：

```
public class ArrayListMultiThread {
    static ArrayList<Integer> al = new ArrayList<Integer>(10);
    public static class AddThread implements Runnable {
        @Override
        public void run() {
            for (int i = 0; i < 1000000; i++) {
                al.add(i);
            }
        }
    }

    public static void main(String[] args) throws InterruptedException {
```

```
        Thread t1=new Thread(new AddThread());
        Thread t2=new Thread(new AddThread());
        t1.start();
        t2.start();
        t1.join();t2.join();
        System.out.println(al.size());
    }
}
```

上述代码中，t1 和 t2 两个线程同时向一个 ArrayList 中添加元素。它们各添加 100 万个元素，因此我们期望最后可以有 200 万个元素在 ArrayList 中。但如果执行这段代码，则可能得到三种结果。

第一种，程序正常结束，ArrayList 的最终大小确实是 200 万。这说明即使并行程序有问题，也未必会每次都表现出来。

第二种，程序抛出异常：

```
Exception in thread "Thread-1" java.lang.ArrayIndexOutOfBoundsException: Index 17 out
of bounds for length 15
    at java.base/java.util.ArrayList.add(ArrayList.java:454)
    at java.base/java.util.ArrayList.add(ArrayList.java:466)
    at
geym.conc.ch2.notsafe.ArrayListMultiThread$AddThread.run(ArrayListMultiThread.java:1
2)
    at java.base/java.lang.Thread.run(Thread.java:832)
1000001
```

这是因为 ArrayList 在扩容过程中，内部一致性被破坏，由于没有锁的保护，另外一个线程访问到了不一致的内部状态，导致越界问题。

第三种，出现了一个非常隐蔽的错误，比如打印如下值作为 ArrayList 的大小：

```
1793758
```

这是由于多线程访问冲突，使得保存容器大小的变量被多线程不正常地访问，同时两个线程也对 ArrayList 中的同一个位置进行了赋值。如果出现这种问题，那么很不幸，你就得到了一个没有错误提示的错误，并且它们未必是可以复现的。

注意：改进的方法很简单，使用线程安全的 Vector 代替 ArrayList 即可。

2.8.3 并发下诡异的 HashMap

HashMap 同样不是线程安全的。当你使用多线程访问 HashMap 时，也可能会遇到意想不到的错误。不过和 ArrayList 不同，HashMap 的问题似乎更加诡异。

```
public class HashMapMultiThread {

   static Map<String,String> map = new HashMap<String,String>();

   public static class AddThread implements Runnable {
      int start=0;
      public AddThread(int start){
         this.start=start;
      }
      @Override
      public void run() {
         for (int i = start; i < 100000; i+=2) {
            map.put(Integer.toString(i), Integer.toBinaryString(i));
         }
      }
   }

   public static void main(String[] args) throws InterruptedException {
      Thread t1=new Thread(new HashMapMultiThread.AddThread(0));
      Thread t2=new Thread(new HashMapMultiThread.AddThread(1));
      t1.start();
      t2.start();
      t1.join();t2.join();
      System.out.println(map.size());
   }
}
```

上述代码使用 t1 和 t2 两个线程同时执行了 HashMap 的 put()方法。如果一切正常，则得到的 HashMap 的大小就是 100 000。但实际上，你可能会得到以下三种结果。

第一种，程序正常结束，并且结果也是符合预期的，HashMap 的大小为 100 000。

第二种，程序正常结束，但结果不符合预期，而是一个小于 100 000 的数字，比如 98 868。

第三种，程序永远无法结束。

前两种结果和 ArrayList 的情况非常类似，因此不必过多解释。而对于第三种，如果是第一次看到，我想大家一定会觉得特别惊讶，因为看似非常正常的程序怎么可能就结束不了呢？

注意： 请读者谨慎尝试以上代码，由于这段代码很可能占用两个 CPU 内核，并使 CPU 使用率达到 100%。如果 CPU 性能较弱，则可能导致死机，因此请先保存资料，再进行尝试。

打开任务管理器，你会发现，这段代码占用了极大的 CPU 容量，最有可能的表示是占用了两个 CPU 内核，并使得这两个 CPU 内核的使用率达到 100%。这非常类似于死循环的情况。

使用 jstack 工具查看程序的线程信息，如下所示。其中 jps 可以显示当前系统中所有的 Java 进程，而 jstack 可以打印给定 Java 进程的内部线程及其堆栈。

```
F:\tools\jdk-14.0.1\bin>jps
4116 HashMapMultiThread
8164 Jps
6748 RemoteMavenServer
F:\tools\jdk-14.0.1\bin>jstack 4116
```

我们很容易找到繁忙的工作线程：

```
"Thread-0" #15 prio=5 os_prio=0 cpu=12812.50ms elapsed=12.83s tid=0x000002a3fc659800
nid=0x1b64 runnable  [0x000000bef99fd000]
   java.lang.Thread.State: RUNNABLE
        at
java.util.HashMap$TreeNode.balanceInsertion(java.base@14.0.1/HashMap.java:2377)
        at java.util.HashMap$TreeNode.treeify(java.base@14.0.1/HashMap.java:2083)
        at java.util.HashMap$TreeNode.split(java.base@14.0.1/HashMap.java:2309)
        at java.util.HashMap.resize(java.base@14.0.1/HashMap.java:715)
        at java.util.HashMap.putVal(java.base@14.0.1/HashMap.java:664)
        at java.util.HashMap.put(java.base@14.0.1/HashMap.java:613)
        at
geym.conc.ch2.notsafe.HashMapMultiThread$AddThread.run(HashMapMultiThread.java:25)
        at java.lang.Thread.run(java.base@14.0.1/Thread.java:832)
"main" #1 prio=5 os_prio=0 cpu=109.38ms elapsed=12.93s tid=0x000002a3ed39a000 nid=0x2a8c
in Object.wait()  [0x000000bef86fe000]
   java.lang.Thread.State: WAITING (on object monitor)
        at java.lang.Object.wait(java.base@14.0.1/Native Method)
        - waiting on <0x000000062049a2f8> (a java.lang.Thread)
        at java.lang.Thread.join(java.base@14.0.1/Thread.java:1303)
```

```
    - locked <0x000000062049a2f8> (a java.lang.Thread)
    at java.lang.Thread.join(java.base@14.0.1/Thread.java:1371)
    at geym.conc.ch2.notsafe.HashMapMultiThread.main(HashMapMultiThread.java:35)
```

可以看到，主线程 main 正处于等待状态，并且这个等待是由于 join()方法引起的，符合我们的预期。而 Thread-0 处于 Runnable 状态，并且当前执行的是 HashMap.put()方法。

从堆栈中可以得知，当前这个线程正在遍历 HashMap 的内部数据，但是由于并发执行破坏了内部数据结构，导致对 HashMap 的操作陷入了死循环。最简单的解决方案就是使用 ConcurrentHashMap 代替 HashMap。

2.8.4 初学者常见的问题：错误的加锁

在多线程同步时，加锁是保证线程安全的重要手段之一。但加锁也必须是合理的，在“2.7 线程安全的概念与关键字 synchronized”中已经给出了一个常见的错误加锁案例，也就是锁的不正确使用案例。在本节中，我将介绍一个更加隐晦的错误。

假设我们需要一个计数器，这个计数器会被多个线程同时访问。为了确保数据的正确性，我们自然需要对计数器加锁，因此就有了以下代码：

```
public class BadLockOnInteger implements Runnable{
   public static Integer i=0;
   static BadLockOnInteger instance=new BadLockOnInteger();
   @Override
   public void run() {
      for(int j=0;j<10000000;j++){
         synchronized(i){
            i++;
         }
      }
   }

   public static void main(String[] args) throws InterruptedException {
      Thread t1=new Thread(instance);
      Thread t2=new Thread(instance);
      t1.start();t2.start();
      t1.join();t2.join();
      System.out.println(i);
   }
}
```

上述代码的第 7~9 行，为了保证计数器 i 的正确性，每次 i 自增前，都先获得 i 的锁，以此保证 i 是线程安全的。从逻辑上看，这似乎并没有什么不对，所以，我们就满怀信心地尝试运行代码。如果一切正常，那么这段代码应该返回 20 000 000（每个线程各累加 10 000 000 次）。

但我们却得到了一个比 20 000 000 小很多的数字，比如 15 992 526。这说明什么问题呢？一定是这段程序并没有真正做到线程安全！但把锁加在变量 i 上又有什么问题呢？似乎加锁的逻辑也是无懈可击的。

要解释这个问题，得从 Integer 说起。在 Java 中，Integer 属于不变对象，即对象一旦被创建，就不可能被修改。也就是说，如果你有一个 Integer 对象代表 1，那么它就永远代表 1，你不可能修改 Integer 对象的值，使它变为 2。如果你需要 2 怎么办呢？也很简单，新建一个 Integer 对象，并让它代表 2 即可。

如果我们使用 javap 命令反编译这段代码的 run()方法，可以看到：

```
0:  iconst_0
1:  istore_1
2:  goto   36
5:  getstatic         #20; // Field i:Ljava/lang/Integer;
8:  dup
9:  astore_2
10: monitorenter
11: getstatic         #20; // Field i:Ljava/lang/Integer;
14: invokevirtual     #32; // Method java/lang/Integer.intValue:()I
17: iconst_1
18: iadd
19: invokestatic      #14; // Method java/lang/Integer.valueOf:(I)Ljava/lang/Integer;
22: putstatic         #20; // Field i:Ljava/lang/Integer;
25: aload_2
26: monitorexit
```

第 19~22 行（对字节码来说，这是偏移量，这里简称为行）代码实际上使用 Integer.valueOf()方法新建了一个 Integer 对象，并将它赋值给变量 i。也就是说，i++在真实执行时变成了：

```
i=Integer.valueOf(i.intValue()+1);
```

进一步查看 Integer.valueOf()方法，我们可以看到：

```
public static Integer valueOf(int i) {
   assert IntegerCache.high >= 127;
```

```
    if (i >= IntegerCache.low && i <= IntegerCache.high)
        return IntegerCache.cache[i + (-IntegerCache.low)];
    return new Integer(i);
}
```

Integer.valueOf()方法实际上是一个工厂方法，它倾向于返回一个代表指定数值的Integer对象实例。因此，i++的本质是创建一个新的Integer对象，并将它的引用赋值给i。

如此一来，我们就可以明白问题所在了，由于在多个线程间并不一定能够看到同一个i对象（因为i对象一直在变），因此两个线程每次加锁可能都加在了不同的对象实例上，从而导致对临界区代码的控制出现问题。

修正这个问题也很容易，只需要将下面的代码：

```
synchronized(i){
```

改为：

```
synchronized(instance){
```

3

第 3 章 JDK 并发包

为了更好地支持并发程序，JDK 内部提供了大量实用的 API 和框架。本章主要介绍这些 JDK 内部功能。

首先，介绍有关同步控制的工具。之前介绍的关键字 synchronized 就是一种同步控制方法，在这里，我们将看到更加丰富多彩的多线程控制方法。

其次，详细介绍 JDK 中对线程池的支持。使用线程池将能提高线程调度的性能。

再次，介绍 JDK 的一些并发容器。这些容器专为并行访问所设计，绝对是高效、安全、稳定的实用工具。

最后，介绍如何使用 JMH 进行性能测试。

3.1 多线程的团队协作：同步控制

同步控制是并发程序必不可少的。之前介绍的关键字 synchronized 就是一种最简单的控制方法，它决定了一个线程是否可以访问临界区资源。同时，Object.wait()方法和

Object.notify()方法起到了让线程等待和通知的作用。这些工具对于实现复杂的多线程协作起到了重要的作用。下面我们首先将介绍关键字 synchronized、Object.wait()方法和 Object.notify()方法的替代品（或者说是增强版）——重入锁。

3.1.1 超越 synchronized 的同步工具：重入锁

重入锁可以完全替代关键字 synchronized。在 JDK 5.0 之前的版本中，重入锁的性能远远优于关键字 synchronized，但从 JDK 6.0 开始，JDK 对关键字 synchronized 做了大量的优化，使得两者的性能差距并不大。

重入锁使用 java.util.concurrent.locks.ReentrantLock 类来实现。下面是一个最简单的重入锁使用案例：

```
01 public class ReenterLock implements Runnable{
02    public static ReentrantLock lock=new ReentrantLock();
03    public static int i=0;
04    @Override
05    public void run() {
06       for(int j=0;j<10000000;j++){
07          lock.lock();
08          try{
09             i++;
10          }finally{
11             lock.unlock();
12          }
13       }
14    }
15    public static void main(String[] args) throws InterruptedException {
16       ReenterLock tl=new ReenterLock();
17       Thread t1=new Thread(tl);
18       Thread t2=new Thread(tl);
19       t1.start();t2.start();
20       t1.join();t2.join();
21       System.out.println(i);
22    }
23 }
```

上述代码第 7~12 行使用重入锁保护临界区资源 i，确保多线程对 i 操作的安全性。从这段代码可以看到，与关键字 synchronized 相比，重入锁有着显式的操作过程。开发人员必须手动指定何时加锁，何时释放锁。也正因为这样，重入锁的逻辑控制灵活性要远远优于关键字 synchronized。但值得注意的是，在退出临界区时，必须释放锁（代码第 11 行），否则，其他线程就没有机会再访问临界区了。

你可能会对重入锁的名字感到奇怪：锁前面为什么要加上“重入”两个字呢？从类的命名上看，Re-Entrant-Lock 翻译成重入锁非常贴切。之所以这么叫，是因为这种锁可以反复进入。当然，这里的反复仅仅局限于一个线程。上述代码的第 7~12 行，可以写成下面的形式：

```
lock.lock();
lock.lock();
try{
   i++;
}finally{
   lock.unlock();
   lock.unlock();
}
```

在这种情况下，一个线程连续两次获得同一把锁是被允许的。如果不允许这么操作，那么同一个线程在第 2 次获得锁时，将会和自己产生死锁，程序就会“卡死”在第 2 次获得锁的过程中。但需要注意的是，如果同一个线程多次获得锁，那么也必须释放相同次数的锁。如果释放锁的次数多了，那么会得到一个 java.lang.IllegalMonitorStateException 异常，反之，如果释放锁的次数少了，那么相当于线程还持有这个锁，其他线程无法进入临界区。

除使用上的灵活性以外，重入锁还提供了一些高级功能。比如，重入锁可以提供中断处理的能力。

1. 中断响应

对于关键字 synchronized 来说，如果一个线程在等待锁，那么结果只有两种情况，要么它获得这把锁继续执行，要么它继续等待。而使用重入锁，则提供了另一种可能，那就是线程可以被中断。也就是在等待锁的过程中，程序可以根据需要取消对锁的请求。有些时候，这么做是非常有必要的。比如，你和朋友约好一起去打球，如果你等了半个小时朋友还没有到，你突然接到一个电话，对方说由于突发情况不能如约前来了，那么你一定会扫兴地打道回府。中断正是提供了一套类似的机制。如果一个线程正在等待锁，那么它依然可以收到一个通知，被告知无须等待，可以停止工作。这种情况对于处理死锁是有一定帮助的。

下面的代码产生了一个死锁，但得益于锁中断，我们可以很轻易地处理这个死锁：

```
public class IntLock implements Runnable {
    public static ReentrantLock lock1 = new ReentrantLock();
    public static ReentrantLock lock2 = new ReentrantLock();
    int lock;
    /**
     * 控制加锁顺序，方便构造死锁
     * @param lock
     */
    public IntLock(int lock) {
        this.lock = lock;
    }

    @Override
    public void run() {
        try {
            if (lock == 1) {
                lock1.lockInterruptibly();
                try{
                    Thread.sleep(500);
                }catch(InterruptedException e){}
                lock2.lockInterruptibly();
            } else {
                lock2.lockInterruptibly();
                try{
                    Thread.sleep(500);
                }catch(InterruptedException e){}
                lock1.lockInterruptibly();
            }

        } catch (InterruptedException e) {
            e.printStackTrace();
        } finally {
            if (lock1.isHeldByCurrentThread())
                lock1.unlock();
            if (lock2.isHeldByCurrentThread())
```

```
36              lock2.unlock();
37          System.out.println(Thread.currentThread().getId()+":线程退出");
38      }
39  }
40
41  public static void main(String[] args) throws InterruptedException {
42      IntLock r1 = new IntLock(1);
43      IntLock r2 = new IntLock(2);
44      Thread t1 = new Thread(r1);
45      Thread t2 = new Thread(r2);
46      t1.start();t2.start();
47      Thread.sleep(1000);
48      // 中断其中一个线程
49      t2.interrupt();
50  }
51 }
```

t1 和 t2 线程启动后，t1 线程先占用 lock1，再占用 lock2；t2 线程先占用 lock2，再请求 lock1。因此，很容易形成 t1 和 t2 线程之间相互等待。在这里，对锁的请求，统一使用 lockInterruptibly()方法。这是一个可以对中断进行响应的锁请求动作，即在等待锁的过程中，可以中断响应。

在代码第 47 行，主线程 main 处于休眠状态，此时，两个线程处于死锁状态。在代码第 49 行，由于 t2 线程被中断，故 t2 线程会放弃对 lock1 的请求，同时释放已获得的 lock2。这个操作导致 t1 线程可以顺利得到 lock2 而继续执行下去。

执行上述代码，将输出：

```
java.lang.InterruptedException
    at java.util.concurrent.locks.AbstractQueuedSynchronizer.
doAcquireInterruptibly(AbstractQueuedSynchronizer.java:898)
    at java.util.concurrent.locks.AbstractQueuedSynchronizer.
acquireInterruptibly(AbstractQueuedSynchronizer.java:1222)
    at java.util.concurrent.locks.ReentrantLock.lockInterruptibly
(ReentrantLock.java:335)
    at geym.conc.ch3.synctrl.IntLock.run(IntLock.java:31)
    at java.lang.Thread.run(Thread.java:745)
9:线程退出
8:线程退出
```

可以看到，中断后两个线程双双退出，但真正完成工作的只有 t1 线程，而 t2 线程则放弃了任务直接退出，释放资源。

2. 限时等待

除了等待外部通知，要避免死锁还有另一种方法，那就是限时等待。依然以约朋友打球为例，如果朋友迟迟不来，又无法联系到他，那么在等待一两个小时后，我想大部分人都会扫兴离去。对线程来说也是这样。通常，我们无法判断为什么一个线程迟迟拿不到锁，也许是因为死锁，也许是因为产生了饥饿现象。如果给定一个等待时间，让线程自动放弃，那么对系统来说就是有意义的。我们可以使用 tryLock()方法进行一次限时等待。

下面这段代码展示了限时等待锁的使用：

```
public class TimeLock implements Runnable{
   public static ReentrantLock lock=new ReentrantLock();
   @Override
   public void run() {
      try {
         if(lock.tryLock(5, TimeUnit.SECONDS)){
            Thread.sleep(6000);
         }else{
            System.out.println("get lock failed");
         }
      } catch (InterruptedException e) {
         e.printStackTrace();
      }finally{if(lock.isHeldByCurrentThread()) lock.unlock();}
   }
   public static void main(String[] args) {
      TimeLock tl=new TimeLock();
      Thread t1=new Thread(tl);
      Thread t2=new Thread(tl);
      t1.start();
      t2.start();
   }
}
```

在这里，tryLock()方法接收两个参数，一个表示等待时长，另一个表示计时单位。这里将计时单位设置为秒，时长为 5，表示线程在这个锁请求中最多等待 5 秒。如果超过 5 秒还没有得到锁，就会返回 false；如果成功获得锁，就会返回 true。

在本例中，由于占用锁的线程会持有锁长达 6 秒，故另一个线程无法在 5 秒的等待时间内获得锁，因此请求锁会失败。

ReentrantLock.tryLock()方法也可以不带参数直接运行。在这种情况下，当前线程会尝试获得锁。如果锁并未被其他线程占用，则获得锁成功，并立即返回 true。如果锁被其他线程占用，则当前线程不会等待，而是立即返回 false。这时不会出现线程等待，因此也不会产生死锁。下面的代码演示了这种使用方式：

```
public class TryLock implements Runnable {
   public static ReentrantLock lock1 = new ReentrantLock();
   public static ReentrantLock lock2 = new ReentrantLock();
   int lock;

   public TryLock(int lock) {
      this.lock = lock;
   }

   @Override
   public void run() {
      if (lock == 1) {
         while (true) {
            if (lock1.tryLock()) {
               try {
                  try {
                     Thread.sleep(500);
                  } catch (InterruptedException e) {
                  }
                  if (lock2.tryLock()) {
                     try {
                        System.out.println(Thread.currentThread()
                              .getId() + ":My Job done");
                        return;
                     } finally {
                        lock2.unlock();
                     }
                  }
               } finally {
                  lock1.unlock();
               }
```

```
                }
            }
        } else {
            while (true) {
                if (lock2.tryLock()) {
                    try {
                        try {
                            Thread.sleep(500);
                        } catch (InterruptedException e) {
                        }
                        if (lock1.tryLock()) {
                            try {
                                System.out.println(Thread.currentThread()
                                        .getId() + ":My Job done");
                                return;
                            } finally {
                                lock1.unlock();
                            }
                        }
                    } finally {
                        lock2.unlock();
                    }
                }
            }
        }
    }

    public static void main(String[] args) throws InterruptedException {
        TryLock r1 = new TryLock(1);
        TryLock r2 = new TryLock(2);
        Thread t1 = new Thread(r1);
        Thread t2 = new Thread(r2);
        t1.start();
        t2.start();
    }
}
```

上述代码采用了非常容易引起死锁的加锁顺序。也就是先让 t1 线程获得 lock1，再让 t2 线程获得 lock2，接着做反向请求，让 t1 线程请求 lock2，让 t2 线程请求 lock1。在一般情况下，这会导致 t1 和 t2 线程相互等待，从而引起死锁。

但是，使用 tryLock()方法后，这种情况就大大改善了。由于线程不会傻傻地等待，而是不停地尝试，因此，只要执行足够长的时间，线程总会得到所有需要的资源，从而正常执行（这里以线程同时获得 lock1 和 lock2 两把锁作为其可以正常执行的条件）。在同时获得 lock1 和 lock2 后，线程就打印出标志着任务完成的信息“My Job done”。

执行上述代码，等待一会儿（由于线程中包含休眠 500 毫秒的代码），最终你还是可以欣喜地看到程序执行完毕，并产生如下输出，表示两个线程双双正常执行：

```
9:My Job done
8:My Job done
```

3. 公平锁

在大多数情况下，锁的请求都是非公平的。也就是说，线程 1 首先请求了锁 A，接着线程 2 也请求了锁 A。那么当锁 A 可用时，线程 1 可以获得锁还是线程 2 可以获得锁呢？答案是不一定，系统只会从这个锁的等待队列中随机挑选一个，因此不能保证公平性。这就好比买票不排队，大家都围在售票窗口前，售票员忙得焦头烂额，也顾不上谁先谁后，随便找个人出票就完事了。而公平的锁则不是这样的，它会按照时间的先后顺序保证先到者先得，后到者后得。公平锁的一大特点是，它不会产生饥饿现象。只要你排队，最终都可以等到资源。如果我们使用 synchronized 关键字进行锁控制，那么产生的锁就是非公平的。重入锁允许我们设置其公平性，它的构造函数如下：

```
public ReentrantLock(boolean fair)
```

当参数 fair 为 true 时，表示锁是公平的。公平锁看起来很优美，但是要实现公平锁必然要求系统维护一个有序队列，因此公平锁的实现成本比较高，性能却非常低下。因此，在默认情况下，锁是非公平的。如果没有特别的需求，则不需要使用公平锁。公平锁和非公平锁在线程调度表现上也是非常不一样的。下面的代码可以很好地突出公平锁的特点：

```
public class FairLock implements Runnable {
    public static ReentrantLock fairLock = new ReentrantLock(true);

    @Override
    public void run() {
        while(true){
        try{
```

```
08           fairLock.lock();
09           System.out.println(Thread.currentThread().getName()+" 获得锁");
10        }finally{
11           fairLock.unlock();
12        }
13        }
14     }
15
16     public static void main(String[] args) throws InterruptedException {
17        FairLock r1 = new FairLock();
18        Thread t1=new Thread(r1,"Thread_t1");
19        Thread t2=new Thread(r1,"Thread_t2");
20        t1.start();t2.start();
21     }
22 }
```

上述代码第 2 行指定锁是公平的。接着，由 t1 和 t2 两个线程分别请求这把锁，并且在得到锁后，进行控制台输出，表示自己得到了锁。在使用公平锁的情况下，得到的输出通常如下所示：

```
Thread_t1 获得锁
Thread_t2 获得锁
Thread_t1 获得锁
Thread_t2 获得锁
Thread_t1 获得锁
Thread_t2 获得锁
Thread_t1 获得锁
Thread_t2 获得锁
Thread_t1 获得锁
```

由于代码会产生大量输出，这里只截取部分进行说明。在这个输出中，可以看到，很明显两个线程基本上是交替获得锁的，几乎不会发生同一个线程连续多次获得锁的情况，从而保证了公平性。如果不使用公平锁，那么情况会完全不一样，下面是使用非公平锁时的部分输出：

```
// 前面还有一大段 t1 线程连续获得锁的输出
Thread_t1 获得锁
Thread_t1 获得锁
Thread_t1 获得锁
Thread_t1 获得锁
```

```
Thread_t2 获得锁
Thread_t2 获得锁
Thread_t2 获得锁
Thread_t2 获得锁
Thread_t2 获得锁
// 后面还有一大段 t2 线程连续获得锁的输出
```

可以看到，根据系统的调度，一个线程会倾向于再次获取已经持有的锁，这种分配方式是高效的，但是无公平性可言。

ReentrantLock 的几个重要方法整理如下。

- lock()：获得锁，如果锁已经被占用，则等待。
- lockInterruptibly()：获得锁，但优先响应中断。
- tryLock()：尝试获得锁，如果成功则返回 true，如果失败则返回 false。该方法不等待，立即返回。
- tryLock(long time, TimeUnit unit)：在给定时间内尝试获得锁。
- unlock()：释放锁。

就重入锁的实现来看，它主要集中在 Java 层面。在重入锁的实现中，主要包含 3 个要素。

第一，原子状态。原子状态使用 CAS 操作（将在第 4 章详细讨论）来存储当前锁的状态，判断锁是否已经被别的线程持有了。

第二，等待队列。所有没有请求到锁的线程，会进入等待队列等待。待有线程释放锁后，系统就能从等待队列中唤醒一个线程，继续工作。

第三，阻塞原语 park()和 unpark()。阻塞原语用来挂起和恢复线程。没有得到锁的线程将会被挂起。有关 park()和 unpark()的详细介绍，可以参考“3.1.7　线程阻塞工具类：LockSupport”。

3.1.2　重入锁的好搭档：Condition

如果大家理解了 wait()方法和 notify()方法，就能很容易地理解 Condition 对象。Condition 对象与 wait()方法和 notify()方法的作用是大致相同的，但是 wait()方法和 notify()方法是与 synchronized 关键字配合使用的，而 Condition 对象是与重入锁相关联的。通过 lock 接口（重入锁就实现了这一个接口）的 Condition.newCondition()方法可以生成一个与当前重入锁绑定的 Condition 实例。利用 Condition 对象，我们就可以让线程在合适的时间等待，或者在某一个特定的时间得到通知，继续执行。

Condition 接口提供的基本方法如下：

```
void await() throws InterruptedException;
void awaitUninterruptibly();
long awaitNanos(long nanosTimeout) throws InterruptedException;
boolean await(long time, TimeUnit unit) throws InterruptedException;
boolean awaitUntil(Date deadline) throws InterruptedException;
void signal();
void signalAll();
```

以上方法的含义如下。

- await()方法会使当前线程等待，同时释放当前锁，当其他线程中使用 signal()方法或者 signalAll()方法时，线程会重新获得锁并继续执行。当线程被中断时，也能跳出等待。该方法和 wait()方法相似。
- awaitUninterruptibly()方法与 await()方法基本相同，但是它不会在等待过程中响应中断。
- signal()方法用于唤醒一个在等待中的线程，signalAll()方法会唤醒所有在等待中的线程。该方法和 notify()方法相似。

下面的代码简单地演示了 Condition 的功能：

```
public class ReenterLockCondition implements Runnable{
   public static ReentrantLock lock=new ReentrantLock();
   public static Condition condition = lock.newCondition();
   @Override
   public void run() {
      try {
         lock.lock();
         condition.await();
         System.out.println("Thread is going on");
      } catch (InterruptedException e) {
         e.printStackTrace();
      }finally{
         lock.unlock();
      }
   }
```

```
16    public static void main(String[] args) throws InterruptedException {
17        ReenterLockCondition tl=new ReenterLockCondition();
18        Thread t1=new Thread(tl);
19        t1.start();
20        Thread.sleep(2000);
21        // 通知线程 t1 继续执行
22        lock.lock();
23        condition.signal();
24        lock.unlock();
25    }
26 }
```

第 3 行代码通过 lock 生成一个与之绑定的 Condition 对象。第 8 行代码要求线程在 Condition 对象上等待。第 23 行代码由主线程 main 发出通知，告知等待在 Condition 上的线程可以继续执行了。

与 wait()方法和 notify()方法一样，当线程使用 Condition.await()方法时，要求线程持有相关的重入锁，在调用 Condition.await()方法后，这个线程会释放这把锁。同理，在调用 Condition.signal()方法时，也要求线程先获得相关的锁。在调用 signal()方法后，系统会从当前 Condition 对象的等待队列中唤醒一个线程。一旦线程被唤醒，就会重新尝试获得与之绑定的重入锁，一旦成功获取，就可以继续执行了。因此，在调用 signal()方法之后，一般需要释放相关的锁，让给被唤醒的线程，让它可以继续执行。比如，在本例中，第 24 行代码就释放了重入锁。如果省略第 24 行，那么，虽然已经唤醒了 t1 线程，但是由于它无法重新获得锁，因而也就无法真正地继续执行。

在 JDK 内部，重入锁和 Condition 对象被广泛使用，以 ArrayBlockingQueue 为例（可以参阅 3.3 节 JDK 并发容器的相关内容），它的 put()方法实现如下（不同 JDK 版本实现略有差异，但总体实现类似）：

```
// 在 ArrayBlockingQueue 中的一些定义
private final ReentrantLock lock;
private final Condition notEmpty;
private final Condition notFull;
lock = new ReentrantLock(fair);
notEmpty = lock.newCondition();                    // 生成一个与 lock 绑定的 Condition
notFull =  lock.newCondition();

// put()方法的实现
```

```
public void put(E e) throws InterruptedException {
    if (e == null) throw new NullPointerException();
    final E[] items = this.items;
    final ReentrantLock lock = this.lock;
    lock.lockInterruptibly();                   // 对 put()方法做同步
    try {
        try {
            while (count == items.length)       // 如果当前队列已满
                notFull.await();                // 则等待，直到队列有足够的空间
        } catch (InterruptedException ie) {
            notFull.signal();
            throw ie;
        }
        insert(e);                              // 当 notFull 被通知时，说明有足够的空间
    } finally {
        lock.unlock();
    }
}
private void insert(E x) {
    items[putIndex] = x;
    putIndex = inc(putIndex);
    ++count;
    notEmpty.signal();                          // 通知需要 take()方法的线程，队列已有数据
}
```

同理，对应的 take()方法实现如下：

```
public E take() throws InterruptedException {
    final ReentrantLock lock = this.lock;
    lock.lockInterruptibly();                   // 对 take()方法做同步
    try {
        try {
            while (count == 0)                  // 如果队列为空
                notEmpty.await();               // 则消费者队列要等待一个非空的信号
        } catch (InterruptedException ie) {
            notEmpty.signal();
            throw ie;
        }
        E x = extract();
        return x;
```

```
    } finally {
        lock.unlock();
    }
}
private E extract() {
    final E[] items = this.items;
    E x = items[takeIndex];
    items[takeIndex] = null;
    takeIndex = inc(takeIndex);
    --count;
    notFull.signal();                    // 通知 put() 方法线程队列已有空闲空间
    return x;
}
```

3.1.3　允许多个线程同时访问：信号量（Semaphore）

在了解信号量之前，先来了解两个基本思想：基于许可的多线程控制，排他（exclusive）锁和共享（shared）锁。

1. 基于许可的多线程控制

为了控制多个线程访问共享资源，我们需要为每个访问共享区间的线程派发一个许可，拿到许可的线程才能进入共享区间活动。当线程完成工作后，离开共享区间时，必须归还许可，以确保后续的线程可以正常取得许可。如果许可用完了，那么线程进入共享区间时，就必须等待。这就是控制多线程并行的基本思想。

打个比方，一大群孩子去游乐场玩摩天轮，摩天轮上只能坐 20 个孩子，但是却来了 100 个小孩，那么许可个数就是 20。也就是说，一次只有 20 个小孩可以上摩天轮玩，其他的孩子必须排队等待。只有等摩天轮上的孩子离开位置时，其他小孩才能上去玩。使用许可控制线程行为和排队玩摩天轮差不多是一个意思。

2. 排他锁和共享锁

第二个重要的概念是排他锁和共享锁。顾名思义，在排他模式下，只有一个线程可以访问共享变量，而在共享模式下，则允许多个线程同时访问共享变量。简单地说，重入锁是排他的，信号量是共享的。用摩天轮来打比方，排他锁就是虽然我这里有 20 个位置，但是小朋友也只能一个一个上。多出来的位置怎么办呢？可以空着，也可以让摩天轮上唯一的小孩换着坐，他想坐哪儿就坐哪儿，1 分钟换一个位置也没有关系。而共享锁，就是正常的玩摩天轮的方式。

信号量正是基于以上两种思想的线程控制方法。它为多线程协作提供了更为强大的控制方法。从广义上说，信号量是对锁的扩展。无论是内部锁 synchronized 还是重入锁 ReentrantLock，一次都只允许一个线程访问一个资源，而信号量却可以指定多个线程，同时访问某一个资源。信号量主要提供了以下构造函数：

```
public Semaphore(int permits)
public Semaphore(int permits, boolean fair)      //第二个参数可以指定是否公平
```

在构造信号量对象时，必须指定信号量的准入数，即同时能申请多少个许可。当每个线程每次只申请一个许可时，就相当于指定了同时有多少个线程可以访问某一个资源。信号量的主要逻辑方法有：

```
public void acquire()
public void acquireUninterruptibly()
public boolean tryAcquire()
public boolean tryAcquire(long timeout, TimeUnit unit)
public void release()
```

acquire()方法尝试获得一个准入的许可。若无法获得，则线程会等待，直到有线程释放许可或者当前线程被中断。acquireUninterruptibly()方法和 acquire()方法类似，但是不响应中断。tryAcquire()方法尝试获得一个许可，如果成功则返回 true，如果失败则返回 false，它不会等待，立即返回。release()方法用于在线程访问资源结束后释放许可，以使其他等待许可的线程可以获得许可并进行资源访问。

在 JDK 的官方 Javadoc 中，就有一个有关信号量使用的简单实例，有兴趣的读者可以自行翻阅，这里给出一个更加简单的例子：

```
public class SemapDemo implements Runnable {
  final Semaphore semp = new Semaphore(5);

  @Override
  public void run() {
       try {
            semp.acquire();
            Thread.sleep(2000);
            System.out.println(Thread.currentThread().getId() + ":done!");
       } catch (InterruptedException e) {
            e.printStackTrace();
```

```
12          } finally {
13              semp.release();
14          }
15      }
16
17      public static void main(String[] args) {
18          ExecutorService exec = Executors.newFixedThreadPool(20);
19          final SemapDemo demo = new SemapDemo();
20          for (int i = 0; i < 20; i++) {
21              exec.submit(demo);
22          }
23      }
24  }
```

第 2 行代码声明了一个包含 5 个许可的信号量。这就意味着同时可以有 5 个线程进入代码段第 7~9 行。第 7~9 行为临界区管理代码，程序会限制执行这段代码的线程数。申请信号量使用 acquire()方法操作，在离开时，务必使用 release()方法释放信号量（代码第 13 行）。这和释放锁是一个道理。如果不幸发生了信号量的泄漏（请求了但没有释放），那么可以进入临界区的线程数量就会越来越少，直到所有的线程均不可访问。在本例中，同时开启了 20 个线程。观察这段代码的输出，你就会发现系统以 5 个线程为一组，依次输出带有线程 ID 的提示文本。

3.1.4 ReadWriteLock 读写锁

ReadWriteLock 是 JDK 5 中提供的读写锁，也就是读写分离锁。读写分离锁可以有效地减少锁竞争，提升系统性能。用锁分离的机制来提升性能非常容易理解，比如，A1、A2、A3 线程进行写操作，B1、B2、B3 线程进行读操作，如果使用重入锁或者内部锁，从理论上说所有读与读之间、读与写之间、写与写之间都是串行操作的。当 B1 线程进行读取时，B2、B3 线程则需要等待锁。由于读操作并不对数据的完整性造成破坏，这种等待显然是不合理的。因此，读写锁就有了发挥作用的地方。

在这种情况下，读写锁允许多个线程同时读，使得 B1、B2、B3 线程之间实现真正的并行。但是，考虑到数据完整性，写与写之间和读与写之间的操作依然是需要相互等待和持有锁的。总的来说，读写锁的访问约束情况如下（见表 3.1）。

- 读与读不互斥：读与读之间非阻塞。
- 读与写互斥：读阻塞写，写也会阻塞读。

- 写与写互斥：写与写之间阻塞。

表 3.1　读写锁的访问约束情况

	读	写
读	非阻塞	阻塞
写	阻塞	阻塞

如果在系统中，读操作的次数远远大于写操作的次数，则读写锁就可以发挥最大的功效，提升系统的性能。这里我给出一个稍微夸张点的案例来说明读写锁对性能的帮助：

```
public class ReadWriteLockDemo {
   private static Lock lock=new ReentrantLock();
   private static ReentrantReadWriteLock readWriteLock=new
ReentrantReadWriteLock();
   private static Lock readLock = readWriteLock.readLock();
   private static Lock writeLock = readWriteLock.writeLock();
   private int value;

   public Object handleRead(Lock lock) throws InterruptedException{
      try{
         lock.lock();                    // 模拟读操作
         Thread.sleep(1000);             // 读操作的耗时越多，读写锁的优势就越明显
         return value;
      }finally{
      lock.unlock();
      }
   }

   public void handleWrite(Lock lock,int index) throws InterruptedException{
      try{
         lock.lock();                    // 模拟写操作
         Thread.sleep(1000);
         value=index;
      }finally{
      lock.unlock();
      }
   }

```

```
28    public static void main(String[] args) {
29        final ReadWriteLockDemo demo=new ReadWriteLockDemo();
30        Runnable readRunnale=new Runnable() {
31            @Override
32            public void run() {
33                try {
34                    demo.handleRead(readLock);
35 //                 demo.handleRead(lock);
36                } catch (InterruptedException e) {
37                    e.printStackTrace();
38                }
39            }
40        };
41        Runnable writeRunnale=new Runnable() {
42            @Override
43            public void run() {
44                try {
45                    demo.handleWrite(writeLock,new Random().nextInt());
46 //                 demo.handleWrite(lock,new Random().nextInt());
47                } catch (InterruptedException e) {
48                    e.printStackTrace();
49                }
50            }
51        };
52
53        for(int i=0;i<18;i++){
54            new Thread(readRunnale).start();
55        }
56
57        for(int i=18;i<20;i++){
58            new Thread(writeRunnale).start();
59        }
60    }
61 }
```

上述代码中，第 11 行和第 21 行分别模拟了一个非常耗时的操作，让线程耗时 1 秒，它们分别对应读耗时和写耗时。第 34 行和第 45 行分别是读线程和写线程。在这里，第 34 行使用读锁，第 35 行使用写锁。第 53~55 行开启了 18 个读线程，第 57~59 行开启了两个写线程。由于这里使用了读写分离，因此读线程完全并行，而写线程会阻塞读线程，因此，实际上这段代码大约运行 2 秒就能结束（写线程之间实际是串行的）。而如果使用第 35 行代替第 34 行，使用第 46 行代替第 45 行，执行上述代码，即使用普通的重入锁代替读写锁，则所有的读线程和写线程之间也都必须相互等待，因此整个程序的执行时间将超过 20 秒。

3.1.5 倒计数器：CountDownLatch

CountDownLatch 是一个非常实用的多线程控制工具类。Count Down 在英文中意为倒计数，Latch 意为门闩。如果翻译成倒计数门闩，我想大家都会不知所云吧！因此，这里简单地称之为倒计数器。在这里，门闩的含义是把门锁起来，不让里面的线程跑出来。因此，这个工具通常用来控制线程等待，它可以让某一个线程等到倒计数结束再开始执行。

对于倒计数器，一种典型的场景就是火箭发射。在火箭发射前，为了保证万无一失，往往还要对各项设备、仪器进行检查。只有等所有检查都完成后，引擎才能点火。这种场景就非常适合使用 CountDownLatch，它可以使点火线程等待所有检查线程全部完工后再执行。

CountDownLatch 的构造函数接收一个整数作为参数，即当前这个计数器的计数个数：

```
public CountDownLatch(int count)
```

下面这个简单的示例演示了 CountDownLatch 的使用方法：

```
public class CountDownLatchDemo implements Runnable {
    static final CountDownLatch end = new CountDownLatch(10);
    static final CountDownLatchDemo demo=new CountDownLatchDemo();
    @Override
    public void run() {
        try {
            // 模拟检查任务
            Thread.sleep(new Random().nextInt(10)*1000);
            System.out.println("check complete");
            end.countDown();
        } catch (InterruptedException e) {
            e.printStackTrace();
        }
    }
    public static void main(String[] args) throws InterruptedException {
        ExecutorService exec = Executors.newFixedThreadPool(10);
```

```
17          for(int i=0;i<10;i++){
18              exec.submit(demo);
19          }
20          // 等待检查
21          end.await();
22          // 发射火箭
23          System.out.println("Fire!");
24          exec.shutdown();
25      }
26  }
```

上述代码第 2 行生成了一个 CountDownLatch 实例，计数数量为 10，这表示 10 个线程完成任务后，等待在 CountDownLatch 上的线程才能继续执行。代码第 10 行使用了 CountDownLatch.countDown()方法，也就是通知 CountDownLatch，一个线程已经完成了任务，倒计数器减 1。第 21 行使用 CountDownLatch.await()方法，要求主线程等 10 个任务全部完成后，才能继续执行。

上述案例的执行逻辑可以用图 3.1 简单表示。

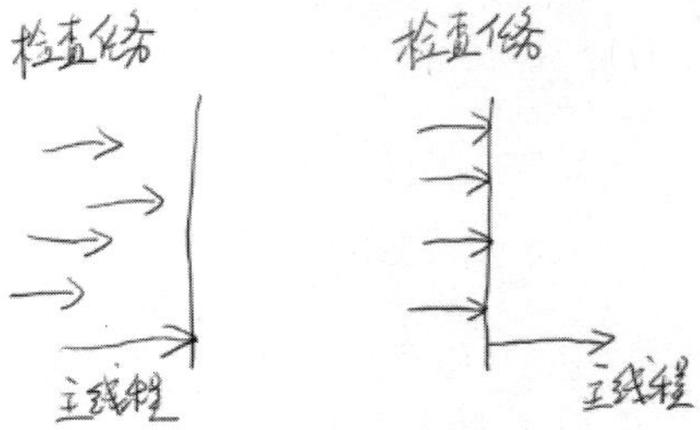

图 3.1　CountDownLatch 执行逻辑示意图

3.1.6　循环栅栏：CyclicBarrier

CyclicBarrier 是另一种多线程并发控制工具。和 CountDownLatch 非常类似，它也可以实现线程间的计数等待，但它的功能比 CountDownLatch 更加复杂且强大。

CyclicBarrier 可以理解为循环栅栏。栅栏是一种障碍物，比如，通常在私人宅邸的周围会围上一圈栅栏，阻止闲杂人等入内。CyclicBarrier 当然就是用来阻止线程继续执行的，要求线程在栅栏外等待。前面的 Cyclic 意为循环，也就是说这个计数器可以反复使用。比如，我们将计数器设置为 10，那么凑齐第一批 10 个线程后，计数器就会归零，接着凑齐下一批

10 个线程，这就是循环栅栏内在的含义。

CyclicBarrier 的使用场景也很丰富。比如，司令下达命令，要求 10 个士兵一起去完成一项任务。这时就会要求 10 个士兵先集合报到，接着，一起雄赳赳、气昂昂地去执行任务。只有 10 个士兵把自己手上的任务都执行完了，司令才能对外宣布任务完成！

CyclicBarrier 比 CountDownLatch 略微强大一些，它可以接收一个参数作为 barrierAction。所谓 barrierAction 就是计数器完成一次计数后系统会执行的动作。CyclicBarrier 构造函数如下，其中，parties 表示计数总数，也就是参与的线程总数：

```
public CyclicBarrier(int parties, Runnable barrierAction)
```

下面的示例使用 CyclicBarrier 演示了上述司令命令士兵完成任务的场景：

```
public class CyclicBarrierDemo {
   public static class Soldier implements Runnable {
      private String soldier;
      private final CyclicBarrier cyclic;

      Soldier(CyclicBarrier cyclic, String soldierName) {
         this.cyclic = cyclic;
         this.soldier = soldierName;
      }

      public void run() {
         try {
            // 等待所有士兵到齐
            cyclic.await();
            doWork();
            // 等待所有士兵完成任务
            cyclic.await();
         } catch (InterruptedException e) {
            e.printStackTrace();
         } catch (BrokenBarrierException e) {
            e.printStackTrace();
         }
      }

      void doWork() {
         try {
```

```
                Thread.sleep(Math.abs(new Random().nextInt()%10000));
            } catch (InterruptedException e) {
                e.printStackTrace();
            }
            System.out.println(soldier + ":任务完成");
        }
    }

    public static class BarrierRun implements Runnable {
        boolean flag;
        int N;
        public BarrierRun(boolean flag, int N) {
            this.flag = flag;
            this.N = N;
        }

        public void run() {
            if (flag) {
                System.out.println("司令:[士兵" + N + "个，任务完成！]");
            } else {
                System.out.println("司令:[士兵" + N + "个，集合完毕！]");
                flag = true;
            }
        }
    }

    public static void main(String args[]) throws InterruptedException {
        final int N = 10;
        Thread[] allSoldier=new Thread[N];
        boolean flag = false;
        CyclicBarrier cyclic = new CyclicBarrier(N, new BarrierRun(flag, N));
        // 设置屏障点，主要是为了执行这个方法
        System.out.println("集合队伍！");
        for (int i = 0; i < N; ++i) {
            System.out.println("士兵 "+i+" 报道！");
            allSoldier[i]=new Thread(new Soldier(cyclic, "士兵 " + i));
            allSoldier[i].start();
        }
    }
}
```

上述代码第 57 行创建了 CyclicBarrier 实例，并将计数器设置为 10，要求在计数器达到指标时，执行第 43 行的 run()方法。每一个士兵线程都会执行第 11 行定义的 run()方法。在第 14 行，每一个士兵线程都会等待，直到所有的士兵都集合完毕。集合完毕意味着 CyclicBarrier 的一次计数完成，当再一次调用 CyclicBarrier.await()方法时，会进行下一次计数。第 15 行模拟了士兵的任务。如果一个士兵任务执行完，就会要求 CyclicBarrier 开始下一次计数，这次计数主要目的是监控是否所有的士兵都已经完成了任务。一旦任务全部完成，第 35 行定义的 BarrierRun 就会被调用，打印相关信息。

执行上述代码的输出如下：

```
集合队伍!
士兵 0 报道!
// 篇幅有限，省略其他几个士兵
士兵 9 报道!
司令:[士兵10个，集合完毕!]
士兵 0:任务完成
// 篇幅有限，省略其他几个士兵
士兵 4:任务完成
司令:[士兵10个，任务完成!]
```

整个工作过程如图 3.2 所示。

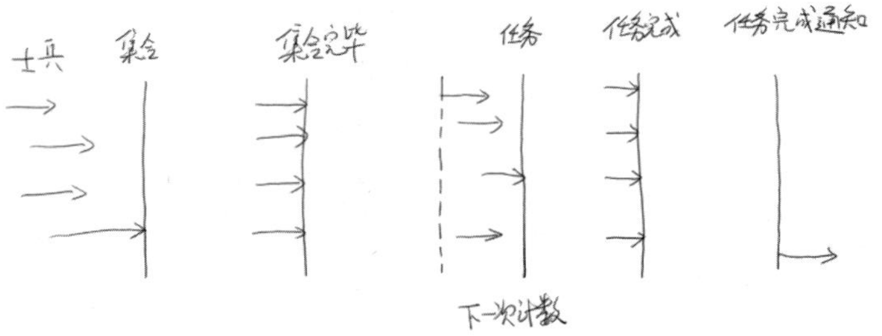

图 3.2　CyclicBarrier 工作过程示意图

CyclicBarrier.await()方法可能会抛出两个异常。一个是 InterruptedException，也就是在等待过程中，线程被中断，应该说这是一个非常常见的异常。大部分迫使线程等待的方法都可能会抛出这个异常，使得线程在等待时依然可以响应外部紧急事件。另一个异常则是 CyclicBarrier 特有的 BrokenBarrierException。一旦遇到这个异常，则表示当前的 CyclicBarrier 已经破损了，可能系统没有办法等待所有线程到齐了。如果继续等待，就可能徒劳无功，因此，还是“打道回府”吧！上述代码第 18~22 行处理了这两个异常。

我们在上述代码的第63行后，插入以下代码，使得第5个士兵线程产生中断：

```
if(i==5){
   allSoldier[i].interrupt();
 }
```

如果这样做，就很可能得到1个InterruptedException和9个BrokenBarrierException。其中，InterruptedException是被中断线程抛出的，而其他9个BrokenBarrierException则是等待在当前CyclicBarrier上的线程抛出的。InterruptedException可以避免其他9个线程进行永久的、无谓的等待（因为其中一个线程已经被中断，所以等待是没有结果的）。

3.1.7 线程阻塞工具类：LockSupport

LockSupport是一个非常方便实用的线程阻塞工具，它可以在线程内任意位置让线程阻塞。与Thread.suspend()方法相比，它弥补了由于resume()方法导致线程无法继续执行的情况。和Object.wait()方法相比，它不需要先获得某个对象的锁，也不会抛出InterruptedException异常。

LockSupport的静态方法park()可以阻塞当前线程，类似的还有parkNanos()、parkUntil()等方法，它们实现了一个限时等待。

大家应该还记得，我们在第2章中提到的那个有关suspend()方法永久卡死线程的例子吧！现在用LockSupport重写这个程序：

```
public class LockSupportDemo {
   public static Object u = new Object();
   static ChangeObjectThread t1 = new ChangeObjectThread("t1");
   static ChangeObjectThread t2 = new ChangeObjectThread("t2");

   public static class ChangeObjectThread extends Thread {
      public ChangeObjectThread(String name){
         super.setName(name);
      }
      @Override
      public void run() {
         synchronized (u) {
            System.out.println("in "+getName());
            LockSupport.park();
```

```
            }
        }
    }

    public static void main(String[] args) throws InterruptedException {
        t1.start();
        Thread.sleep(100);
        t2.start();
        LockSupport.unpark(t1);
        LockSupport.unpark(t2);
        t1.join();
        t2.join();
    }
}
```

注意，这里只是将原来的 suspend()方法和 resume()方法用 park()方法和 unpark()方法做了替换。当然，我们依然无法保证 unpark()方法发生在 park()方法之后。但是执行这段代码时，你会发现，它自始至终都可以正常地结束，不会因为 park()方法而导致线程被永久挂起。

这是因为 LockSupport 类使用了类似信号量的机制。它为每一个线程准备了一个许可，如果许可可用，那么 park()方法会立即返回，并且消费这个许可（也就是将许可变为不可用），如果许可不可用，就会阻塞，而 unpark()方法则会使一个许可变为可用（和信号量不同的是，许可不能累加，你不可能拥有超过一个许可，它永远只有一个）。

这个特点使得：即使 unpark()方法发生在 park()方法之前，它也可以使下一次的 park()方法立即返回。这也就是上述代码可顺利结束的主要原因。

同时，处于 park()方法挂起状态的线程不会像 suspend()方法那样给出一个令人费解的 RUNNABLE 状态，它会非常明确地给出一个 WAITING 状态，甚至还会标注是 park()方法引起的：

```
"t1" #8 prio=5 os_prio=0 tid=0x00b1a400 nid=0x1994 waiting on condition [0x1619f000]
  java.lang.Thread.State: WAITING (parking)
      at sun.misc.Unsafe.park(Native Method)
      at java.util.concurrent.locks.LockSupport.park(LockSupport.java:304)
      at
geym.conc.ch3.ls.LockSupportDemo$ChangeObjectThread.run(LockSupportDemo.java:18)
      - locked <0x048b2680> (a java.lang.Object)
```

这使得我们在分析问题时格外方便。此外，如果你使用 park(Object)方法，那么还可以为当前线程设置一个阻塞对象。这个阻塞对象会出现在线程 Dump 中。这样，在分析问题时就更加方便了。

比如，我们将上述代码第 14 行的 park()方法改为：

```
LockSupport.park(this);
```

那么在线程“Dump”时，你可能会看到如下信息：

```
"t1" #8 prio=5 os_prio=0 tid=0x0117ac00 nid=0x2034 waiting on condition [0x15d0f000]
   java.lang.Thread.State: WAITING (parking)
       at sun.misc.Unsafe.park(Native Method)
       - parking to wait for  <0x048b4738> (a geym.conc.ch3.ls.LockSupport-
Demo$ChangeObjectThread)
       at java.util.concurrent.locks.LockSupport.park(LockSupport.java:175)
       at geym.conc.ch3.ls.LockSupportDemo$ChangeObjectThread.run
(LockSupportDemo.java:18)
       - locked <0x048b2808> (a java.lang.Object)
```

注意，在堆栈中，我们甚至还看到了当前线程等待的对象，这就是 ChangeObjectThread 实例。

除了有定时阻塞的功能，LockSupport.park()方法还能支持中断响应。但是和其他接受中断的方法很不一样，LockSupport.park()方法不会抛出 InterruptedException 异常，它只会默默返回，我们可以从 Thread.interrupted()等方法中获得中断标记：

```
public class LockSupportIntDemo {
    public static Object u = new Object();
    static ChangeObjectThread t1 = new ChangeObjectThread("t1");
    static ChangeObjectThread t2 = new ChangeObjectThread("t2");

    public static class ChangeObjectThread extends Thread {
        public ChangeObjectThread(String name){
            super.setName(name);
        }
        @Override
        public void run() {
            synchronized (u) {
                System.out.println("in "+getName());
```

```
14                  LockSupport.park();
15                  if(Thread.interrupted()){
16                      System.out.println(getName()+" 被中断了");
17                  }
18              }
19              System.out.println(getName()+"执行结束");
20          }
21      }
22
23      public static void main(String[] args) throws InterruptedException {
24          t1.start();
25          Thread.sleep(100);
26          t2.start();
27          t1.interrupt();
28          LockSupport.unpark(t2);
29      }
30  }
```

注意，上述代码在第 27 行中断了处于 park()方法状态的 t1，之后，t1 可以马上响应这个中断，并且返回。t1 返回后，在外面等待的 t2 才可以进入临界区，并最终通过 LockSupport.unpark(t2)操作使其执行结束：

```
in t1
t1 被中断了
t1 执行结束
in t2
t2 执行结束
```

3.1.8 深入理解锁：AbstractQueuedSynchronizer

我们已经知道，重入锁（ReentrantLock）和信号量（Semaphore）是两个极其重要的并发控制工具。它们很好用，但是它们内部是如何实现的呢？首先来看一下图 3.3。

可以看到，重入锁和信号量都在自己内部实现了一个 AbstractQueuedSynchronizer 的子类。子类的名字都是 Sync。而这个 Sync 类，正是重入锁和信号量的核心实现。子类 Sync 中的代码比较少，其核心算法都由 AbstractQueuedSynchronizer 提供。因此，可以说，只要了解了 AbstractQueuedSynchronizer，就能清楚地知道重入锁和信号量的实现原理。

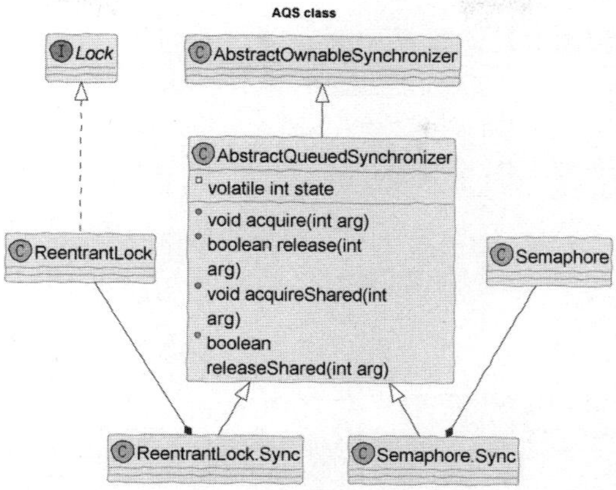

图 3.3 AbstractQueuedSynchronizer 相关类

1. AbstractQueuedSynchronizer 的内部数据结构

在 AbstractQueuedSynchronizer 内部，有一个队列，我们把它叫作**同步等待队列**。它的作用是保存等待在这个锁上的线程（由 lock()操作引起的等待）。此外，为了维护等待在条件变量上的等待线程，AbstractQueuedSynchronizer 又需要维护一个**条件变量等待队列**，也就是那些由 Condition.await()方法引起阻塞的线程。由于一个重入锁可以生成多个条件变量对象，因此一个重入锁就可能有多个条件变量等待队列。实际上，每个条件变量对象内部都维护了一个等待列表。其内部逻辑结构如图 3.4 所示。

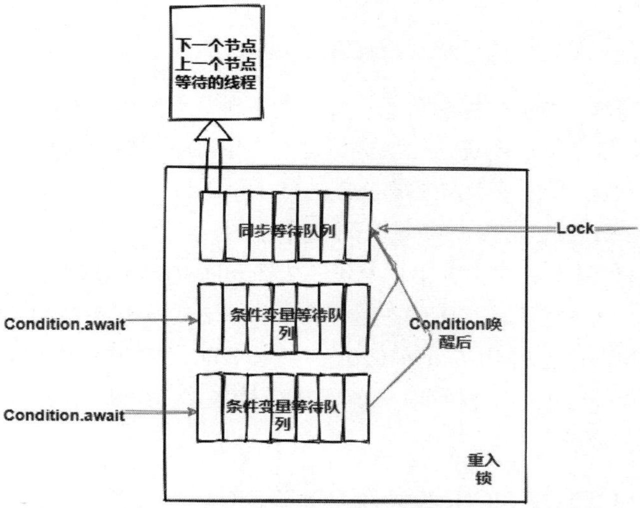

图 3.4 AbstractQueuedSynchronizer 内部逻辑结构

图 3.5 展示了代码层面的具体实现。

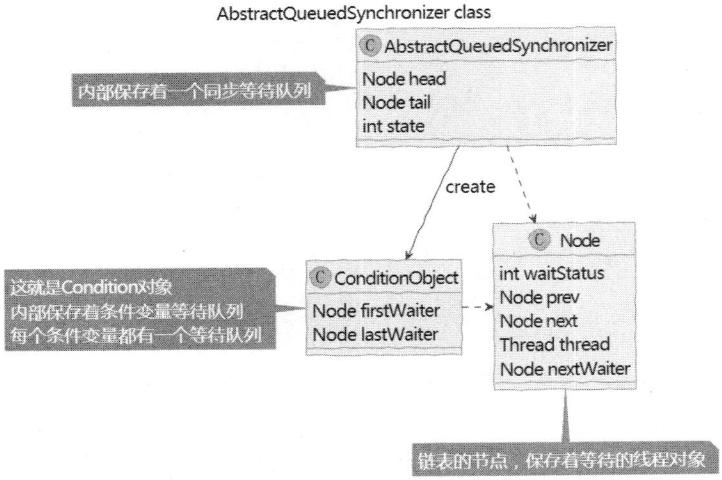

图 3.5　AbstractQueuedSynchronizer 实现类图

可以看到，无论是同步等待队列，还是条件变量等待队列，都使用同一个 Node 类作为链表的节点。对于同步等待队列，Node 中包括链表的上一个元素 prev、下一个元素 next 和线程对象 thread。对于条件变量等待队列，还使用了 nextWaiter 表示下一个在条件变量队列中等待的节点。

Node 节点的另一个重要成员是 waitStatus，表示节点在队列中的等待状态，可选值如下。

- CANCELLED：表示线程取消了等待。如果在获得锁的过程中发生了一些异常，则可能出现取消等待的情况，比如等待过程中出现了中断异常或者出现了 timeout。
- SIGNAL：表示后续节点需要被唤醒。
- CONDITION：线程在条件变量队列中等待。
- PROPAGATE：在共享模式下，无条件传播 releaseShared 状态。早期的 JDK 并没有这个状态，乍看之下，这个状态是多余的。引入这个状态是为了解决由共享锁并发释放导致线程挂起的 BUG 6801020。（随着 JDK 的不断完善，它的代码也越来越难懂，就和我们自己的工程代码一样，BUG 修多了，细节就显得越来越晦涩。）
- 0：初始状态。

其中 CANCELLED=1，SIGNAL= -1，CONDITION= -2，PROPAGATE= -3。在具体的实现中，可以简单地通过 waitStatus 是否小于或等于 0 来判断是否是 CANCELLED 状态。

2. 排他锁的核心实现

在了解了 AbstractQueuedSynchronizer 的核心数据结构和基本实现思路后，下面我们就来揭开 AbstractQueuedSynchronizer 的庐山真面目吧！

首先是请求锁的实现：

```
public final void acquire(int arg) {
    // 尝试获得许可， arg 为许可的个数。对于重入锁来说，每次请求 1 个
    if (!tryAcquire(arg) &&
    // 如果 tryAcquire 失败，则先使用 addWaiter()方法将当前线程加入同步等待队列
    // 然后继续尝试获得锁
    acquireQueued(addWaiter(Node.EXCLUSIVE), arg))
    selfInterrupt();
}
```

我们进一步看一下 tryAcquire()方法。该方法的作用是尝试获得一个许可。对于 AbstractQueuedSynchronizer 来说，这是一个未实现的抽象方法，具体实现在子类中。在重入锁、读写锁和信号量等具体类中，都有各自的实现。

如果 tryAcquire()方法执行成功，则 acquire()直接返回成功。如果失败，就用 addWaiter()方法将当前线程加入同步等待队列中：

```
private Node addWaiter(Node mode) {
    // 在 Node 中维护当前线程对象
    Node node = new Node(Thread.currentThread(), mode);
    // 将节点加入队列尾端，这是一个快速的方法，可能失败
    // 这种复杂的尝试就是为了提升那一点点的性能
    Node pred = tail;
    if (pred != null) {
        node.prev = pred;
        if (compareAndSetTail(pred, node)) {
            pred.next = node;
            return node;
        }
    }
    // 如果快速加入失败，就使用 enq()方法将 node 加入队列尾端
    enq(node);
    return node;
}
```

接着，对已经在队列中的线程请求锁，使用 acquireQueued()方法，其参数 node 必须是一个已经在队列中等待的节点。它的功能就是为已经在队列中的节点请求一个许可。这个方法大家要好好看看，因为无论是普通的 lock()方法，还是条件变量的 await()方法，都会使用这个方法：

```
final Boolean acquireQueued(final Node node, int arg) {
    Boolean failed = true;
    try {
        Boolean interrupted = false;
        for (;;) {
            final Node p = node.predecessor();
            // 只有队列中的第二个节点才能尝试，为什么是第二个呢？因为第一个节点其实已经在运行了，已经成功请求锁
            // 队列中的第二个点其实就是最早的那个请求者
            if (p == head && tryAcquire(arg)) {
                // 把自己设置到头部。看到了吗？请求成功的会在队列头部
                setHead(node);
                p.next = null;
                // 标记自己已经成功啦
                failed = false;
                return interrupted;
            }
            // 请求失败时需要阻塞（block）当前线程吗？由 shouldParkAfterFailedAcquire()方法进行判断
            // 对于前序节点是 SIGNAL 的，都需要执行 park 操作。对于已经取消的节点，跳过
            // 对于初始节点和 PROPAGATE 节点，则设置为 SIGNAL
            if (shouldParkAfterFailedAcquire(p, node) &&
            // 执行 park 操作，并且判断是不是在等待过程中出现了中断
            parkAndCheckInterrupt())
            // 如果出现中断，那么中断信息是不能丢的，要保存起来
            interrupted = true;
        }
    }
    finally {
        if (failed)
        // 如果意外失败了，比如出现异常，那么就取消这个请求
        cancelAcquire(node);
    }
}
```

接着来看一下条件变量等待的实现方法。如果调用 Condition.await()方法，那么线程也

会进入等待，下面是它的代码和实现原理说明：

```
// 设置 Condition.await()方法
public final void await() throws InterruptedException {
   if (Thread.interrupted())
   throw new InterruptedException();
   // 向条件变量等待队列中加入一个节点
   Node node = addConditionWaiter();
   // 进入等待之前，一定要释放已经持有的许可，不然别的线程怎么工作呢？
   int savedState = fullyRelease(node);
   int interruptMode = 0;
   // 当前节点是不是已经在同步队列中了？
   while (!isOnSyncQueue(node)) {
      // 如果当前节点不在同步队列中，那么直接挂起
      LockSupport.park(this);
      if ((interruptMode = checkInterruptWhileWaiting(node)) != 0)
      break;
   }
   // 到这里，表示线程已经从等待中被唤醒（signal），并且已经被放到同步等待队列中了
   // 所以，既然已经在同步等待队列中了，就可以直接用 acquireQueued()方法再次请求许可
   // 从 await()中唤醒的线程，必须再次获得许可。那么获得几个许可呢？之前释放几个，
   // 现在就要拿回来几个，不然加锁和解锁线程数量就会对不上
   if (acquireQueued(node, savedState) && interruptMode != THROW_IE)
   interruptMode = REINTERRUPT;
   if (node.nextWaiter != null)
   unlinkCancelledWaiters();
   if (interruptMode != 0)
   reportInterruptAfterWait(interruptMode);
}
```

相应地，当 Condition 对象得到通知时，就会在条件队列中等待按照 FIFO 原则执行。首先选择第一个节点：

```
public final void signal() {
   if (!isHeldExclusively())
   throw new IllegalMonitorStateException();
   // 从第一个节点开始
   Node first = firstWaiter;
   if (first != null)
   doSignal(first);
```

```
}
private void doSignal(Node first) {
    do {
        if ( (firstWaiter = first.nextWaiter) == null)
        lastWaiter = null;
        first.nextWaiter = null;
        // 画重点：transferForSignal()方法把等待队列中的元素移动到同步等待队列尾端
        // 这样，当前面有许可可以使用时，它就可以自动被唤醒。在移动过程中，如果是一个已经取消
        // 的节点，那么它也会直接被唤醒
    }
    while (!transferForSignal(first) &&
     (first = firstWaiter) != null);
}
```

释放排他锁：

```
public final boolean release(int arg) {
    // tryRelease()是一个抽象方法，在子类中有具体实现，和 tryAcquire()方法一样
    if (tryRelease(arg)) {
        Node h = head;
        if (h != null && h.waitStatus != 0)
            // 从队列中唤醒一个等待中的线程（直接跳过已经取消的线程）
            unparkSuccessor(h);
            return true;
    }
    return false;
}
```

在了解了排他锁后，再来看一下共享锁的实现。与排他锁相比，共享锁的实现略微复杂一点。这也很好理解，因为排他锁的场景很简单——单进单出，而共享锁就不一样了，可能是 *N* 进 *M* 出，处理起来要麻烦一些。但是，它们的核心思想还是一致的。共享锁的典型应用有信号量和读写锁中的读锁。

首先来看一下共享锁的请求。为了实现共享锁，AbstractQueuedSynchronizer 中有一套专门针对共享锁的方法。

使用 acquireShared()方法获得共享锁：

```
public final void acquireShared(int arg) {
    // tryAcquireShared()是一个抽象方法，需要在子类中实现
    // 它表示尝试获得 arg 个共享许可。 如果 tryAcquireShared()方法返回负数，则表示失败；
```

```
    // 若返回 0，则表示成功，但是已经没有多余的许可可以用；若返回正数，则表示当前请求成功，并且后续请求
    // 也可以成功
    if (tryAcquireShared(arg) < 0)
    // 如果请求失败，则进入同步等待队列
    doAcquireShared(arg);
}
private void doAcquireShared(int arg) {
    // 加入同步等待队列，指定 SHARED 类型
    final Node node = addWaiter(Node.SHARED);
    Boolean failed = true;
    try {
        Boolean interrupted = false;
        for (;;) {
            final Node p = node.predecessor();
            // 只有第二个节点有资格请求，因为是一个 FIFO 的队列，而第一个节点已经获得许可，
            // 因此第二个节点就是第一个需要请求许可的节点
            if (p == head) {
                // 尝试请求许可
                int r = tryAcquireShared(arg);
                if (r >= 0) {
                    // 请求成功了，把自己设置为头部
                    // 并根据条件，判断是否需要唤醒后续线程
                    // 如果条件允许，就会尝试把唤醒传播到后续节点
                    setHeadAndPropagate(node, r);
                    p.next = null;
                    // help GC
                    if (interrupted)
                    selfInterrupt();
                    failed = false;
                    return;
                }
            }
            // 如果没有机会请求许可，则只能使用 park 操作等待了
            // 将来如果被唤醒，从这里开始执行，又会回到上面的 tryAcquireShared()方法
            // 和 setHeadAndPropagate()方法，去尝试获得共享许可，并且将唤醒传播下去
            if (shouldParkAfterFailedAcquire(p, node) &&
            parkAndCheckInterrupt())
            interrupted = true;
        }
    }
```

```
    finally {
        if (failed)
        cancelAcquire(node);
    }
}
private void setHeadAndPropagate(Node node, int propagate) {
    Node h = head;
    // 这里已经成功取得许可，将当前节点放到头部
    setHead(node);
    // propagate>0 表示后续的许可请求释放可以成功
    // 由 propagate 和 waitStatus 来判断是否可以唤醒后续线程，如果只由 propagate 来判断，
    // 在并发环境中，则有可能出现不能唤醒线程的情况
    if (propagate > 0 || h == null || h.waitStatus < 0 ||
    (h = head) == null || h.waitStatus < 0) {
        Node s = node.next;
        if (s == null || s.isShared())
        // 唤醒下一个线程或者设置传播状态
        // 被唤醒的线程又会尝试 tryAcquireShared() 和 setHeadAndPropagate()方法
        doReleaseShared();
    }
}
// 唤醒下一个线程或者设置传播状态
private void doReleaseShared() {
    for (;;) {
        Node h = head;
        if (h != null && h != tail) {
            int ws = h.waitStatus;
            if (ws == Node.SIGNAL) {
                // 如果需要唤醒后续线程，那么就唤醒，同时设置状态为 0
                if (!compareAndSetWaitStatus(h, Node.SIGNAL, 0))
                continue;
                unparkSuccessor(h);
            }
            // 设置 PROPAGATE 状态，保证唤醒可以传播下去
            else if (ws == 0 && !compareAndSetWaitStatus(h, 0, Node.PROPAGATE))
            continue;
        }
        // 如果在上述过程中，被别的线程打扰了，那么重新再试一次吧
```

```
        // 如果没有别的线程干扰，则表示可以退出了
        if (h == head)
        break;
    }
}
```

释放共享锁：

```
public final boolean releaseShared(int arg) {
    // tryReleaseShared()方法尝试释放许可，这是一个抽象方法，需要在子类中实现
    if (tryReleaseShared(arg)) {
        // 上述代码中已经出现这个方法，作用就是唤醒线程，设置传播状态
        doReleaseShared();
        return true;
    }
    return false;
}
```

AbstractQueuedSynchronizer 是一个比较复杂的实现，要完全理解其中的细节还需要慢慢品味。但不可否认，深入理解 AbstractQueuedSynchronizer，对大家认识重入锁、信号量和读写锁会有较大的帮助。

3.1.9　Guava 和 RateLimiter 限流

Guava 是 Google 的一个核心库，提供了一大批设计精良、使用方便的工具类。许多 Java 项目都使用 Guava 作为其基础工具库来提升开发效率，我们可以认为 Guava 是 JDK 标准库的重要补充。在这里，将给大家介绍 Guava 中的一款限流工具 RateLimiter。

任何应用和模块组件都有一定的访问速率上限，如果请求速率突破了这个上限，那么不但多余的请求无法处理，甚至会压垮系统，使所有的请求均无法有效处理。因此，对请求进行限流是非常必要的。RateLimiter 正是这样一款限流工具。

一种简单的限流算法就是给出一个单位时间，然后使用一个计数器 counter 统计单位时间内收到的请求数量，当请求数量超过已设定的阈值时，丢弃余下的请求或者等待。这种简单的算法有一个严重的问题，就是很难控制边界时间上的请求。假设时间单位是 1 秒，每秒请求数不超过 10，如果在这 1 秒的前半秒没有请求，而后半秒有 10 个请求，下 1 秒的前半秒又有 10 个请求，那么在这中间的 1 秒内，就会合理处理 20 个请求，而这明显违反

了限流的基本需求。这是一种简单粗暴的总数量限流而不是平均限流，如图 3.6 所示。

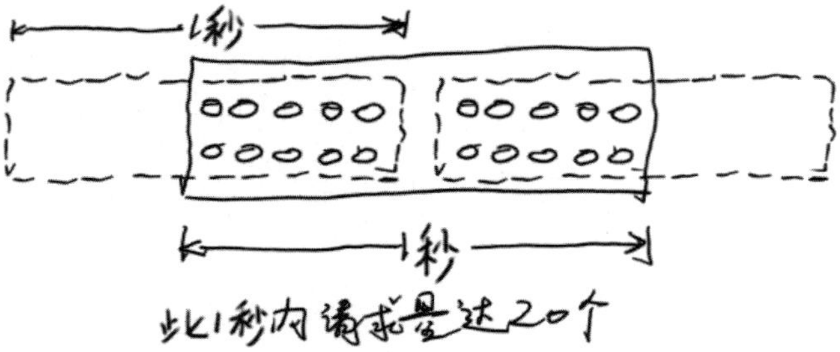

图 3.6　计数器限流算法的问题

因此，更为一般化的限流算法有两种：漏桶算法和令牌桶算法。

漏桶算法的基本思想是：利用一个缓存区，当有请求进入系统时，无论请求的速率如何，都先保存在缓存区内，然后以固定的流速流出缓存区并加以处理，如图 3.7 所示。

图 3.7　漏桶算法示意图

漏桶算法的特点是无论外部请求压力如何，漏桶算法总是以固定的流速处理数据。漏桶的容积和流出速率是该算法的两个重要参数。

令牌桶算法是一种反向的漏桶算法。在令牌桶算法中，桶中存放的不再是请求，而是令牌。处理程序只有拿到令牌后，才能对请求进行处理。如果没有令牌，那么处理程序要么丢弃请求，要么等待可用的令牌。为了限制流速，该算法在每个单位时间产生一定量的令牌存入桶中。比如，要限定应用每秒只能处理 1 个请求，那么令牌桶就会每秒产生 1 个令牌。通常，桶的容量是有限的，比如，当令牌没有被消耗掉时，只能累计有限单位时间内的令牌数量，其基本原理如图 3.8 所示。

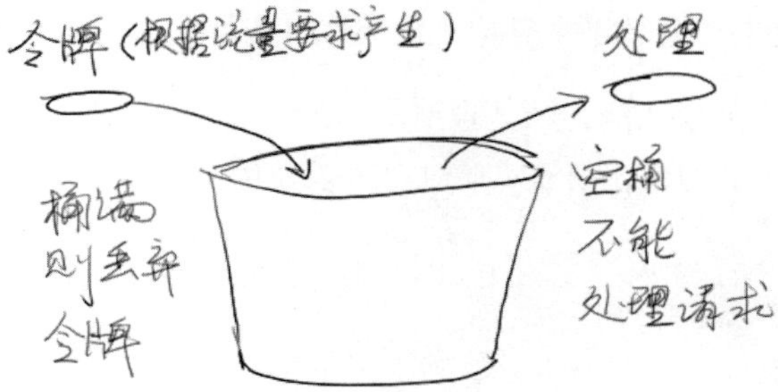

图 3.8　令牌桶算法的基本原理

RateLimiter 正是采用了令牌桶算法，下例展示了 RateLimiter 的使用方法：

```
01 public class RateLimiterDemo {
02   static RateLimiter limiter = RateLimiter.create(2);
03
04   public static class Task implements Runnable {
05       @Override
06       public void run() {
07           System.out.println(System.currentTimeMillis());
08       }
09   }
10
11   public static void main(String args[]) throws InterruptedException {
12       for (int i = 0; i < 50; i++) {
13           limiter.acquire();
14           new Thread(new Task()).start();
15       }
16   }
17 }
```

上述代码第 2 行限制了 RateLimiter，每秒只能处理两个请求。在第 13 行调用 RateLimiter 的 acquire()方法来控制流量。执行上述代码，部分输出如下：

```
1527947609270
1527947609768
1527947610268
1527947610768
```

从输出的时间戳可以看到每秒最多输出两条记录，起到了流量控制的效果。当使用acquire()方法时，过剩的流量调用会等待，直到有机会执行。

但在有些场景中，如果系统无法处理请求，为了保证服务质量，则更倾向于直接丢弃过载请求，从而避免可能的系统崩溃。此时，可以使用 tryAcquire()方法，如下所示：

```
for (int i = 0; i < 50; i++) {
    if(!limiter.tryAcquire()) {
       continue;
    }
    new Thread(new Task()).start();
}
```

当请求成功时，tryAcquire()方法返回 true，否则返回 false，该方法不会阻塞。在本段代码中，如果访问数据量超过限制，则直接丢弃超出部分，不再处理。根据前面的描述，limiter仅支持 1 秒调用两次，也就是每 500 毫秒可以产生一个令牌。显然，由于 for 循环本身的执行效率很高，完全可以在 500 毫秒内完成，因此本段代码最终只产生一个输出，其余请求全部被丢弃：

```
1527947723231
```

3.2 线程复用：线程池

多线程的软件设计方法确实可以最大限度地发挥现代多核处理器的计算能力，提高生产系统的吞吐量和性能。但是，若不加控制和管理，随意使用线程，则反而会对系统的性能产生不利的影响。

一种最简单的线程创建和回收的方法类似如下代码：

```
new Thread(new Runnable(){
   @Override
   public void run() {
```

```
    }
}).start();
```

以上代码创建了一个线程，并在 run()方法结束后自动回收该线程。在简单的应用系统中，这段代码并没有太多问题，但是在真实的生产环境中，系统由于真实环境的需要，可能会开启很多线程来支撑其应用。当线程数量过多时，反而会耗尽 CPU 和内存资源。

首先，虽然与进程相比，线程是一种轻量级的工具，但其创建和关闭依然需要花费时间。如果为每一个小任务都创建一个线程，则很有可能出现创建和销毁线程所占用的时间大于该线程真实工作所消耗的时间的情况，反而会得不偿失。

其次，线程本身也是要占用内存空间的，大量的线程会抢占宝贵的内存资源，如果处理不当，则可能会导致 Out of Memory 异常。即便没有出现异常，大量的线程回收也会给 GC 带来很大的压力，延长 GC 的停顿时间。

因此，对线程的使用必须掌握一个度，在有限的范围内增加线程的数量可以明显提高系统的吞吐量，一旦超出了这个范围，大量的线程只会拖垮应用系统。因此，在生产环境中使用线程必须对其加以控制和管理。

注意：在实际生产环境中，线程的数量必须得到控制。盲目创建大量线程对系统性能是有伤害的。

3.2.1　什么是线程池

为了避免系统频繁地创建和销毁线程，我们可以让创建的线程复用。如果大家进行过数据库开发，那么对数据库连接池应该不会感到陌生。为了避免每次数据库查询都重新建立和销毁数据库连接，我们可以使用数据库连接池维护一些数据库连接，让它们长期保持激活状态。当系统需要使用数据库时，并不是创建一个新的连接，而是从连接池中获得一个可用的连接。反之，当需要关闭连接时，并不会真的把连接关闭，而是将这个连接“还”给连接池。这种方式可以节约不少创建和销毁对象的时间。

线程池也是类似的概念。在线程池中，总有几个活跃线程。当你需要使用线程时，可以从池子中随便拿一个空闲线程，当完成工作时，不要急着关闭线程，而是将这个线程退回到线程池中，方便其他人使用。

简而言之，在使用线程池后，创建线程变成了从线程池获得空闲线程，关闭线程变成了向线程池归还线程，如图 3.9 所示。

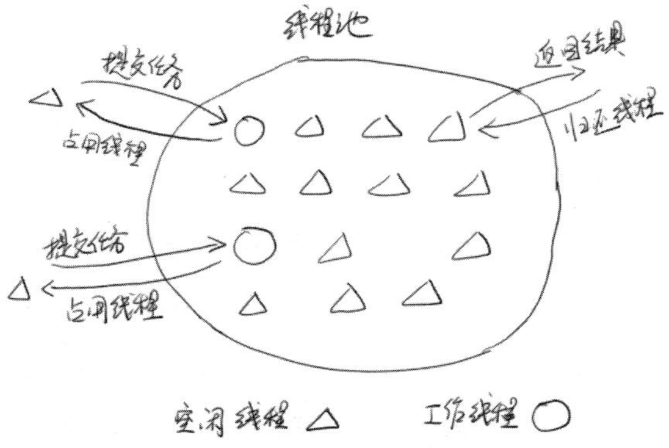

图 3.9　线程池的作用

3.2.2　不要重复发明轮子：JDK 对线程池的支持

为了能够更好地控制多线程，JDK 提供了一套 Executor 框架，帮助开发人员有效地进行线程控制。其本质就是一个线程池，框架结构图如图 3.10 所示。

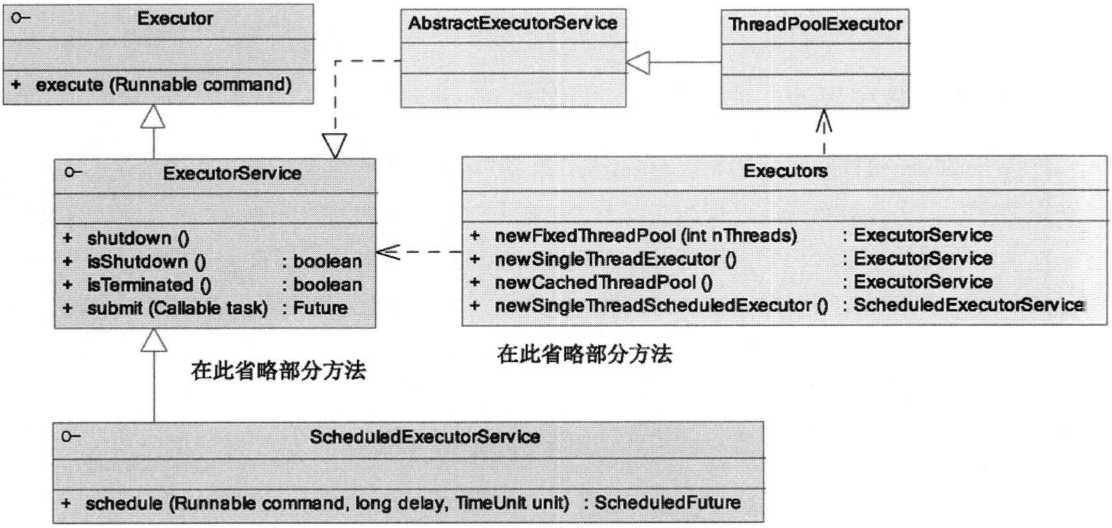

图 3.10　Executor 框架结构图

图中的核心成员均位于 java.util.concurrent 包中，是 JDK 并发包的核心类。其中，ThreadPoolExecutor 表示一个线程池。Executors 类则扮演着线程池工厂的角色，通过 Executors 可以取得一个拥有特定功能的线程池。从图 3.10 中亦可知，ThreadPoolExecutor 类实现了 Executor 接口，因此通过这个接口，任何 Runnable 的对象都可以被 ThreadPoolExecutor 线程池调度。

Executor 框架提供了各种类型的线程池，主要包含以下工厂方法：

```
public static ExecutorService newFixedThreadPool(int nThreads)
public static ExecutorService newSingleThreadExecutor()
public static ExecutorService newCachedThreadPool()
public static ScheduledExecutorService newSingleThreadScheduledExecutor()
public static ScheduledExecutorService newScheduledThreadPool(int corePoolSize)
```

以上工厂方法分别返回具有不同工作特性的线程池。这些线程池工厂方法的具体说明如下。

- newFixedThreadPool()方法：该方法返回一个固定线程数量的线程池。该线程池中的线程数量始终不变，当有一个新的任务提交时，线程池中若有空闲线程，则立即执行。若没有，则新的任务会被暂存在一个任务队列中，待有线程空闲时，便处理任务队列中的任务。
- newSingleThreadExecutor()方法：该方法返回一个只有一个线程的线程池。若多于一个的任务被提交到该线程池，则任务会被保存在一个任务队列中，待线程空闲，按先入先出的顺序执行队列中的任务。
- newCachedThreadPool()方法：该方法返回一个可根据实际情况调整线程数量的线程池。线程池的线程数量不确定，但若有空闲线程可以复用，则会优先使用可复用的线程。若所有线程均在工作，这时又有新的任务提交，则会创建新的线程处理任务。所有线程在当前任务执行完毕后，将返回线程池，以便复用。
- newSingleThreadScheduledExecutor()方法：该方法返回一个 ScheduledExecutorService 对象，线程池大小为 1。ScheduledExecutorService 接口在 ExecutorService 接口之上扩展了在给定时间内执行某任务的功能，如在某个固定的延时之后执行，或者周期性执行某个任务。
- newScheduledThreadPool()方法：该方法也返回一个 ScheduledExecutorService 对象，但该线程池可以指定线程数量。

1. 固定大小的线程池

这里，我们以 newFixedThreadPool()方法为例，简单地展示线程池的使用方法：

```
01 public class ThreadPoolDemo {
02    public static class MyTask implements Runnable {
03       @Override
04       public void run() {
05          System.out.println(System.currentTimeMillis() + ":Thread ID:"
06                + Thread.currentThread().getId());
07          try {
08             Thread.sleep(1000);
09          } catch (InterruptedException e) {
10             e.printStackTrace();
11          }
12       }
13    }
14
15    public static void main(String[] args) {
16       MyTask task = new MyTask();
17       ExecutorService es = Executors.newFixedThreadPool(5);
18       for (int i = 0; i < 10; i++) {
19          es.submit(task);
20       }
21    }
22 }
```

上述代码中，第 17 行创建了固定大小的线程池，内有 5 个线程。在第 19 行，依次向线程池提交了 10 个任务。此后，线程池就会安排调度这 10 个任务。每个任务都会将自己的时间戳和执行这个线程的 ID 打印出来，这里安排每个任务要执行 1 秒。

执行上述代码，可以得到类似如下输出：

```
1426510293450:Thread ID:8
1426510293450:Thread ID:9
1426510293450:Thread ID:12
1426510293450:Thread ID:10
1426510293450:Thread ID:11
1426510294450:Thread ID:12
1426510294450:Thread ID:11
1426510294450:Thread ID:8
```

```
1426510294450:Thread ID:10
1426510294450:Thread ID:9
```

这个输出表示这 10 个线程的执行情况。很显然，前 5 个任务和后 5 个任务的执行时间正好相差 1 秒（注意时间戳的单位是毫秒），并且前 5 个任务的线程 ID 和后 5 个任务的线程 ID 也是完全一致的（都是 8、9、10、11、12）。这说明这 10 个任务是分成两个批次执行的。这也完全符合一个只有 5 个线程的线程池的行为。

有兴趣的读者可以将其改造成 newCachedThreadPool()方法，看看任务的分配情况会有何变化。

2. 计划任务

另一个值得注意的方法是 newScheduledThreadPool()方法。它返回一个 ScheduledExecutorService 对象，可以根据时间需要调度线程。它的一些主要方法如下：

```
public ScheduledFuture<?> schedule(Runnable command,long delay, TimeUnit unit);
public ScheduledFuture<?> scheduleAtFixedRate(Runnable command,
                                              long initialDelay,
                                              long period,
                                              TimeUnit unit);
public ScheduledFuture<?> scheduleWithFixedDelay(Runnable command,
                                                 long initialDelay,
                                                 long delay,
                                                 TimeUnit unit);
```

与其他几个线程池不同，ScheduledExecutorService 并不一定会立即安排执行任务。它其实起到了计划任务的作用。它会在指定的时间对任务进行调度。如果大家使用过 Linux 下的 crontab 工具，应该就能很容易地理解它。

作为说明，这里给出了 3 个方法。schedule()方法会在给定时间对任务进行一次调度。scheduleAtFixedRate()方法和 scheduleWithFixedDelay()方法会对任务进行周期性的调度，但是两者有一点小小的区别。FixedRate 和 FixedDelay 的区别如图 3.11 所示。

对于 FixedRate 方式来说，任务调度的频率是一定的。它以上一个任务开始执行的时间为起点，在之后的 period 时间调度下一个任务。而 FixedDelay 方式则在上一个任务结束后，再经过 delay 时间后进行任务调度。

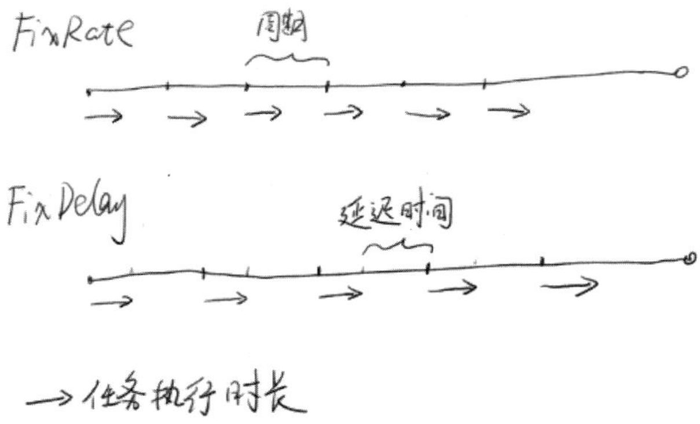

图 3.11　FixedRate 和 FixedDelay 的区别

由于担心我的解释不够周全，下面我将官方文档中的描述贴出来供大家参考，以便大家更准确地理解两者的差别。

- scheduleAtFixedRate()方法
  - Creates and executes a periodic action that becomes enabled first after the given initial delay, and subsequently with the given period; that is executions will commence after initialDelay then initialDelay+period, then initialDelay + 2 * period, and so on.
    翻译：创建并执行一个周期性任务。任务开始于给定的初始延时时间，后续的任务按照给定的周期进行：后续第一个任务将会在 initialDelay+period 时执行，后续第二个任务将在 initialDelay+2*period 时执行，以此类推。
- scheduleWithFixedDelay()方法
  - Creates and executes a periodic action that becomes enabled first after the given initial delay, and subsequently with the given delay between the termination of one execution and the commencement of the next.
    翻译：创建并执行一个周期性任务。任务开始于初始延时时间，后续任务将会按照给定的延时进行：即上一个任务的结束时间到下一个任务的开始时间的时间差。

下面的例子使用 scheduleAtFixedRate()方法调度一个任务。这个任务会执行 1 秒，调度周期是 2 秒。也就是说，每 2 秒任务就会被执行一次。

```
public class ScheduledExecutorServiceDemo {
  public static void main(String[] args) {
    ScheduledExecutorService ses=Executors.newScheduledThreadPool(10);
```

```
04        // 如果前面的任务没有完成，则调度也不会启动
05        ses.scheduleAtFixedRate(new Runnable() {
06           @Override
07           public void run() {
08              try {
09                 Thread.sleep(1000);
10                 System.out.println(System.currentTimeMillis()/1000);
11              } catch (InterruptedException e) {
12                 e.printStackTrace();
13              }
14           }
15        }, 0, 2, TimeUnit.SECONDS);
16    }
17 }
```

执行上述代码，输出可能如下：

```
1426515345
1426515347
1426515349
1426515351
```

上述输出的单位是秒。可以看到，时间间隔是 2 秒。

这里我还想说一件有意思的事情，如果任务的执行时间超过调度时间会发生什么呢？比如，这里调度周期是 2 秒，如果任务的执行时间是 8 秒，那么会不会出现多个任务堆叠在一起的情况呢？

实际上，ScheduledExecutorService 不会让任务堆叠出现。我们将上述代码第 9 行改为：

```
Thread.sleep(8000);
```

再次执行上述代码，你就会发现任务的执行周期不再是 2 秒，而是变成了 8 秒。输出可能如下：

```
1426516323
1426516331
1426516339
1426516347
1426516355
```

也就是说，如果周期太短，那么任务就会在上一个任务结束后立即被调用。可以想象，

如果采用 scheduleWithFixedDelay()方法，并且按照修眠 8 秒、调度周期 2 秒来算，那么任务的实际间隔将是 10 秒，大家可以自行尝试。

另一个值得注意的问题是，调度程序实际上并不保证任务会无限期地持续调用。如果任务本身抛出了异常，那么后续的所有执行都会被中断，因此，如果你想让你的任务持续稳定地执行，那么做好异常处理非常重要，否则你很有可能观察到调度程序无疾而终。

注意： 如果任务遇到异常，那么后续的所有子任务都会停止调度，因此，必须保证异常被及时处理，为周期性任务的稳定调度提供条件。

3.2.3　刨根究底：核心线程池的内部实现

对于核心的几个线程池，无论是 newFixedThreadPool、newSingleThreadExecutor，还是 newCachedThreadPool，虽然创建的线程看起来有着完全不同的功能特点，但其内部实现均使用了 ThreadPoolExecutor 类。下面给出了这 3 个线程池的实现方式：

```
public static ExecutorService newFixedThreadPool(int nThreads) {
   return new ThreadPoolExecutor(nThreads, nThreads,
                          0L, TimeUnit.MILLISECONDS,
                          new LinkedBlockingQueue<Runnable>());
}

public static ExecutorService newSingleThreadExecutor() {
   return new FinalizableDelegatedExecutorService
       (new ThreadPoolExecutor(1, 1,
                         0L, TimeUnit.MILLISECONDS,
                         new LinkedBlockingQueue<Runnable>()));
}

public static ExecutorService newCachedThreadPool() {
   return new ThreadPoolExecutor(0, Integer.MAX_VALUE,
                          60L, TimeUnit.SECONDS,
                          new SynchronousQueue<Runnable>());
}
```

由以上线程池的实现代码可以看到，它们都只是 ThreadPoolExecutor 类的封装。为何 ThreadPoolExecutor 类有如此强大的功能呢？来看一下 ThreadPoolExecutor 类最重要的构造函数：

```
public ThreadPoolExecutor(int corePoolSize,
                          int maximumPoolSize,
                          long keepAliveTime,
                          TimeUnit unit,
                          BlockingQueue<Runnable> workQueue,
                          ThreadFactory threadFactory,
                          RejectedExecutionHandler handler)
```

函数参数的含义如下。

- corePoolSize：指定了线程池中的常驻线程数量。
- maximumPoolSize：指定了线程池允许的最大线程数量。
- keepAliveTime：指当线程池中的线程数量超过 corePoolSize 时，多余的空闲线程的存活时间，即超过 corePoolSize 的空闲线程在多长时间内会被销毁。
- unit：keepAliveTime 的单位。
- workQueue：任务队列。其中的任务是被提交但尚未被执行的任务。
- threadFactory：线程工厂——用于创建线程，一般用默认的即可。
- handler：拒绝策略。当任务太多来不及处理时，如何拒绝任务。

以上大部分参数都很简单，只有参数 workQueue 和 handler 需要详细说明。

参数 workQueue 指被提交但未执行的任务队列，它是一个 BlockingQueue 接口的对象，仅用于存放 Runnable 对象。根据队列功能分类，在 ThreadPoolExecutor 类的构造函数中可使用以下几种 BlockingQueue 接口。

- 直接提交的队列：该功能由 SynchronousQueue 对象提供。SynchronousQueue 是一个特殊的 BlockingQueue。SynchronousQueue 没有容量，每一个插入操作都要等待一个相应的删除操作，反之，每一个删除操作都要等待对应的插入操作。如果使用 SynchronousQueue，则提交的任务不会被真实地保存，而总是将新任务提交给线程执行。如果没有空闲的线程，则尝试创建新的线程，如果线程数量已经达到最大值，则执行拒绝策略。因此，使用 SynchronousQueue 队列时，通常要设置很大的 maximumPoolSize 值，否则很容易执行拒绝策略。
- 有界的任务队列：有界的任务队列可以使用 ArrayBlockingQueue 类实现。ArrayBlockingQueue 类的构造函数必须带一个容量参数，表示该队列的最大容量：

```
public ArrayBlockingQueue(int capacity)
```

使用有界的任务队列时，当有新的任务到来，如果线程池的实际线程数小于 corePoolSize，则会优先创建新的线程；如果大于 corePoolSize，则会将新任务加入等待队列；若等待队列已满，无法加入，则在总线程数不大于 maximumPoolSize 的前提下，创建新的线程执行任务；若大于 maximumPoolSize，则执行拒绝策略。可见，有界队列仅在任务队列装满时，才可能将线程数提升到 corePoolSize 以上，换言之，除非系统非常繁忙，否则要确保核心线程数维持在 corePoolSize。

- 无界的任务队列：无界的任务队列可以通过 LinkedBlockingQueue 类实现。与有界队列相比，除非系统资源耗尽，否则无界的任务队列不存在任务入队失败的情况。当有新的任务到来，系统的线程数小于 corePoolSize 时，线程池会生成新的线程执行任务。但当系统的线程数达到 corePoolSize 后，就不会继续增加了。若后续仍有新的任务加入，而又没有空闲的线程资源，则任务直接进入队列等待。若任务创建和处理的速度差异很大，无界队列就会保持快速增长，直到耗尽系统内存。
- 优先任务队列：优先任务队列是任务带有执行优先级的队列。它通过 PriorityBlockingQueue 类实现，可以控制任务的执行顺序。它是一个特殊的无界队列。无论是有界队列 ArrayBlockingQueue 类，还是未指定大小的无界队列 LinkedBlockingQueue 类，都是按照先进先出算法处理任务的。而 PriorityBlockingQueue 类则可以根据任务自身的优先级顺序执行，在保证系统性能的同时，也能有很好的质量保证（总是确保高优先级的任务先执行）。

回顾 newFixedThreadPool 的实现，它返回了一个 corePoolSize 和 maximumPoolSize 相等的、使用了 LinkedBlockingQueue 任务队列的线程池。因为对于固定大小的线程池而言，不存在线程数量的动态变化，因此 corePoolSize 和 maximumPoolSize 可以相等。同时，它使用无界队列存放无法立即执行的任务，当任务提交非常频繁的时候，该队列可能迅速膨胀，进而耗尽系统资源。

newSingleThreadExecutor 返回的单线程线程池是 newFixedThreadPool 的一种退化，只是简单地将线程池的线程数量设置为 1。

newCachedThreadPool 返回 corePoolSize 为 0、maximumPoolSize 为无穷大的线程池，这意味着在没有任务时，该线程池内无线程，而当任务被提交时，该线程池会使用空闲的线程执行任务。若无空闲线程，则将任务加入 SynchronousQueue 队列，而 SynchronousQueue 队列是一种直接提交的队列，它总会迫使线程池增加新的线程执行任务。当任务执行完毕后，由于 corePoolSize 为 0，因此空闲线程又会在指定的时间内（60 秒）被回收。

对于 newCachedThreadPool，如果同时有大量任务被提交，而任务执行得又不那么快时，那么系统便会开启等量的线程处理，这样做可能会很快耗尽系统的资源。

注意：使用自定义线程池时，要根据应用的具体情况，选择合适的并发队列为任务做缓冲。当线程资源紧张时，不同的并发队列对系统行为和性能的影响均不同。

这里给出 ThreadPoolExecutor 线程池的核心调度代码，这段代码充分体现了上述线程池的工作逻辑：

```
01 public void execute(Runnable command) {
02    if (command == null)
03       throw new NullPointerException();
04    int c = ctl.get();
05    if (workerCountOf(c) < corePoolSize) {
06       if (addWorker(command, true))
07          return;
08       c = ctl.get();
09    }
10    if (isRunning(c) && workQueue.offer(command)) {
11       int recheck = ctl.get();
12       if (! isRunning(recheck) && remove(command))
13          reject(command);
14       else if (workerCountOf(recheck) == 0)
15          addWorker(null, false);
16    }
17    else if (!addWorker(command, false))
18       reject(command);
19 }
```

上述代码第 5 行的 workerCountOf()方法取得了当前线程池的线程总数。当线程总数小于 corePoolSize 时，会将任务通过 addWorker()方法直接调度执行。否则，在第 10 行代码处（workQueue.offer()方法）进入等待队列。如果进入等待队列失败（比如有界队列到达了上限，或者使用了 SynchronousQueue 类），则会执行第 17 行代码，将任务直接提交给线程池。如果当前线程总数已经达到 maximumPoolSize，则提交失败，这时会执行第 18 行的拒绝策略代码。

ThreadPoolExecutor 类的任务调度逻辑如图 3.12 所示。

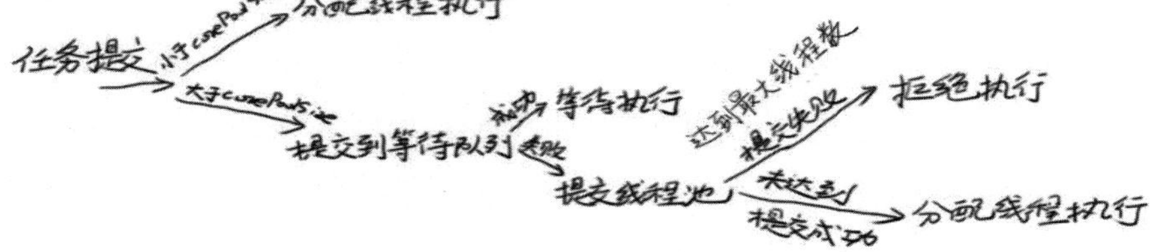

图 3.12　ThreadPoolExecutor 类的任务调度逻辑

3.2.4　超负载了怎么办：拒绝策略

ThreadPoolExecutor 类的最后一个参数指定了拒绝策略，也就是当任务数量超过系统实际承载能力时，就要用到拒绝策略了。拒绝策略可以说是系统超负荷运行时的补救措施，通常是由于压力太大而引起的，也就是线程池中的线程已经用完了，无法继续为新任务服务。同时，等待队列中也已经排满了，再也放不下新任务。这时，我们就需要有一套机制合理地处理这种情况了。

JDK 内置了 4 种拒绝策略，如图 3.13 所示。

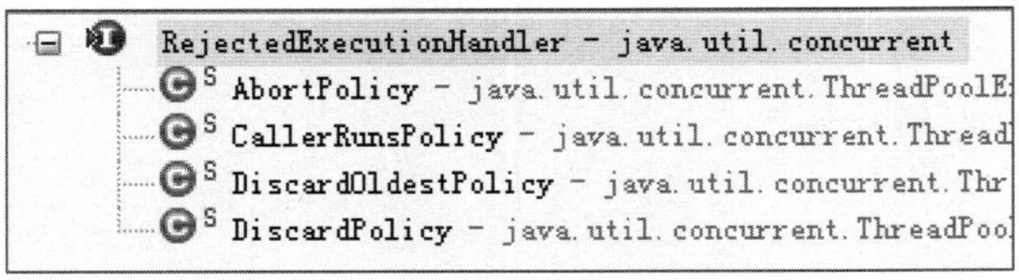

图 3.13　JDK 内置的拒绝策略

JDK 内置拒绝策略的含义如下。

- AbortPolicy：该策略会直接抛出异常，阻止系统正常工作。
- CallerRunsPolicy：只要线程池未关闭，该策略就会直接在调用者线程中运行当前被丢弃的任务。显然这样做不会真的丢弃任务，但是任务提交线程的性能极有可能会急剧下降。
- DiscardOldestPolicy：该策略将丢弃最老的一个请求，也就是即将被执行的任务，并尝试再次提交当前任务。

- DiscardPolicy：该策略默默地丢弃无法处理的任务，不予任何处理。如果允许任务丢失，我觉得这可能是最好的一种方案了吧！

以上拒绝策略均实现了 RejectedExecutionHandler 接口，若以上策略仍无法满足实际应用的需要，则我们完全可以自己扩展 RejectedExecutionHandler 接口。RejectedExecutionHandler 接口的定义如下：

```
public interface RejectedExecutionHandler {
   void rejectedExecution(Runnable r, ThreadPoolExecutor executor);
}
```

其中 r 为请求执行的任务，executor 为当前的线程池。

下面的代码简单地演示了自定义线程池和拒绝策略的使用方法：

```
public class RejectThreadPoolDemo {
   public static class MyTask implements Runnable {
      @Override
      public void run() {
         System.out.println(System.currentTimeMillis() + ":Thread ID:"
               + Thread.currentThread().getId());
         try {
            Thread.sleep(100);
         } catch (InterruptedException e) {
            e.printStackTrace();
         }
      }
   }

   public static void main(String[] args) throws InterruptedException {
      MyTask task = new MyTask();
      ExecutorService es = new ThreadPoolExecutor(5, 5,
            0L, TimeUnit.MILLISECONDS,
            new LinkedBlockingQueue<Runnable>(10),
            Executors.defaultThreadFactory(),
            new RejectedExecutionHandler(){
               @Override
               public void rejectedExecution(Runnable r,
                     ThreadPoolExecutor executor) {
                  System.out.println(r.toString()+" is discard");
```

```
26                  }
27         });
28         for (int i = 0; i < Integer.MAX_VALUE; i++) {
29             es.submit(task);
30             Thread.sleep(10);
31         }
32     }
33 }
```

上述代码的第 17~27 行自定义了一个线程池。该线程池有 5 个常驻线程，并且最大线程数量也是 5。这和固定大小的线程池是一样的，但是它却拥有一个容量为 10 的等待队列。使用无界队列很可能并不是最佳解决方案，因为如果任务量极大，则很有可能会把内存“撑死”。给出一个合理的队列大小，也是合乎常理的选择。同时，这里自定义了拒绝策略，我们不抛出异常，因为万一在任务提交端没有进行异常处理，则有可能使整个系统崩溃，这不是我们希望遇到的。但作为必要的信息记录，我们打印任务丢弃的信息，当然，这只比内置的 DiscardPolicy 策略高级那么一点点。

由于在这个案例中 MyTask 的执行需要花费 100 毫秒，因此，必然会导致大量的任务被直接丢弃。执行上述代码，输出如下：

```
1426597264669:Thread ID:11
1426597264679:Thread ID:12
java.util.concurrent.FutureTask@a57993 is discard
java.util.concurrent.FutureTask@1b84c92 is discard
```

可以看到，在执行几个任务后，拒绝策略就开始生效了。在实际应用中，我们可以将更详细的信息记录到日志中，分析系统负载和任务丢失的情况。

3.2.5 自定义线程创建：ThreadFactory

看了那么多有关线程池的介绍，不知道大家有没有思考过一个基本的问题：线程池中的线程是从哪里来的呢？

之前我们介绍过，线程池的主要作用是线程复用，也就是避免了线程的频繁创建。但是，最开始的那些线程从何而来呢？答案就是 ThreadFactory。

ThreadFactory 是一个接口，它只有一个用来创建线程的方法：

```
Thread newThread(Runnable r);
```

当线程池需要新建线程时，就会调用这个方法。

自定义线程池可以帮助我们做不少事。比如，我们可以跟踪线程池，知道它究竟在何时创建了多少个线程，也可以自定义线程的名称、组及优先级等信息，甚至可以任性地将所有的线程设置为守护线程。总之，使用自定义线程池可以让我们更加自由地设置线程池中所有线程的状态。下面的案例使用自定义的 ThreadFactory，一方面记录了线程的创建，另一方面将所有的线程都设置为守护线程，这样，当主线程退出后，将会强制销毁线程池：

```
public static void main(String[] args) throws InterruptedException {
   MyTask task = new MyTask();
   ExecutorService es = new ThreadPoolExecutor(5, 5,
         0L, TimeUnit.MILLISECONDS,
         new SynchronousQueue<Runnable>(),
         new ThreadFactory(){
            @Override
            public Thread newThread(Runnable r) {
               Thread t= new Thread(r);
               t.setDaemon(true);
               System.out.println("create "+t);
               return t;
            }
         }
        );
   for (int i = 0; i < 5; i++) {
      es.submit(task);
   }
   Thread.sleep(2000);
}
```

3.2.6　我的应用我做主：扩展线程池

虽然 JDK 已经帮我们实现了这个稳定的高性能线程池，但如果我们需要对这个线程池做一些扩展，比如，监控执行每个任务的开始时间和结束时间，或者其他一些自定义的增强功能，这时候应该怎么办呢？

一个好消息是：ThreadPoolExecutor 是一个可以扩展的线程池，它提供了 beforeExecute()、afterExecute()和 terminated()三个接口用来对线程池进行控制。

以 beforeExecute()、afterExecute()两个接口为例，它们在 ThreadPoolExecutor.Worker. runWorker ()方法内部提供了这样的实现：

```
try {
   beforeExecute(wt, task);       // 执行前
   try {
      task.run();                  // 执行任务
      afterExecute(task, null);   // 执行后
   } catch (Throwable ex) {
      afterExecute(task, ex);
      throw ex;
   }
} finally {
   task = null;
   w.completedTasks++;
   w.unlock();
}
```

ThreadPoolExecutor.Worker 是 ThreadPoolExecutor 的内部类，它是一个实现了 Runnable 接口的类。ThreadPoolExecutor 线程池中的工作线程也正是 Worker 实例。Worker.run()方法会调用上述 ThreadPoolExecutor. runWorker(Worker w)实现每一个工作线程的固有工作。

在默认的 ThreadPoolExecutor 实现中，提供了 beforeExecute()和 afterExecute()这两个空的接口实现。在实际应用中，可以对其进行扩展来实现对线程池运行状态的跟踪，输出一些有用的调试信息以帮助系统诊断故障，这对于多线程程序错误排查是很有帮助的。下面演示了对线程池的扩展，在这个扩展中我们将记录每一个任务的执行日志：

```
public class ExtThreadPool {
   public static class MyTask implements Runnable {
      public String name;

      public MyTask(String name) {
         this.name = name;
      }

      @Override
      public void run() {
         System.out.println("正在执行" + ":Thread ID:" + Thread.
currentThread().getId()
```

```
12                 + ",Task Name=" + name);
13             try {
14                 Thread.sleep(100);
15             } catch (InterruptedException e) {
16                 e.printStackTrace();
17             }
18         }
19     }
20 
21     public static void main(String[] args) throws InterruptedException {
22 
23      ExecutorService es = new ThreadPoolExecutor(5, 5, 0L, TimeUnit.MILLISECONDS,
24                 new LinkedBlockingQueue<Runnable>()) {
25             @Override
26             protected void beforeExecute(Thread t, Runnable r) {
27                 System.out.println("准备执行: " + ((MyTask) r).name);
28             }
29 
30             @Override
31             protected void afterExecute(Runnable r, Throwable t) {
32                 System.out.println("执行完成: " + ((MyTask) r).name);
33             }
34 
35             @Override
36             protected void terminated() {
37                 System.out.println("线程池退出");
38             }
39 
40         };
41         for (int i = 0; i < 5; i++) {
42             MyTask task = new MyTask("TASK-GEYM-" + i);
43             es.execute(task);
44             Thread.sleep(10);
45         }
46         es.shutdown();
47     }
48 }
```

上述代码的第 23~40 行扩展了原有的线程池，实现了 beforeExecute()、afterExecute()和 terminated()三个方法。这三个方法分别用于记录一个任务的开始、结束和线程池的退出。

第 42、43 行向线程池提交了 5 个任务，为了有更清晰的日志，我们为每个任务都取了名字。第 43 行使用 execute()方法提交任务，细心的读者一定能发现，在之前的代码中，我们都使用了 submit()方法提交。有关两者的区别，我们将在“5.5 Future 模式”中详细介绍。

在提交任务完成后，调用 shutdown()方法关闭线程池。这是一个比较安全的方法，如果当前正有线程在执行，那么 shutdown()方法并不会立即暴力地终止所有任务，它会等待所有任务执行完成后再关闭线程池，但它也不会等待所有线程执行完成后再返回，因此，可以简单地理解成 shutdown()方法只是发送了一个关闭信号而已。但在 shutdown()方法执行后，这个线程池就不能再接受其他新的任务了。

执行上述代码，可以得到如下输出：

```
准备执行：TASK-GEYM-0
正在执行:Thread ID:8,Task Name=TASK-GEYM-0
准备执行：TASK-GEYM-1
正在执行:Thread ID:9,Task Name=TASK-GEYM-1
准备执行：TASK-GEYM-2
正在执行:Thread ID:10,Task Name=TASK-GEYM-2
准备执行：TASK-GEYM-3
正在执行:Thread ID:11,Task Name=TASK-GEYM-3
准备执行：TASK-GEYM-4
正在执行:Thread ID:12,Task Name=TASK-GEYM-4
执行完成：TASK-GEYM-0
执行完成：TASK-GEYM-1
执行完成：TASK-GEYM-2
执行完成：TASK-GEYM-3
执行完成：TASK-GEYM-4
线程池退出
```

可以看到，所有任务执行前、执行后的时间点及任务的名字都可以捕获。这对于应用程序的调试和诊断是非常有帮助的。

3.2.7 合理的选择：优化线程池线程数量

线程池的大小对系统的性能有一定的影响，过多或者过少的线程数量都无法达到最优的系统性能，但是线程池的大小也不需要做得非常精确，因为只要避免极大和极小两种情况，线程池的大小对系统的性能就不会有太大影响。一般来说，确定线程池的大小需要考虑 CPU 数量、内存大小等因素。*Java Concurrency in Practice* 一书给出了估算线程池大小的公式：

$$N_{cpu} = \text{CPU 的数量}$$
$$U_{cpu} = \text{目标 CPU 的使用率，} 0 \leqslant U_{cpu} \leqslant 1$$
$$W/C = \text{等待时间与计算时间的比率}$$

为保证处理器达到期望的使用率，最优的线程池大小等于：

$$N_{threads} = N_{cpu} \times U_{cpu} \times (1 + W/C)$$

在 Java 中，可以通过如下代码取得可用的 CPU 数量：

```
Runtime.getRuntime().availableProcessors()
```

3.2.8　堆栈去哪里了：在线程池中寻找堆栈

大家一定还记得，在第 2 章中我们详细介绍了一些幽灵般的错误。我想，“码农”的痛苦也莫过于此了。多线程本身就非常容易引起这类错误，如果你使用了线程池，那么这种幽灵般的错误可能会变得更加常见。

下面来看一个简单的案例。首先，我们有一个 Runnable 接口，它用于计算两个数的商：

```
public class DivTask implements Runnable {
    int a,b;
    public DivTask(int a,int b){
        this.a=a;
        this.b=b;
    }
    @Override
    public void run() {
        double re=a/b;
        System.out.println(re);
    }
}
```

现在我们构造了几个这样的任务，希望程序可以计算给定数组的商：

```
public static void main(String[] args) throws InterruptedException, ExecutionException {
    ThreadPoolExecutor pools=new ThreadPoolExecutor(0, Integer.MAX_VALUE,
            0L, TimeUnit.SECONDS,
```

```
        new SynchronousQueue<Runnable>());

    for(int i=0;i<5;i++){
        pools.submit(new DivTask(100,i));
    }
}
```

上述代码将 DivTask 提交到线程池，从 for 循环来看，我们应该会得到 5 个结果，分别是 100 除以给定的 i 后的商。但如果你真的运行程序，得到的结果是：

```
33.0
50.0
100.0
25.0
```

只有 4 个结果，也就是说程序漏算了一组数据，更不幸的是，程序没有任何日志记录，也没有任何错误提示，就好像一切正常。在这个简单的案例中，只要你稍有经验就能发现，作为除数的 i 取到了 0 值，缺失的结果很可能是由于除以 0 导致的。在稍复杂的业务场景中，这种错误足以让你几天萎靡不振。

因此，使用线程池虽然是件好事，但是还是得处处留意这些“坑”。线程池很有可能会“吃”掉程序抛出的异常，导致我们对程序的错误一无所知。

异常堆栈对于程序员的重要性就好像指南针对于航行在茫茫大海上的轮船。没有指南针，轮船只能更艰难地寻找方向；没有异常堆栈，排查问题时程序员也只能慢慢琢磨。我的一个领导曾经说过：“最鄙视那些出错不打印异常堆栈的行为！”我相信，任何一个得益于异常堆栈而快速定位问题的程序员，一定都对这句话深有体会。下面将和大家讨论向线程池讨回异常堆栈的方法。

最简单的方法就是放弃 submit()方法而改用 execute()方法。将上述任务提交代码改成：

```
pools.execute(new DivTask(100,i));
```

或者使用下面的方法改造 submit()方法：

```
Future re=pools.submit(new DivTask(100,i));
re.get();
```

上面两种方法都可以得到部分堆栈信息，如下所示：

```
Exception in thread "pool-1-thread-1" java.lang.ArithmeticException: / by zero
   at geym.conc.ch3.trace.DivTask.run(DivTask.java:11)
   at java.util.concurrent.ThreadPoolExecutor.runWorker(ThreadPoolExecutor.
java:1142)
   at java.util.concurrent.ThreadPoolExecutor$Worker.run(ThreadPoolExecutor.
java:617)
   at java.lang.Thread.run(Thread.java:745)
33.0
100.0
50.0
25.0
```

注意，我这里说的是部分，这是因为从这两个异常堆栈中，我们只能知道异常是在哪里抛出的（这里是 DivTask 的第 11 行）。其实我们还希望得到另一个更重要的信息，那就是这个任务到底是在哪里提交的。而任务的具体提交位置已经被线程池完全淹没了。顺着堆栈查找，我们最多只能找到线程池中的调度流程，而这对于我们来说几乎是没有价值的。

既然这样，我们只能自己动手丰衣足食啦！为了今后少加几天班，非常有必要将堆栈的信息彻底挖出来，扩展我们的 ThreadPoolExecutor 线程池，让它在调度任务之前保存一下提交任务线程的堆栈信息：

```
public class TraceThreadPoolExecutor extends ThreadPoolExecutor {
   public TraceThreadPoolExecutor(int corePoolSize, int maximumPoolSize,
         long keepAliveTime, TimeUnit unit, BlockingQueue<Runnable> workQueue) {
      super(corePoolSize, maximumPoolSize, keepAliveTime, unit, workQueue);
   }

   @Override
   public void execute(Runnable task) {
      super.execute(wrap(task, clientTrace(), Thread.currentThread()
            .getName()));
   }

   @Override
   public Future<?> submit(Runnable task) {
      return super.submit(wrap(task, clientTrace(), Thread.currentThread()
            .getName()));
   }

```

```java
19    private Exception clientTrace() {
20       return new Exception("Client stack trace");
21    }
22
23    private Runnable wrap(final Runnable task, final Exception clientStack,
24          String clientThreadName) {
25       return new Runnable() {
26          @Override
27          public void run() {
28             try {
29                task.run();
30             } catch (Exception e) {
31                clientStack.printStackTrace();
32                throw e;
33             }
34          }
35       };
36    }
37 }
```

在第 23 行代码中，wrap()方法的第 2 个参数为一个异常，里面保存着提交任务的线程的堆栈信息。该方法将我们传入的 Runnable 任务进行一层包装，使之能处理异常信息。当任务发生异常时，异常会被打印。

好了，现在可以使用我们的新成员（TraceThreadPoolExecutor）来尝试执行这段代码了：

```java
public static void main(String[] args) {
   ThreadPoolExecutor pools=new TraceThreadPoolExecutor(0, Integer.MAX_VALUE,
      0L, TimeUnit.SECONDS,
      new SynchronousQueue<Runnable>());

   /**
    * 在错误堆栈中可以看到任务是在哪里提交的
    */
   for(int i=0;i<5;i++){
      pools.execute(new DivTask(100,i));
   }
}
```

执行上述代码，就可以得到以下信息：

```
java.lang.Exception: Client stack trace
    at geym.conc.ch3.trace.TraceThreadPoolExecutor.clientTrace(TraceThreadPoolExecutor.
java:28)
    at geym.conc.ch3.trace.TraceThreadPoolExecutor.execute(TraceThreadPoolExecutor.
java:17)
    at geym.conc.ch3.trace.TraceMain.main(TraceMain.java:23)
Exception in thread "pool-1-thread-1" java.lang.ArithmeticException: / by zero
    at geym.conc.ch3.trace.DivTask.run(DivTask.java:11)
    at geym.conc.ch3.trace.TraceThreadPoolExecutor$1.run(TraceThreadPoolExecutor.
java:37)
    at java.util.concurrent.ThreadPoolExecutor.runWorker(ThreadPoolExecutor.java:1142)
    at java.util.concurrent.ThreadPoolExecutor$Worker.run(ThreadPoolExecutor.java:617)
    at java.lang.Thread.run(Thread.java:745)
33.0
100.0
25.0
50.0
```

熟悉的异常又回来了！现在，我们不仅可以得到异常发生的 Runnable 实现内的信息，也知道了这个任务是在哪里提交的。如此丰富的信息，可以帮助我们瞬间定位问题！

3.2.9 分而治之：Fork/Join 框架

“分而治之”一直是一个非常有效地处理大量数据的方法。著名的 MapReduce 也采取了分而治之的思想。简单地说，就是如果你要处理 1000 个数据，但是你并不具备处理 1000 个数据的能力，那么你可以只处理其中的 10 个，然后分阶段处理 100 次，将 100 次的结果进行合成，得到的就是最终想要的对原始 1000 个数据的处理结果。

Fork 一词的原始含义是吃饭用的叉子，也有分叉的意思。在 Linux 平台上，fork()方法用来创建子进程，使得系统进程可以多一个执行分支。在 Java 中也沿用了类似的命名方式。

join()方法的含义在之前的章节中已经解释过，这里表示等待。也就是使用 fork()方法后系统多了一个执行分支（线程），所以需要等待这个执行分支执行完毕，才有可能得到最终的结果，因此 join()方法就表示等待。

在实际使用中，如果毫无顾忌地使用 fork()方法开启线程，那么很可能严重影响系统的性能。所以，JDK 中给出了一个 ForkJoinPool 线程池，对于 fork()方法不急着开启线程，而是提交给 ForkJoinPool 线程池进行处理，以节省系统资源。使用 Fork/Join 框架进行数据处理时的执行逻辑如图 3.14 所示。

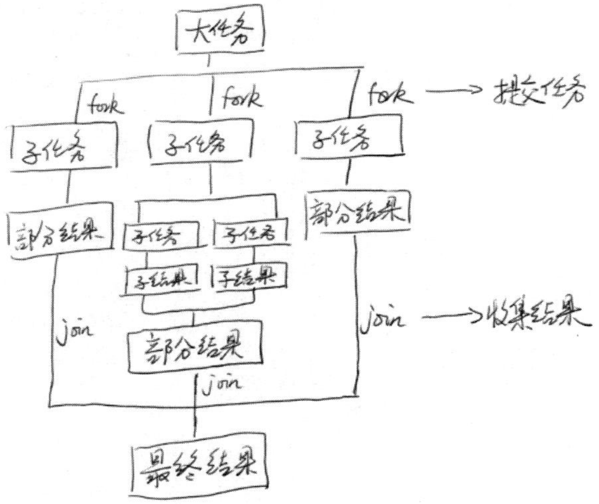

图 3.14　Fork/Join 框架的执行逻辑

由于线程池的优化，提交的任务和线程数量并不是一对一的关系。在绝大多数情况下，一个物理线程实际上是需要处理多个逻辑任务的，每个线程必然需要拥有一个任务队列。因此，在实际执行过程中，可能遇到这么一种情况：线程 A 已经把自己的任务都执行完了，而线程 B 还有一堆任务等着处理，此时，线程 A 就会“帮助”线程 B，从线程 B 的任务队列中拿一个任务过来处理。图 3.15 显示了这种互相帮助的情况。值得注意的是，当一个线程试图“帮助”其他线程时，总是从任务队列的底部开始获取数据，而当线程试图执行自己的任务时，则从顶部开始获取数据，这种行为十分有利于避免数据竞争。

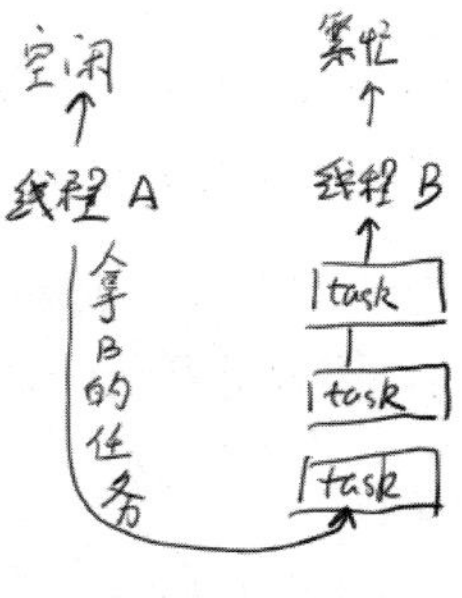

图 3.15　互相帮助的线程

下面我们来看 ForkJoinPool 线程池的一个重要的接口：

```
public <T> ForkJoinTask<T> submit(ForkJoinTask<T> task)
```

你可以向 ForkJoinPool 线程池提交一个 ForkJoinTask 任务。所谓 ForkJoinTask 任务就是支持 fork() 方法及 join() 方法的任务。ForkJoinTask 任务有两个重要的子类——RecursiveAction 类和 RecursiveTask 类，它们分别表示没有返回值的任务和可以携带返回值的任务。图 3.16 显示了这两个类的作用和区别。

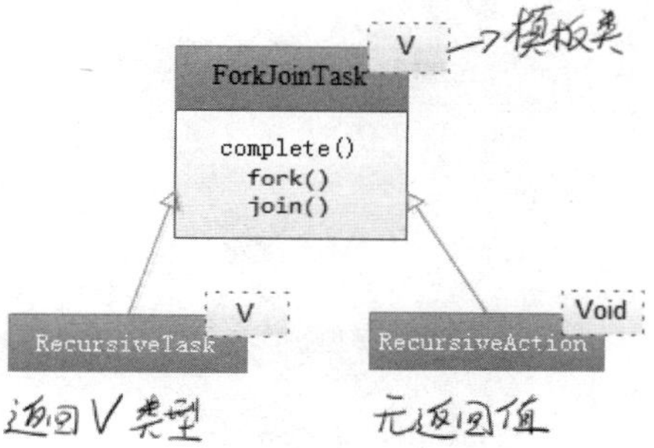

图 3.16　RecursiveAction 类和 RecursiveTask 类的作用和区别

下面我们简单地展示一下 Fork/Join 框架的使用方法：

```
public class CountTask extends RecursiveTask<Long>{
   private static final int THRESHOLD = 10000;
   private long start;
   private long end;

   public CountTask(long start,long end){
      this.start=start;
      this.end=end;
   }

   public Long compute(){
      long sum=0;
      boolean canCompute = (end-start)<THRESHOLD;
      if(canCompute){
         for(long i=start;i<=end;i++){
            sum +=i;
         }
```

```
18          }else{
19              // 分成100个小任务
20              long step=(start+end)/100;
21              ArrayList<CountTask> subTasks=new ArrayList<CountTask>();
22              long pos=start;
23              for(int i=0;i<100;i++){
24                  long lastOne=pos+step;
25                  if(lastOne>end)lastOne=end;
26                  CountTask subTask=new CountTask(pos,lastOne);
27                  pos+=step+1;
28                  subTasks.add(subTask);
29                  subTask.fork();
30              }
31              for(CountTask  t:subTasks){
32                  sum+=t.join();
33              }
34          }
35          return sum;
36      }
37
38      public static void main(String[]args){
39          ForkJoinPool forkJoinPool = new ForkJoinPool();
40          CountTask task = new CountTask(0,200000L);
41          ForkJoinTask<Long> result = forkJoinPool.submit(task);
42          try{
43              long res = result.get();
44              System.out.println("sum="+res);
45          }catch(InterruptedException e){
46              e.printStackTrace();
47          }catch(ExecutionException e){
48              e.printStackTrace();
49          }
50      }
51  }
```

以上代码主要用来计算数列和，由于计算数列和必然需要函数返回值，因此选择 RecursiveTask 作为任务的模型。代码的第 39 行建立了 ForkJoinPool 线程池。在第 40 行构造了一个求从 1 到 200 000 的和的任务。在第 41 行将任务提交给线程池，线程池会返回一个携带结果的任务，通过 get()方法得到最终结果（第 43 行）。如果在执行 get()方法时任务没有结束，那么主线程就会在执行 get()方法时等待。

下面来看一下 CountTask 的实现。首先 CountTask 继承自 RecursiveTask 类，可以携带返回值，这里将返回值类型设置为 long。第 2 行定义的 THRESHOLD 设置了任务分解的规模，如果需要求和的总数大于 THRESHOLD 个，那么任务就需要再次分解，否则可以直接执行。这个判断逻辑在第 14 行有体现。如果任务可以直接执行，那么直接求和，返回结果。否则，就再次分解任务。每次分解任务时，简单地将原有任务划分成 100 个等规模的小任务，并使用 fork()方法提交子任务。之后，等待所有的子任务结束，再将结果再次求和（第 31~33 行）。

在使用 Fork/Join 框架时，如果任务的划分层次很多且一直得不到返回值，那么可能出现两种情况：第一，系统内的线程数量越积越多，导致性能严重下降；第二，函数的调用层次变多，最终导致栈溢出，不同版本的 JDK 内部实现机制可能有差异，从而导致其表现不同。

下面的 StackOverflowError 异常就是加深本例的调用层次后在 JDK 8 上得到的错误：

```
java.util.concurrent.ExecutionException: java.lang.StackOverflowError
   at java.util.concurrent.ForkJoinTask.get(ForkJoinTask.java:1000)
   at geym.conc.ch3.fork.CountTask.main(CountTask.java:51)
Caused by: java.lang.StackOverflowError
```

此外，ForkJoinPool 线程池使用一个无锁的栈来管理空闲线程。如果一个工作线程暂时没有任务，则可能会被挂起，挂起的线程将会被压入由线程池维护的栈中，待将来有任务时，再从栈中唤醒。

3.2.10　Guava 中对线程池的扩展

除 JDK 内置的线程池以外，Guava 对线程池也进行了一定的扩展，主要体现在 MoreExecutors 工具类中。

1. 特殊的 DirectExecutor 线程池

在 MoreExecutors 工具类中，提供了一个简单但非常重要的线程池实现，即 DirectExecutor 线程池。DirectExecutor 线程池很简单，它并没有真的创建或者使用额外线程，它总是在当前线程中直接执行任务。读者也许会觉得很奇怪，为什么需要这么一个线程池呢？其实这满足了软件设计上的需要。

从软件设计的角度说，抽象是软件设计的根本和精髓。将不同业务的共同属性提取并抽象成模型，非常有利于对不同业务的统一处理。我们总是希望并倾向于使用通用的代码来处理不同场景的问题，因此，就需要对不同场景的问题进行统一的抽象和建模。

对于线程池来说，其技术目的是复用线程以提高运行效率，但其业务需求却是异步执行一段业务指令。但是有时候，异步并不是必要的。当我们剥去线程池的技术细节，仅关注其使用场景时，便不难发现，任何一个可以运行 Runnable 实例的模块都可以被视为线程池，即便它没有真正创建线程。这样就可以将异步执行和同步执行进行统一，使用统一的编码风格来处理同步和异步调用，进而简化设计。

```
public static void main(String[] args) {
    Executor exceutor = MoreExecutors.directExecutor();
    exceutor.execute(() -> System.out.println("I am running in " +
      Thread.currentThread().getName()));
}
```

上述代码在线程池中执行一个 Runnable 接口，并打印 Runnable 接口所在的线程，其输出如下：

```
I am running in main
```

可以看到，这个 Runnable 接口在主线程中执行。

注入不同的 exceutor 的实现，例如使用固定大小线程池替代 DirectExecutor，无须修改代码便可以使程序拥有不同的行为，这也正是 DirectExecutor 的用意所在。

2. Daemon 线程池

此外，在 MoreExecutors 工具类中，还提供了将普通线程池转为 Daemon 线程池的方法。在很多场合下，我们并不希望后台线程池阻止程序退出，当程序执行完成后，即便有线程池存在，我们依然希望线程结束执行。此时，就可以使用 MoreExecutors.getExitingExecutorService() 方法：

```
public static void main(String[] args) {
    ThreadPoolExecutor exceutor = (ThreadPoolExecutor)Executors.newFixedThreadPool(2);
    MoreExecutors.getExitingExecutorService(exceutor);
    exceutor.execute(() -> System.out.println("I am running in " +
      Thread.currentThread().getName()));
}
```

上述代码输出“I am running in pool-1-thread-1”后，立即退出程序，若不使用

MoreExecutors.getExitingExecutorService()方法对 exceutor 线程池进行设置，则该程序无法正常退出，除非手动关闭 exceutor 线程池。

3. 对 Future 模式的扩展

在 MoreExecutors 中还提供了对 Future 模式的扩展，这部分内容将在 5.5 节中介绍。

3.3 不要重复发明轮子：JDK 的并发容器

为了提高开发效率，除了提供诸如同步控制、线程池等基本工具外，JDK 还为大家准备了一大批好用的容器类，它们可以大大减少开发工作量。大家应该都听说过一种说法，所谓程序就是“算法+数据结构”，这些容器类就是为大家准备好的线程数据结构。你可以在里面找到链表、HashMap、队列等。当然，它们都是线程安全的。

在这里，我也打算花一些篇幅为大家介绍一下这些容器类。这些容器类的封装都是非常完善并且“平易近人”的，也就是说只要你有那么一点点的编程经验，就可以非常容易地使用这些容器类。我会花更多的时间来分析这些工具的具体实现，希望起到抛砖引玉的作用。

3.3.1 超好用的工具类：并发集合简介

JDK 提供的大部分容器都在 java.util.concurrent 包中。我先提纲挈领地介绍一下它们，初次露脸，大家只需要知道它们的作用即可。对于具体的实现和注意事项，后面我会一一道来。

- ConcurrentHashMap：这是一个高效的并发 HashMap，你可以把它理解为一个线程安全的 HashMap。
- CopyOnWriteArrayList：这是一个 List，从名字上看就知道它和 ArrayList 是一族的。在读多写少的场合，这个 List 的性能非常好，远远优于 Vector。
- ConcurrentLinkedQueue：这是一个高效的并发队列，使用链表实现，可以将其看作一个线程安全的 LinkedList。
- BlockingQueue：这是一个接口，JDK 内部通过链表、数组等方式实现了这个接口，它表示阻塞队列，非常适合作为数据共享的通道。

- ConcurrentSkipListMap：跳表的实现，它是一个 Map，使用跳表的数据结构进行快速查找。

除以上并发包中的专有数据结构外，java.util 下的 Vector 是线程安全的（虽然性能和上述专用工具没得比），Collections 工具类可以帮助我们将任意集合包装成线程安全的集合。

3.3.2 线程安全的 HashMap

在之前的章节中，已经给大家展示了在多线程环境中使用 HashMap 所带来的问题，如果我们需要一个线程安全的 HashMap，那么应该怎么做呢？一种可行的方法是使用 Collections. synchronizedMap()方法包装我们的 HashMap。如下代码产生的 HashMap 就是线程安全的：

```
public static Map m=Collections.synchronizedMap(new HashMap());
```

Collections.synchronizedMap()方法会生成一个名为 SynchronizedMap 的 Map，它使用委托将所有与 Map 相关的功能交给 HashMap 实现，而自己则主要负责保证线程安全。

首先在 SynchronizedMap 内包装一个 Map：

```
private static class SynchronizedMap<K,V>
    implements Map<K,V>, Serializable {
    private static final long serialVersionUID = 1978198479659022715L;

    private final Map<K,V> m;
    final Object      mutex;
```

通过 mutex 实现对这个 m 的互斥操作。比如，get()方法的实现如下：

```
public V get(Object key) {
  synchronized (mutex) {return m.get(key);}
}
```

其他所有相关的 Map 操作都会使用这个 mutex 进行同步，从而实现线程安全。

虽然这个包装的 Map 可以满足线程安全的要求，但是它在多线程环境中的性能表现并不算太好。无论是对 Map 的读取还是写入，都需要获得 mutex 的锁，这会导致所有对 Map 的操作都进入等待状态，直到 mutex 的锁可用。如果并发级别不高，那么一般也够用。但是，在高并发环境中，我们有必要寻求新的解决方案。

一个更加专业的并发 HashMap 是 ConcurrentHashMap，它位于 java.util.concurrent 包内，专门为并发进行了性能优化，更适合多线程的场合。

3.3.3 深入浅出 ConcurrentHashMap

ConcurrentHashMap 可以说是目前使用最多的并发数据结构之一，作为如此核心的基本组件，不仅要满足功能的需求，更要满足性能的需求，而实现一个高性能的线程安全的 HashMap 也绝非易事。下面我们就来看一看 ConcurrentHashMap 的内部实现，来体会一下它的精妙之处吧！

ConcurrentHashMap 的实现从 JDK8 开始有了重大的变化，从 JDK8 到 JDK14，并无太多不同，因此本节以 JDK8 为范本进行介绍。

1. ConcurrentHashMap 的内部数据结构

从静态数据结构上来说，ConcurrentHashMap 包含以下核心元素。

- **int sizeCtl**：这是一个多功能的字段，可以用来记录参与 Map 扩展的线程数量，也可以用来记录新的 table 的扩容阈值。
- **CounterCell[] counterCells**：用来记录元素的个数。这是一个数组，使用数组来记录是为了避免多线程竞争时可能产生的冲突。使用了数组，在多个线程同时修改数据时，极有可能实际上操作的是数组中不同的单元，从而减少竞争。
- **Node<K,V>[] table**：实际存放 Map 内容的地方，一个 Map 实际上就是一个 Node 数组，每个 Node 里都包含了 key 和 value 信息。
- **Node<K,V>[] nextTable**：当 table 需要扩充时，会把新的数据填充到 nextTable 中，也就是说 nextTable 是扩充后的 Map。

ConcurrentHashMap 的核心元素中最值得注意的是 Node，Node 并非想象中那么简单。图 3.17 展示了 ConcurrentHashMap 的内部数据结构。

可以看到，Map 中的 Node 并非简单的 Node 对象，实际上，它有可能是 Node 对象，也有可能是一个 TreeBin 或者 ForwardingNode。

那么它什么时候是 Node，什么时候是 TreeBin，什么时候又是 ForwardingNode 呢？

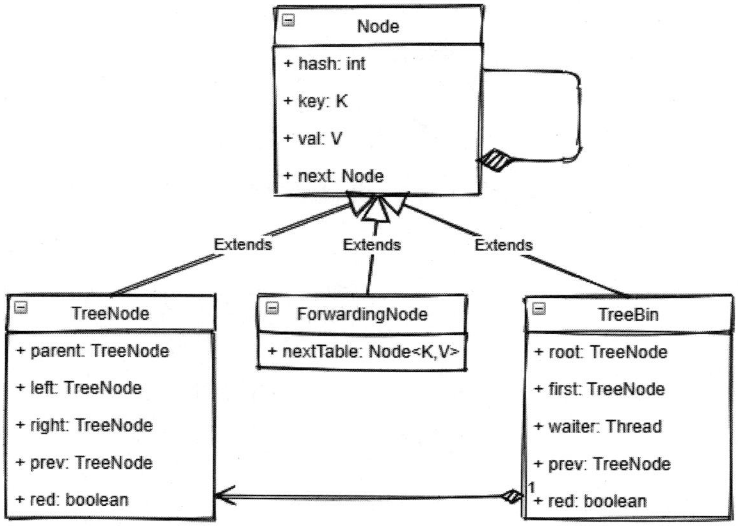

图 3.17　ConcurrentHashMap 的内部数据结构

其实在绝大部分场景下，使用的依然是 Node。从 Node 的数组结构不难看出，Node 其实是链表，也就是说，一个正常的 Map 大概率如图 3.18 所示。

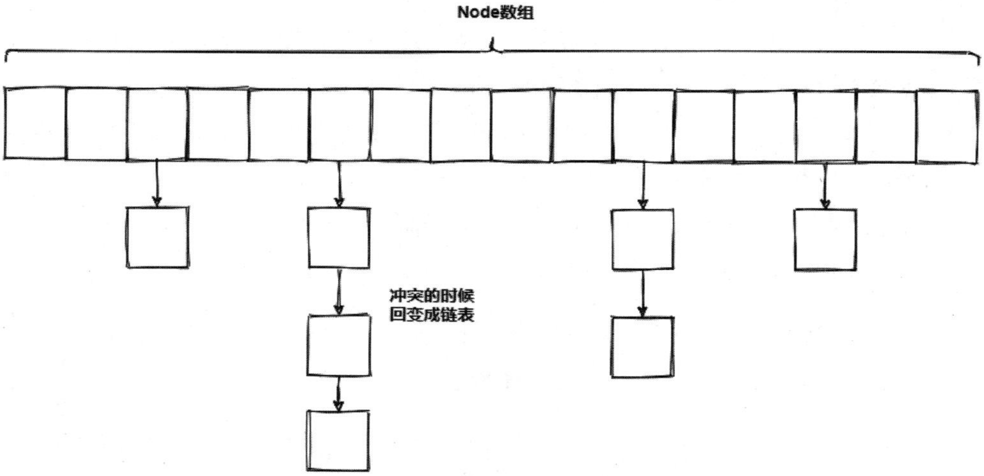

图 3.18　ConcurrentHashMap 内部的 Node 数组结构

可以看到，Node 数组中的每一个元素实际上是链表的头部，这样，当元素的位置发生冲突时，不同的元素就可以存放在 Node 数组的同一个槽位中。

当数组槽位对应的是链表时，在链表中查找 key 只能使用简单的遍历，这在数据不多时，还是可以接受的，而当冲突数据比较多时，这种简单的遍历就有点慢了。因此，在具体实现中，当链表的长度大于且等于 8 时，会将链表树状化，也就是变成一棵红黑树。如图 3.19 所示，其中一个槽位就变成了一棵树，这就是 TreeBin（在 TreeBin 中使用 TreeNode 构造整棵树）。

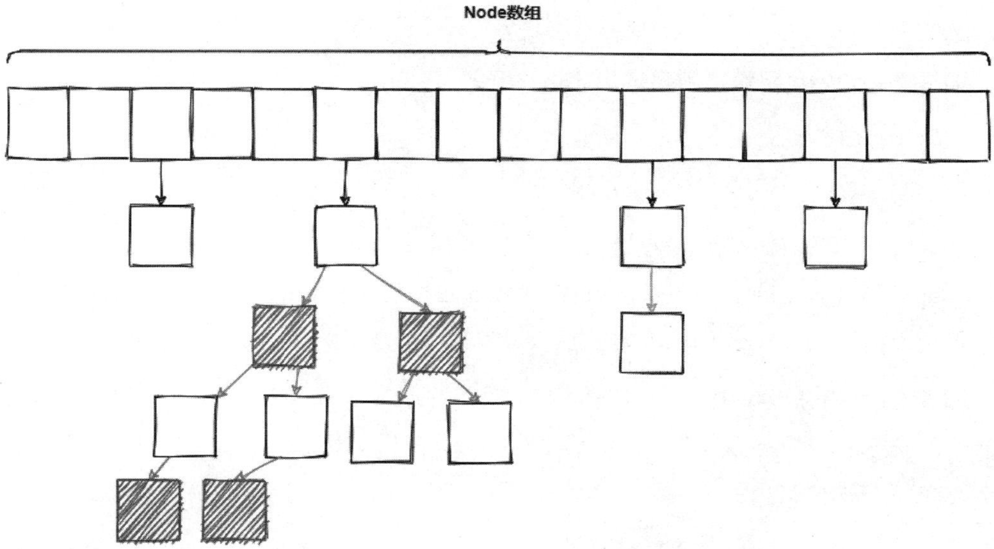

图 3.19　当冲突元素较多时，使用红黑树来存储元素，可加速查找

当数组快满时，即超过 75%的容量时，数组还需要进行扩容。在扩容过程中，如果老的数组已经完成了复制，那么就会将老的数组中的元素使用 ForwardingNode 对象替代，表示当前槽位的数据已经处理了，不需要再处理了。这样当有多个线程同时参与扩容时，就不会发生冲突。

2. put()方法的实现

现在来看一下 HashMap 最重要的方法——put()方法。

```
public V put(K key, V value)
```

它负责将给定的 key 和 value 存入 HashMap，它的工作主要有以下几个步骤：

（1）如果没有初始化数组，则尝试初始化数组。

（2）如果当前正在扩容，则参与帮助扩容（调用 helpTransfer()方法）。

（3）将给定的 key 和 value 放入对应的槽位。

（4）统计元素总数。

（5）触发扩容操作。

下面根据以上主要步骤，来依次详细说明。

如果没有初始化数组，则尝试初始化数组。

初始化数组会生成一个 Node 数组：

```
Node<K,V>[] nt = (Node<K,V>[])new Node<?,?>[n];
```

默认情况下，n 为 16。同时设置 sizeCtl 为 n - (n >>> 2)，这意味着 sizeCtl 为 n 的 75%，表示 Map 的大小，也就是说 ConcurrentHashMap 的负载因子是 0.75。（为了避免冲突，Map 的容量是数组的 75%，超过这个阈值就会扩容。）

如果当前正在扩容，则参与帮助扩容。

```
        else if ((fh = f.hash) == MOVE)
            tab = helpTransfer(tab, f);
```

如果一个节点的 hash 是 MOVE，则表示这是一个 ForwardingNode，也就是当前正在扩容。为了尽快完成扩容，当前线程就会参与扩容的工作，而不是等待扩容操作完成。如此紧凑细致的操作，恰恰是 ConcurrentHashMap 高性能的原因。代码中的 `(fh = f.hash) == MOVE` 语义上等同于 `f instanceof ForwardingNode`，但是使用整数相等的判断的效率要远远高于 instanceof，所以这里也是一处对性能的优化。

将给定的 key 和 value 放入对应的槽位。

在大部分情况下，应该会走到这一步，也就是将 key 和 value 放入数组中，会使用如下操作：

```
Node<K,V> f;
synchronized (f) {
    if(所在槽位是一个链表)
```

```
        插入链表
    else if(所在槽位是红黑树)
        插入树
    if(链表长度大于 8[TREEIFY_THRESHOLD])
        将链表树状化
}
```

可以看到，这里使用 synchronized 关键字锁住了 Node 对象。由于在绝大部分情况下，不同线程会操作不同的 Node，因此这里的竞争应该不会太大。随着数组规模越来越大，竞争出现的概率会越来越小，所以 ConcurrentHashMap 就有了极好的并行性。

统计元素总数。

为了有一个高性能的 size()方法，ConcurrentHashMap 在 CounterCell 数组中使用了单独的方法来统计元素总数：

```
CounterCell[] counterCells;
@sun.misc.Contended static final class CounterCell {
    volatile long value;
    CounterCell(long x) { value = x; }
}
```

CounterCell 使用了伪共享优化，具有很高的读写性能。counterCells 中所有成员的 value 相加，就是整个 Map 的大小。这里使用数组，也是为了防止冲突。如果简单地使用一个变量，那么多线程累加计数时，难免有竞争，现在分散到一个数组中，这种竞争出现的概率就小了很多，对并发就更加友好了。

累加的主要逻辑如下：

```
        if (as == null || (m = as.length - 1) < 0 ||
            // 不同线程映射到不同的数组元素，防止冲突
            (a = as[ThreadLocalRandom.getProbe() & m]) == null ||
            // 使用 CAS 直接增加对应的数据
            !(uncontended =
              U.compareAndSwapLong(a, CELLVALUE, v = a.value, v + x)))
            // 如果有竞争，在这里会重试，如果竞争严重，还会将 CounterCell[]数组扩容，以减少竞争
```

触发扩容操作。

最后，ConcurrentHashMap 还会检查是否需要扩容，它会检查当前 Map 的大小是否超过了阈值，如果超过了，则进行扩容。

ConcurrentHashMap 的扩容过程非常巧妙，它并没有完全打乱当前已有的元素位置，而是在数组扩容 2 倍后，将一半的元素移到新的空间中。

所有的元素根据高位是否为 1 分为 low 节点和 high 节点：

```
// n 是数组长度，数组长度是 2 的幂次方，因此一定是 100、1000、10000、100000 这种二进制数字
// 这里将 low 节点串一起，将 high 节点串一起
if ((ph & n) == 0)
    ln = new Node<K,V>(ph, pk, pv, ln);
else
    hn = new Node<K,V>(ph, pk, pv, hn);
```

接着，重新调整这些元素的位置：

```
// low 节点留在当前位置
setTabAt(nextTab, i, ln);
// high 节点放到扩容后的新位置，新位置距离老位置 n 个槽位
setTabAt(nextTab, i + n, hn);
// 扩容完成，用 ForwardingNode 填充
setTabAt(tab, i, fwd);
```

图 3.20 显示了从 8 扩充到 16 时可能的扩容情况，注意，新位置总是在老位置的后面 n 个槽位（n 为原数组大小）。

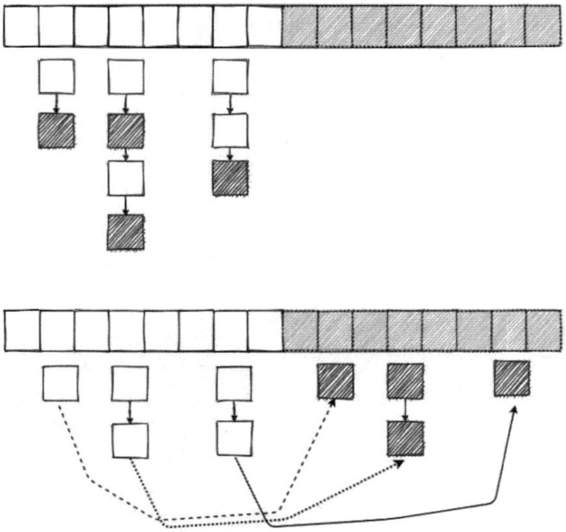

图 3.20　ConcurrentHashMap 的扩容

这样做的好处是，每个元素的位置不需要重新计算，在进行查找时，由于总是会对 n-1（一定是一个类似于 1111 11111 111111 这样的二进制数）按位与，因此 high 节点自然就会出现在+n 的位置上。

3. get()方法的实现

与 put()方法相比，get()方法就比较简单了。它的工作步骤如下。

（1）根据 hash 值得到对应的槽位(n - 1) & h。

（2）如果当前槽位的第一个元素的 key 就和请求的一样，直接返回。

（3）否则调用 Node 的 find()方法进行查找：

- 对于 ForwardingNode 使用的是 ForwardingNode.find()方法。
- 对于红黑树使用的是 TreeBin.find()方法。

（4）对于链表型的槽位，依次顺序查找对应的 key。

3.3.4 有关 List 的线程安全

队列、链表之类的数据结构也是极其常用的，几乎所有的应用程序都与之相关。在 Java 中，ArrayList 和 Vector 都使用数组作为其内部实现。两者最大的不同在于 Vector 是线程安全的，而 ArrayList 不是。此外，LinkedList 使用链表的数据结构实现了 List。但是很不幸，LinkedList 并不是线程安全的，不过参考前面对 HashMap 的包装，我们也可以使用 Collections.synchronizedList()方法来包装任意 List：

```
public static List<String> l=Collections.synchronizedList(new LinkedList<String>());
```

此时生成的 List 就是线程安全的了。

3.3.5 高效读写的队列：深度剖析 ConcurrentLinkedQueue 类

队列（Queue）也是常用的数据结构之一。在 JDK 中提供了一个 ConcurrentLinkedQueue 类用来实现高并发队列。从名字可以看出，这个队列使用链表作为其数据结构。有关 ConcurrentLinkedQueue 类的性能测试大家可以自行尝试，这里限于篇幅就不再给出性能测试的代码了。大家只需要知道 ConcurrentLinkedQueue 类应该算高并发环境中性能最好的队列。它之所以有很好的性能，是因为内部复杂的实现。

在这里，我更愿意花一些篇幅来简单介绍一下 ConcurrentLinkedQueue 类的具体实现细节。不过在深入 ConcurrentLinkedQueue 类之前，我强烈建议大家先阅读一下第 4 章，补充一下有关无锁操作的知识。

作为一个链表，自然需要定义链表内的节点，在 ConcurrentLinkedQueue 类中，核心定义如下：

```
private static class Node<E> {
     volatile E item;
     volatile Node<E> next;
```

其中 item 是用来表示目标元素的。比如，当列表中存放 String 时，item 就是 String 类型。字段 next 表示当前 Node 的下一个元素，这样每个 Node 就能环环相扣，串在一起了。图 3.21 显示了 ConcurrentLinkedQueue 类的基本结构。

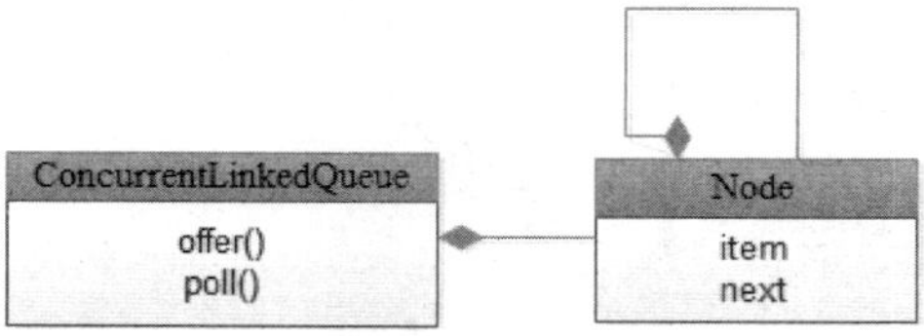

图 3.21　ConcurrentLinkedQueue 类的基本结构

对 Node 进行操作时，使用了 CAS：

```
boolean casItem(E cmp, E val) {
   return UNSAFE.compareAndSwapObject(this, itemOffset, cmp, val);
}

void lazySetNext(Node<E> val) {
   UNSAFE.putOrderedObject(this, nextOffset, val);
}

boolean casNext(Node<E> cmp, Node<E> val) {
   return UNSAFE.compareAndSwapObject(this, nextOffset, cmp, val);
}
```

casItem()方法用于设置当前 Node 的 item 值。它需要两个参数，第一个参数为期望值，第二个参数为目标值。当当前值等于期望值 cmp 时，就会将目标值设置为 val。同样，casNext()方法也是类似的，但是它用于设置 next 字段，而不是 item 字段。

ConcurrentLinkedQueue 类内部有两个重要的字段——head 和 tail，分别表示链表的头部和尾部，它们都是 Node 类型的。对于 head 来说，它永远不会为 null，并且通过 head 及 succ()

后继方法一定能完整地遍历整个链表。对于 tail 来说，它自然应该表示队列的尾部。

ConcurrentLinkedQueue 类的内部实现非常复杂，它允许在运行时，链表处于多个不同的状态。以 tail 为例，一般来说，我们期望 tail 总是为链表的尾部，但实际上，tail 的更新并不是及时的，可能会产生拖延现象。图 3.22 显示了插入节点时 tail 的更新情况，可以看到 tail 的更新会产生滞后，并且每次更新会跳跃两个元素。

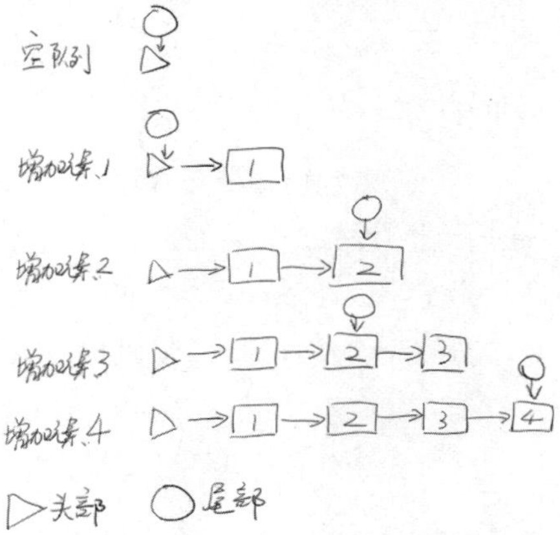

图 3.22　插入节点时 tail 的更新情况

下面是 ConcurrentLinkedQueue 类中向队列中添加元素的 offer()方法（不同版本 JDK 的代码可能存在差异，但算法思想是一致的）：

```
public boolean offer(E e) {
   checkNotNull(e);
   final Node<E> newNode = new Node<E>(e);

   for (Node<E> t = tail, p = t;;) {
      Node<E> q = p.next;
      if (q == null) {
         // p是最后一个节点
         if (p.casNext(null, newNode)) {
            // 每两次更新一下 tail
            if (p != t)
               casTail(t, newNode);
            return true;
         }
         // CAS 竞争失败，再次尝试
```

```
16        }
17        else if (p == q)
18            // 遇到哨兵节点，都从 head 开始遍历
19            // 但如果 tail 被修改，则使用 tail（因为可能被修改正确了）
20            p = (t != (t = tail)) ? t : head;
21        else
22            // 取下一个节点或者最后一个节点
23            p = (p != t && t != (t = tail)) ? t : q;
24    }
25 }
```

值得注意的是，这个方法没有任何锁操作。线程安全完全由 CAS 和队列的算法来保证。整个方法的核心是 for 循环，这个循环没有出口，直到尝试成功，这也符合 CAS 的流程。当第一次加入元素时，由于队列为空，因此 p.next 为 null。程序进入第 8 行，将 p 的 next 节点赋值为 newNode，也就是将新的元素加入队列中。此时 p==t 成立，因此不会执行第 12 行的代码更新 tail。如果 casNext()方法执行成功，则直接返回，如果失败，则再进行一次循环尝试，直到成功。因此，增加一个元素后，tail 并不会被更新。

当程序试图增加第二个元素时，由于 t 还在 head 的位置上，因此 p.next 指向实际的第一个元素，因此第 6 行的 q!=null 表示 q 不是最后一个节点。由于向队列中添加元素需要使用最后一个节点的位置，因此循环开始查找最后一个节点。于是，程序会进入第 23 行，获得最后一个节点。此时，p 实际上指向链表中的第一个元素，而它的 next 为 null，故在第二次循环时，进入第 8 行。p 更新自己的 next，让它指向新加入的节点。由于此时 p!=t 成立，则更新 t 所在位置，将 t 移动到链表最后。

第 17 行处理了 p==q 的情况。这种情况是由于遇到了哨兵（sentinel）节点导致的。所谓哨兵节点，就是 next 指向自己的节点。这种节点在队列中的存在价值不大，主要表示要删除的节点或者空节点。当遇到哨兵节点时，由于无法通过 next 取得后续的节点，因此很可能直接返回 head，期望通过从链表头部开始遍历，进一步找到链表末尾。一旦在执行过程中出现 tail 被其他线程修改的情况，则进行一次“打赌”，使用新的 tail 作为链表末尾（这样就避免了重新查找 tail 的开销）。

如果大家对 Java 不是特别熟悉，则可能会对下面的代码产生疑惑（第 20 行）：

```
p = (t != (t = tail)) ? t : head;
```

虽然只有短短一行，但是包含的信息比较多。首先“!=”并不是原子操作，它是可以被

中断的。也就是说，在执行“!=”时，程序会先取得 t 的值，再执行 t=tail，并取得新的 t 的值，然后比较这两个值是否相等。在单线程时，t!=t 这种语句显然不成立。但是在并发环境中，有可能在获得左边的 t 值后，右边的 t 值被其他线程修改，这样 t!=t 就可能成立了，这里就是这种情况。如果在比较过程中，tail 被其他线程修改，当它再次赋值给 t 时，就会导致等式左边的 t 和右边的 t 不同。如果两个 t 不相同，表示 tail 在中途被其他线程篡改了。这时，我们就可以用新的 tail 作为链表尾部，也就是这里等式右边的 t。但如果 tail 没有被修改，则返回 head，要求从头部开始重新查找尾部。

为了简化问题，我们考察 t!=t 的字节码（注意这里假设 t 为静态整型变量）：

```
11: getstatic     #10                 // Field t:I
14: getstatic     #10                 // Field t:I
17: if_icmpeq     24
```

可以看到，在字节码层面，t 被先后取了两次值，在多线程环境下，我们自然无法保证两次对 t 的取值是相同的，图 3.23 显示了这种情况。

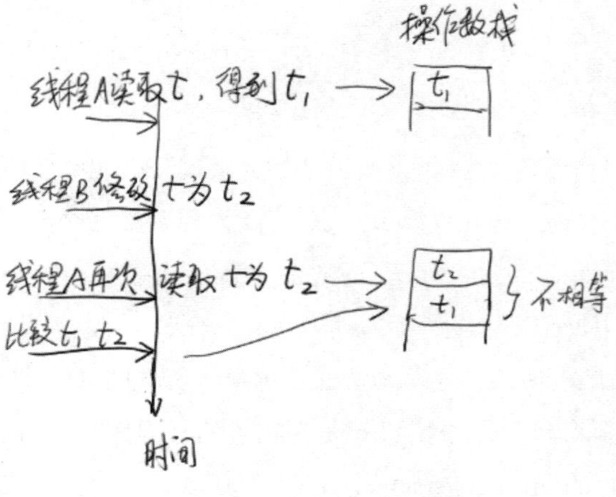

图 3.23　t!=t 成立的情况

下面我们来看一下哨兵节点是如何产生的：

```
ConcurrentLinkedQueue<String> q=new ConcurrentLinkedQueue<String>();
q.add("1");
q.poll();
```

上述代码第 3 行弹出队列内的元素，其执行过程如下：

```
01 public E poll() {
02    restartFromHead:
03    for (;;) {
04       for (Node<E> h = head, p = h, q;;) {
05          E item = p.item;
06          if (item != null && p.casItem(item, null)) {
07             if (p != h)
08                updateHead(h, ((q = p.next) != null) ? q : p);
09             return item;
10          }
11          else if ((q = p.next) == null) {
12             updateHead(h, p);
13             return null;
14          }
15          else if (p == q)
16             continue restartFromHead;
17          else
18             p = q;
19       }
20    }
21 }
```

由于队列中只有一个元素，根据前文的描述，此时 tail 并没有更新，而是指向和 head 相同的位置。而 head 本身的 item 为 null，其 next 为列表第一个元素。故在第一轮循环中，代码直接进入第 18 行，将 p 赋值为 q，而 q 就是 p.next，也是当前列表中的第一个元素。接着，在第二轮循环中，p.item 显然不为 null（为字符串 1），因此代码应该可以顺利进入第 7 行（如果 CAS 操作成功）。进入第 7 行，也意味着 p 的 item 被设置为 null（因为这是弹出元素，自然需要删除）。此时 p 和 h 是不相等的（因为 p 已经指向原有的第一个元素了），故执行了第 8 行的 updateHead()方法，其实现如下：

```
final void updateHead(Node<E> h, Node<E> p) {
   if (h != p && casHead(h, p))
      h.lazySetNext(h);
}
```

可以看到，在 updateHead()方法中将 p 作为新的链表头部（通过 casHead()方法实现），而原有的 head 就被设置为哨兵（通过 lazySetNext()方法实现）。

这样一个哨兵节点就产生了，由于此时原有的 head 和 tail 实际上是同一个元素，因此再次用 offer()方法插入元素时，就会遇到这个 tail，也就是哨兵。这就是 offer()方法的代码中第 17 行判断的意义。

通过以上说明，大家应该可以明显感觉到，不使用锁而单纯地使用 CAS 会要求在应用层面保证线程安全，并处理一些可能存在的不一致问题，大大增加了程序设计和实现的难度。它带来的好处就是可以使性能飞速提升，在有些场合也是值得的。

3.3.6　高效读取：不变模式下的 CopyOnWriteArrayList 类

在很多应用场景中，读操作可能会远远多于写操作。比如，有些系统级别的信息，往往只需要加载或者修改很少的次数，但是会被系统内所有模块频繁访问。对于这种场景，我们最希望的就是读操作可以尽可能地快，而写操作即使慢一些也没有太大关系。

由于读操作根本不会修改原有的数据，因此对于每次读取都进行加锁其实是一种资源浪费。我们应该允许多个线程同时访问 List 的内部数据，毕竟读操作是安全的。根据读写锁的思想，读锁和读锁之间确实也不冲突。但是，读操作会受到写操作的阻碍，当写操作发生时，读操作就必须等待，否则可能读到不一致的数据。同理，当读操作正在进行时，程序也不能进行写操作。

为了将读操作的性能做到极致，JDK 中提供了 CopyOnWriteArrayList 类。对它来说，读操作是完全不用加锁的，并且更好的消息是：写操作也不会阻塞读操作。只有写操作和写操作之间需要进行同步等待。这样，读操作的性能就会大幅度提升。它是怎么做的呢？

从这个类的名字我们可以看到，所谓 CopyOnWrite 就是在写入时，进行一次自我复制。换句话说，当这个 List 需要修改时，并不修改原有的内容（这对于保证当前读线程的数据一致性非常重要），而对原有的数据进行一次复制，将修改的内容写入副本中。写完之后，再用修改完的副本替换原来的数据，这样就可以保证写操作不影响读操作。

下面的代码展示了读操作的实现：

```
private volatile transient Object[] array;
public E get(int index) {
    return get(getArray(), index);
}
final Object[] getArray() {
```

```
    return array;
}
private E get(Object[] a, int index) {
    return (E) a[index];
}
```

需要注意的是，读操作的代码中没有任何同步控制和锁操作，理由就是内部数组 array 不会发生修改，只会被另外一个 array 替换，因此可以保证数据安全。大家也可以看看“5.2 不变模式”，相信会有更深的认识。

和简单的读操作相比，写操作就有些麻烦了，其实现如下：

```
01 public boolean add(E e) {
02     final ReentrantLock lock = this.lock;
03     lock.lock();
04     try {
05         Object[] elements = getArray();
06         int len = elements.length;
07         Object[] newElements = Arrays.copyOf(elements, len + 1);
08         newElements[len] = e;
09         setArray(newElements);
10         return true;
11     } finally {
12         lock.unlock();
13     }
14 }
```

写操作使用了锁，当然这个锁仅限于控制写操作与写操作阻塞的情况。重点在于第 7 行代码进行了内部元素的完整复制，会生成一个新的数组 newElements，将新的元素加入 newElements，然后在第 9 行使用新的数组替换老的数组，修改就完成了。整个过程不会影响读操作，并且修改完，读线程可以立即“察觉”到这个修改（因为 array 变量的类型是 volatile）。

3.3.7 数据共享通道：BlockingQueue

前面我们已经提到了 ConcurrentLinkedQueue 类是高性能的队列。对于并发程序而言，高性能自然是一个需要追求的目标，但多线程的开发模式还会引入一个问题，那就是如何进行多个线程间的数据共享呢？比如，线程 A 希望给线程 B 发一条消息，用什么方式告知线程 B 是比较合理的呢？

一般来说，我们总是希望整个系统是松散耦合的。比如，你所在小区的物业希望可以得到一些业主的意见，设立了一个意见箱，业主对物业有任何要求或者意见都可以将其投递到意见箱里。作为业主的你并不需要直接找到物业相关的工作人员就能表达意见。实际上，物业的工作人员也可能经常发生变动，直接找工作人员未必是一件方便的事情。而不管是否发生了人员的变动，你投递到意见箱的意见总是会被物业的工作人员看到。这样你就可以很容易地表达自己的诉求了。你既不需要直接和他们对话，又可以轻松地提出自己的建议（这里假定物业公司的员工都是尽心尽责的好员工）。

将这个模式映射到程序中，也就是说我们既希望线程 A 能够通知线程 B，又希望线程 A 不知道线程 B 的存在。这样，如果将来进行重构或者升级，我们完全可以不修改线程 A，而直接把线程 B 升级为线程 C，保证系统的平滑过渡。这中间的“意见箱”就可以使用 BlockingQueue 来实现。

与之前提到的 ConcurrentLinkedQueue 类或者 CopyOnWriteArrayList 类不同，BlockingQueue 是一个接口，并非一个具体的实现类。它的主要实现如图 3.24 所示。

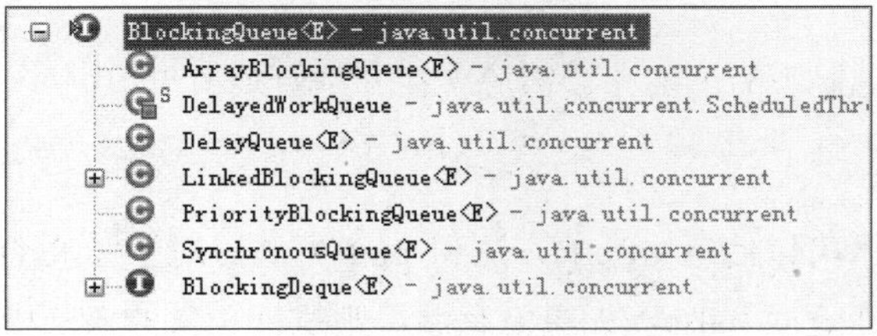

图 3.24　BlockingQueue 的主要实现

这里我们主要介绍 ArrayBlockingQueue 类和 LinkedBlockingQueue 类。从名字应该可以知道，ArrayBlockingQueue 类是基于数组实现的，而 LinkedBlockingQueue 类是基于链表实现的。也正因为如此，ArrayBlockingQueue 类更适合做有界队列，因为队列中可容纳的元素个数需要在队列创建时指定（毕竟数组的动态扩展不太方便）。而 LinkedBlockingQueue 类适合作为无界队列，或者那些边界值非常大的队列，因为其内部元素数量可以动态增加，它不会因为初始容量很大，而占据一大半的内存。

BlockingQueue 之所以适合作为数据共享的通道，关键还在 Blocking 上。Blocking 是阻塞的意思，当服务线程（服务线程指不断获取队列中的消息进而进行处理的线程）处理完成队列中所有的消息后，它如何知道下一条消息何时到来呢？

最简单的做法是让这个线程按照一定的时间间隔不停地循环和监控队列。这是一种可行的方案，但显然造成了不必要的资源浪费，而且循环周期也难以确定。BlockingQueue 很好地解决了这个问题，它会让服务线程在队列为空时进行等待，当有新的消息进入队列后，自动将线程唤醒，如图 3.25 所示。那么它是如何实现的呢？我们以 ArrayBlockingQueue 类为例，来一探究竟。

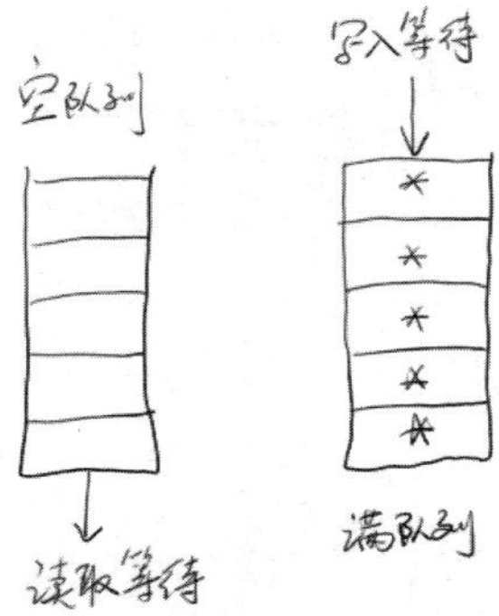

图 3.25　BlockingQueue 的工作模式

ArrayBlockingQueue 类的内部元素都放置在一个对象数组中：

```
final Object[] items;
```

向队列中压入元素可以使用 offer()方法和 put()方法。对于 offer()方法，如果当前队列已经满了，它就会立即返回 false。如果没有满，则执行正常的入队操作。所以，我们不讨论这个方法。我们需要关注的是 put()方法，put()方法也会将元素压入队列末尾，但如果队列满了，它会一直等待，直到队列中有空闲的位置。

从队列中弹出元素可以使用 poll()方法和 take()方法。它们都从队列的头部获得一个元素。不同之处在于：如果队列为空，poll()方法会直接返回 null，而 take()方法会等待，直到队列中有可用元素。

因此，put()方法和 take()方法才是体现 Blocking 的关键。为了做好等待和通知这两件事，在 ArrayBlockingQueue 类内部定义了以下一些字段：

```
final ReentrantLock lock;
private final Condition notEmpty;
```

```
private final Condition notFull;
```

当执行 take()方法时，如果队列为空，则让当前线程在 notEmpty 上等待。新元素入队时，则进行一次 notEmpty 上的通知。

下面的代码显示了 take()方法的执行过程：

```
01 public E take() throws InterruptedException {
02     final ReentrantLock lock = this.lock;
03     lock.lockInterruptibly();
04     try {
05         while (count == 0)
06             notEmpty.await();
07         return extract();
08     } finally {
09         lock.unlock();
10     }
11 }
```

第 6 行代码就要求当前线程进行等待。当队列中有新元素时，线程会得到一个通知。下面是元素入队时的一段代码：

```
1 private void insert(E x) {
2     items[putIndex] = x;
3     putIndex = inc(putIndex);
4     ++count;
5     notEmpty.signal();
6 }
```

注意第 5 行，当新元素进入队列后，需要通知等待在 notEmpty 上的线程，让它们继续工作。

同理，对于 put()方法也是一样的，当队列满时，需要让入队的线程等待，如下面第 7 行代码所示：

```
01 public void put(E e) throws InterruptedException {
02     checkNotNull(e);
03     final ReentrantLock lock = this.lock;
04     lock.lockInterruptibly();
05     try {
06         while (count == items.length)
07             notFull.await();
```

```
            insert(e);
        } finally {
            lock.unlock();
        }
}
```

当有元素从队列中被挪走，队列中出现空位时，自然也需要通知等待入队的线程：

```
1 private E extract() {
2     final Object[] items = this.items;
3     E x = this.<E>cast(items[takeIndex]);
4     items[takeIndex] = null;
5     takeIndex = inc(takeIndex);
6     --count;
7     notFull.signal();
8     return x;
9 }
```

当队列中有空闲位置时，第 7 行代码通知等待入队的线程。

从实现上说，ArrayBlockingQueue 类在物理上是一个数组，但在逻辑层面是一个环形结构。由于其数组的特性，其容量大小在初始化时就已经指定，并且无法动态调整。当有元素加入或者离开时，ArrayBlockingQueue 类总是使用 takeIndex 和 putIndex 两个变量分别表示队列头部和尾部元素在数组中的位置。每一次入队和出队操作都会调整这两个重要的索引位置。下面的代码显示了对这两个索引的循环调整策略：

```
/**
 * Circularly increment i.
 */
final int inc(int i) {
    return (++i == items.length) ? 0 : i;
}

/**
 * Circularly decrement i.
 */
final int dec(int i) {
    return ((i == 0) ? items.length : i) - 1;
}
```

不难看出，上面两个函数将数组的头尾相接，从而实现了环形数组。

BlockingQueue 的使用非常普遍，在“5.3　生产者-消费者模式”中，我们可以更清楚地看到如何使用 BlockingQueue 解耦生产者和消费者。

3.3.8　随机数据结构：跳表（SkipList）

在 JDK 的并发包中，除常用的哈希表外，还实现了一种有趣的数据结构——跳表。跳表是一种可以用来快速查找数据的数据结构，有点类似于平衡树，它们的一个重要区别是：对平衡树的插入和删除往往很可能导致平衡树进行一次全局的调整，而对跳表的插入和删除只需要对整个数据结构的局部进行操作即可。这样带来的好处是：在高并发的情况下，你需要一个全局锁来保证平衡树的线程安全，而对于跳表，你只需要部分锁即可，这样在高并发环境下你就可以拥有更好的性能。就查询的性能而言，因为跳表的时间复杂度是 $O(\log n)$，所以在并发数据结构中，JDK 使用跳表来实现 Map。

跳表的另外一个特点是随机算法，跳表的本质是同时维护多个链表，并且链表是分层的。图 3.26 是跳表结构示意图。

底层的链表维护了跳表内所有的元素，每上面一层链表都是下面一层链表的子集，一个元素插入哪些层是完全随机的。因此，如果运气不好，你可能会得到一个性能很糟糕的结构。但是在实际工作中，它的表现是非常好的。

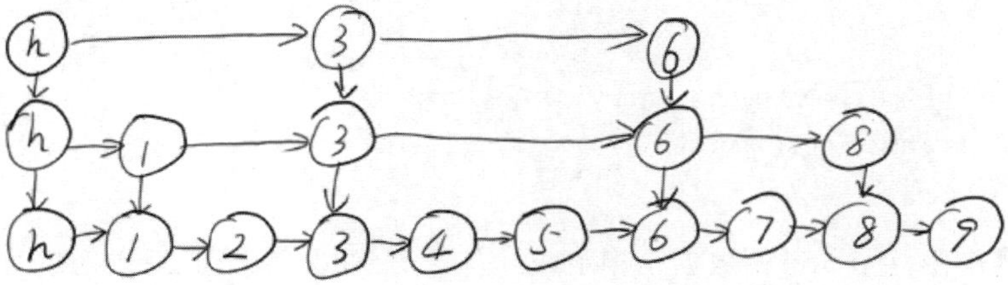

图 3.26　跳表结构示意图

跳表内的所有链表的元素都是排序好的。查找时，可以从顶层链表开始找。一旦发现被查找的元素大于当前链表中的取值，就会转入下一层链表继续找。这也就是说，在查找过程中，搜索是跳跃式的。例如，在跳表中查找元素 7，如图 3.27 所示，查找从顶层的头部索引节点开始。由于顶层的元素最少，因此可以快速跳过那些小于 7 的元素。很快，查找就能到元素 6。由于在第 2 层，元素 8 大于 7，故肯定无法在第 2 层找到元素 7，直接进入底层（包含所有元素）开始查找，并且很快就可以根据元素 6 搜索到元素 7。整个过程，要比一般链表从元素 1 开始逐个搜索快很多。

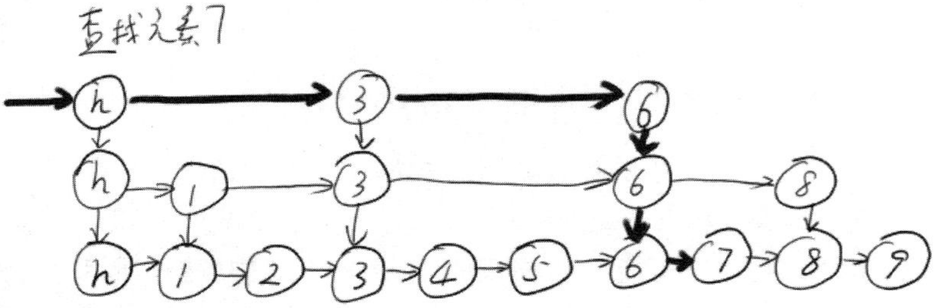

图 3.27　在跳表中查找元素的过程

很显然，跳表是一种使用空间换时间的算法。

使用跳表实现 Map 和使用哈希算法实现 Map 的另一个不同之处是：哈希算法并不会保存元素的顺序，而跳表内所有的元素都是有序的。因此在对跳表进行遍历时，你会得到一个有序的结果。如果你的应用需要有序性，那么跳表就是你的最佳选择。

实现这一数据结构的类是 ConcurrentSkipListMap。下面展示了跳表的简单使用方法：

```
Map<Integer, Integer> map=new ConcurrentSkipListMap<Integer, Integer>();
for(int i=0;i<30;i++){
   map.put(i,i);
}
for(Map.Entry<Integer, Integer> entry:map.entrySet()){
   System.out.println(entry.getKey());
}
```

跳表的内部由几个关键的数据结构组成。首先是 Node，一个 Node 表示一个节点，里面含有 key 和 value（就是 Map 的 key 和 value）两个重要的元素。每个 Node 还会指向下一个 Node，因此还有一个元素 next：

```
static final class Node<K,V> {
    final K key;
    volatile Object value;
    volatile Node<K,V> next;
```

对 Node 的所有操作，使用 CAS，以 JDK14 为例，VarHandle 对 Node 各个成员使用 CAS 读写（不同 JDK 版本中，实现 CAS 的细节有所不同，读者只需要知道这是一个 CAS

即可）：

```
HEAD = l.findVarHandle(ConcurrentSkipListMap.class, "head",
                Index.class);
ADDER = l.findVarHandle(ConcurrentSkipListMap.class, "adder",
                LongAdder.class);
NEXT = l.findVarHandle(Node.class, "next", Node.class);
VAL = l.findVarHandle(Node.class, "val", Object.class);
RIGHT = l.findVarHandle(Index.class, "right", Index.class);
```

另外一个重要的数据结构是 Index，顾名思义，它表示索引，内部包装了 Node，同时增加了向下的引用和向右的引用：

```
static class Index<K,V> {
   final Node<K,V> node;
   final Index<K,V> down;
   volatile Index<K,V> right;
```

整个跳表就是根据 Index 进行全网的组织的。

此外，对于每一层的表头还需要记录当前处于哪一层。为此，还需要一个名为 HeadIndex 的数据结构，表示链表头部的第一个 Index，它继承自 Index：

```
static final class HeadIndex<K,V> extends Index<K,V> {
   final int level;
   HeadIndex(Node<K,V> node, Index<K,V> down, Index<K,V> right, int level) {
      super(node, down, right);
      this.level = level;
   }
}
```

这样核心的内部元素就介绍完了。对于跳表的所有操作，就是组织好这些 Index 之间的连接关系。

3.4　使用 JMH 进行性能测试

在软件开发中，除要写出正确的代码外，还需要写出高效的代码，这在并发编程中更加重要。首先，一部分并发程序由串行程序改造而来，其目的就是提高系统的性能，因此，自然需要一种方法对两种算法进行性能比较。其次，由于业务原因引入的多线程有可能因为线程并发控制导致性能损耗，因此要评估损耗的比重是否可以接受。无论出自何种原因需要进行性能评估，量化指标总是必要的。在大部分场合，简单地回答谁快谁慢是远远不够的。如何将程序性能量化呢？这就需要本节要介绍的 Java 微基准测试框架 JMH（Java Microbenchmark Harness）。

3.4.1　什么是 JMH

JMH 是一个在 OpenJDK 项目中发布的专门用于性能测试的框架，其精度可以达到毫秒级。通过 JMH 可以对多个方法的性能进行定量分析。比如，测试执行一个函数需要多少时间，或者当一个算法有多种不同实现时，测试哪个性能最好。

3.4.2　Hello JMH

要想使用 JMH，首先需要得到 JMH 的 jar 包，一种简单可行的方式是使用 Maven 进行导入，代码如下：

```
<dependency>
   <groupId>org.openjdk.jmh</groupId>
   <artifactId>jmh-core</artifactId>
   <version>1.20</version>
</dependency>
<dependency>
   <groupId>org.openjdk.jmh</groupId>
   <artifactId>jmh-generator-annprocess</artifactId>
   <version>1.20</version>
   <scope>provided</scope>
</dependency>
```

一个最简单的 JMH 程序如下：

```
@BenchmarkMode(Mode.AverageTime)
@OutputTimeUnit(TimeUnit.MICROSECONDS)
public class JMHSample_01_HelloWorld {
   @Benchmark
   public void wellHelloThere() {
   }

   public static void main(String[] args) throws RunnerException {
      Options opt = new OptionsBuilder()
            .include(JMHSample_01_HelloWorld.class.getSimpleName())
```

```
            .forks(1).build();
        new Runner(opt).run();
    }
}
```

其中被度量的代码为函数 wellHelloThere()。类似于 JUnit，被度量代码用注解@Benchmark 标注，这里仅仅为一个空函数。

在 main()函数中，首先对测试用例进行配置，使用 Builder 模式配置测试，将配置参数存入 Options 对象，并使用 Options 对象构造 Runner，启动测试。

在 Eclipse 中运行上述代码，在执行代码前，需要进行一些预配置，否则可能抛出以下错误：

```
Exception in thread "main" java.lang.RuntimeException: ERROR: Unable to find the resource:
/META-INF/BenchmarkList
    at org.openjdk.jmh.runner.AbstractResourceReader.getReaders
(AbstractResourceReader.java:97)
    at org.openjdk.jmh.runner.BenchmarkList.find(BenchmarkList.java:103)
    at org.openjdk.jmh.runner.Runner.internalRun(Runner.java:256)
    at org.openjdk.jmh.runner.Runner.run(Runner.java:206)
    at net.szh.jmh.MyBenchmark.main(MyBenchmark.java:13)
```

这是因为 JMH 框架会在测试开始前，根据用户的测试用例，通过 Java APT 机制生成真正的测试代码。

（1）在 Eclipse 中，安装 Maven 插件 m2e-apt，如图 3.28 所示。

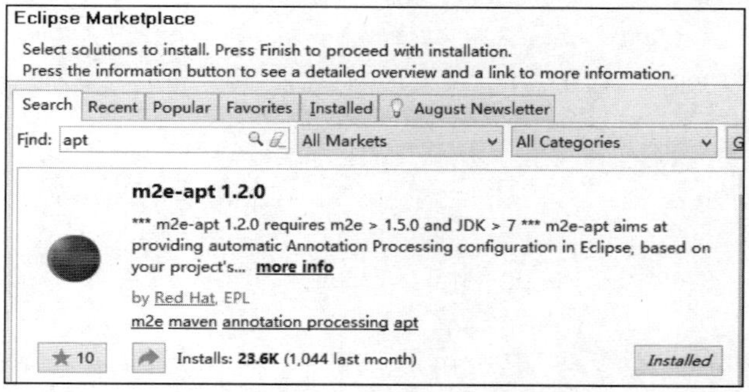

图 3.28　在 Eclipse 中安装 m2e-apt 插件

（2）设置 APT 模式，如图 3.29 所示。

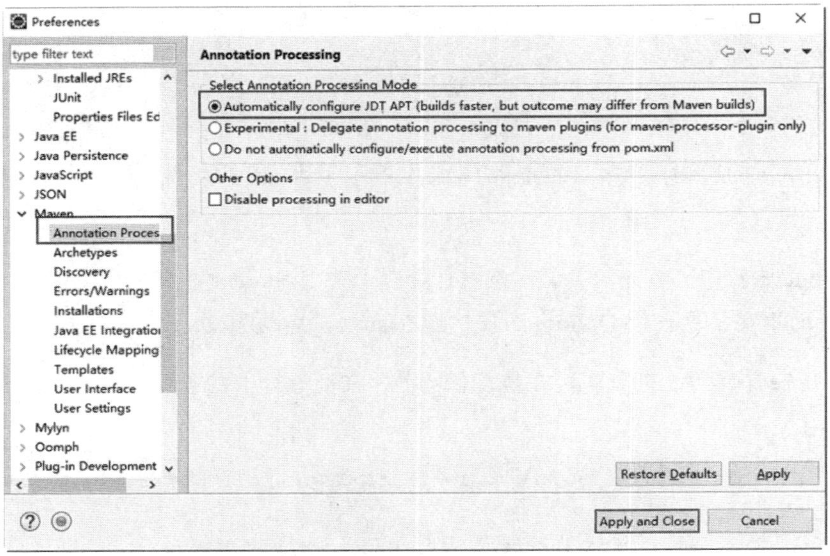

图 3.29　设置 APT 模式

接着，就可以成功执行测试函数了。

执行结果如下：

```
# JMH version: 1.20
# VM version: JDK 10.0.1, VM 10.0.1+10
# VM invoker: D:\tools\jdk10\bin\java.exe
# VM options: -Dfile.encoding=UTF-8
# Warmup: 20 iterations, 1 s each
# Measurement: 20 iterations, 1 s each
# Timeout: 10 min per iteration
# Threads: 1 thread, will synchronize iterations
# Benchmark mode: Average time, time/op
# Benchmark: geym.conc.ch3.jmh.JMHSample_01_HelloWorld.wellHelloThere

# Run progress: 0.00% complete, ETA 00:00:40
# Fork: 1 of 1
# Warmup Iteration   1: 0.001 us/op
省略部分信息
# Warmup Iteration  20: 0.001 us/op
Iteration   1: 0.001 us/op
省略部分信息
```

```
19 Iteration  20: 0.001 us/op
20
21 Result "geym.conc.ch3.jmh.JMHSample_01_HelloWorld.wellHelloThere":
22   0.001 ±(99.9%) 0.001 us/op [Average]
23   (min, avg, max) = (0.001, 0.001, 0.001), stdev = 0.001
24   CI (99.9%): [0.001, 0.001] (assumes normal distribution)
25
26 # Run complete. Total time: 00:00:41
27
28 Benchmark                                Mode  Cnt  Score   Error  Units
29 JMHSample_01_HelloWorld.wellHelloThere  avgt   20  0.001 ±  0.001  us/op
```

这是一个测试结果的报告，第 1~10 行表示测试的基本信息，包括使用的 Java 路径、预热代码的迭代次数、测量代码的迭代次数、使用的线程数量和测试的统计单位等。

从第 14 行开始显示了每一次热身中的性能指标，预热测试不会作为最终的统计结果。预热的目的是让 Java 虚拟机对被测代码进行足够多的优化，比如，在预热后被测代码应该得到了充分的 JIT 编译和优化。

从第 17 行开始显示测量迭代的情况，每一次迭代都显示了当前的执行速率，即一个操作所花费的时间。在进行 20 次迭代后进行统计，在本例中，第 29 行显示了 wellHelloThere() 函数的平均执行时间为 0.001 微秒，误差为 0.001 微秒。

3.4.3　JMH 的基本概念和配置

为了能够更好地使用 JMH 的各项功能，我们需要对 JMH 的基本概念有所了解。

1. 模式（Mode）

Mode 表示 JMH 的测量方式和角度，共有 4 种。

- Throughput：整体吞吐量，表示 1 秒内可以执行多少次调用。
- AverageTime：调用的平均时间，指每一次调用所需要的时间。
- SampleTime：随机取样，最后输出取样结果的分布，例如“99%的调用在 xxx 毫秒以内，99.99%的调用在 xxx 毫秒以内”。
- SingleShotTime：以上模式都是默认一次 Iteration 是 1 秒，唯有 SingleShotTime 只运行一次。我们往往会同时把 Warmup 次数设为 0，用于测试冷启动时的性能。

2. 迭代（Iteration）

迭代是 JMH 的一次测量单位。在大部分测量模式下，一次迭代表示 1 秒。在这 1 秒内会不间断地调用被测方法，并采样计算吞吐量、平均时间等。

3. 预热（Warmup）

由于 Java 虚拟机的 JIT 的存在，同一个方法在 JIT 编译前后的时间不同。通常只考虑方法在 JIT 编译后的性能。

4. 状态（State）

通过 State 可以指定一个对象的作用范围，作用范围主要有两种。一种为线程范围，也就是一个对象只会被一个线程访问。在测试多线程池时，会为每一个线程生成一个对象。另一种是基准测试范围（Benchmark），即多个线程共享一个实例。

5. 配置类（Options/OptionsBuilder）

在测试开始前，首先要对测试进行配置。通常需要指定一些参数，比如指定测试类（include）、使用的进程个数（fork）和预热迭代次数（warmupIterations）。在启动测试时，需要使用配置类，比如：

```
Options opt = new OptionsBuilder()
        .include(JMHSample_01_HelloWorld.class.getSimpleName())
        .forks(1).build();
new Runner(opt).run();
```

3.4.4 理解 JMH 中的 Mode

在 JMH 中，吞吐量和方法执行的平均时间是最常用的统计方式。下面是吞吐量的测量方法：

```
@Benchmark
@BenchmarkMode(Mode.Throughput)
@OutputTimeUnit(TimeUnit.SECONDS)
public void measureThroughput() throws InterruptedException {
   TimeUnit.MILLISECONDS.sleep(100);
}
```

其输出结果通常如下：

```
JMHSample_02_BenchmarkModes.measureThroughput   thrpt   20     9.960 ±   0.007   ops/s
```

上面这行代码表示每秒可以进行约 10 个操作（即 10 次方法调用）。

统计平均执行时间的方法如下：

```
@Benchmark
@BenchmarkMode(Mode.AverageTime)
@OutputTimeUnit(TimeUnit.MICROSECONDS)
public void measureAvgTime() throws InterruptedException {
    TimeUnit.MILLISECONDS.sleep(100);
}
```

它的一种可能的输出如下：

```
JMHSample_02_BenchmarkModes.measureAvgTime avgt  20  100449.572 ±  77.384  us/op
```

上面这行代码表示每个操作需要约 100 毫秒。

另外一种有趣的统计方式是采样，即不再计算每个方法的平均执行时间，而是通过采样得到部分方法的执行时间，设置如下：

```
@Benchmark
@BenchmarkMode(Mode.SampleTime)
@OutputTimeUnit(TimeUnit.MICROSECONDS)
public void measureSamples() throws InterruptedException {
    TimeUnit.MILLISECONDS.sleep(100);
}
```

一种可能的输出如下：

```
JMHSample_02_BenchmarkModes.measureSamples sample  200  100323.820 ± 83.746 us/op
JMHSample_02_BenchmarkModes.measureSamples:measureSamples·p0.00 sample 99221.504 us/op
JMHSample_02_BenchmarkModes.measureSamples:measureSamples·p0.50 sample 100270.080 us/op
JMHSample_02_BenchmarkModes.measureSamples:measureSamples·p0.90 sample 100794.368 us/op
JMHSample_02_BenchmarkModes.measureSamples:measureSamples·p0.95 sample 100794.368 us/op
JMHSample_02_BenchmarkModes.measureSamples:measureSamples·p0.99 sample 101055.201 us/op
JMHSample_02_BenchmarkModes.measureSamples:measureSamples·p0.999 sample 101974.016 us/op
JMHSample_02_BenchmarkModes.measureSamples:measureSamples·p0.9999 sample 101974.016 us/op
JMHSample_02_BenchmarkModes.measureSamples:measureSamples·p1.00 sample 101974.016 us/op
```

它表示，在采样到的方法中，平均的执行时间是 100 323 微秒。其中，有一半的调用在 100 270 微秒内完成，90%的调用在 100 794 微秒内完成，全部采样的调用均在 101 974 微秒内完成。

3.4.5 理解 JMH 中的 State

JMH 中的 State 可以理解为变量或者数据模型的作用域，通常包括整个 Benchmark 级别和 Thread 级别。

State 声明了两个数据模型，一个是 Benchmark 级别，另一个是 Thread 级别：

```
@State(Scope.Benchmark)
public static class BenchmarkState {
   volatile double x = Math.PI;
}

@State(Scope.Thread)
public static class ThreadState {
   volatile double x = Math.PI;
}
```

使用 Benchmark 方法对上述模型进行访问：

```
@Benchmark
public void measureUnshared(ThreadState state) {
   state.x++;
}

@Benchmark
public void measureShared(BenchmarkState state) {
   state.x++;
}
```

其中，对于 measureUnshared()方法，每个不同的测试线程都有自己的数据副本，而对于 measureShared()方法，所有测试线程共享一份数据。因此，测试结果也有很大不同。

```
Benchmark                             Mode  Cnt         Score         Error  Units
JMHSample_03_States.measureShared    thrpt   20   50380248.802 ±  317651.951  ops/s
JMHSample_03_States.measureUnshared  thrpt   20  251483340.519 ± 3590435.867  ops/s
```

3.4.6 有关性能的一些思考

性能是一个重要且很复杂的话题。简单来说，性能调优就是要加快系统的执行，因此就要尽可能地使用执行速度快的组件。有时候，我们会不自觉地问，哪个组件更快？哪个方法更快？但是，这个看起来很简单的问题却是没有答案的。在大部分场景中，并没有绝对的快或者慢。性能需要从不同角度、不同场景进行评估和取舍。一个典型的例子就是时间复杂度和空间复杂度的关系。如果一个算法在时间上很快，但是消耗的内存空间极其庞大，还能说它是一个好的算法吗？反之，如果一个算法的内存消耗很少，但是执行时间却很长，可能同样也是不可取的。

对性能的优化和研究就是需要在各种不同的场景下，对组件进行全方位的性能分析，并结合实际应用情况进行权衡和取舍。

下面以 HashMap 和 ConcurrentHashMap 为例进行性能分析和比较。

首先，从严格意义上说，这两个模块无法进行比较，因为它们的功能是不等价的。只有在等价的功能的基础上，去比较性能才是有意义的。HashMap 并不是一个线程安全的组件，而 ConcurrentHashMap 却是线程安全的组件。因此，这里再引入一个线程安全的组件 Collections.synchronizedMap (new HashMap())，它由 HashMap 包装而成。

其次，虽然同属于 Map 接口的实现，但依然很难说 HashMap 和 ConcurrentHashMap 谁快谁慢。在 Map 接口中，有多达 20 种方法。如果 HashMap 的 get()方法比 ConcurrentHashMap 的快，也不能说明它的 put()方法或者 size()方法同样更快。因此，快慢的比较不能离开具体的使用场景。

最后，除了执行时间的比较，还有使用空间的比较。显而易见，ConcurrentHashMap 内存结构更加复杂，也使用了更多的内存空间。但在绝大部分场合，它产生的内存消耗都是可以接受的。

下面这段代码对 HashMap、Collections.synchronizedMap(new HashMap())和 ConcurrentHashMap 进行 JMH 性能测试：

```
static Map hashMap = new HashMap();
static Map syncHashMap = Collections.synchronizedMap(new HashMap());
static Map concurrentHashMap = new ConcurrentHashMap();

@Setup
public void setup() {
   for (int i = 0; i < 10000; i++) {
      hashMap.put(Integer.toString(i), Integer.toString(i));
```

```
        syncHashMap.put(Integer.toString(i), Integer.toString(i));
        concurrentHashMap.put(Integer.toString(i), Integer.toString(i));
    }

}

@Benchmark
public void hashMapGet() {
    hashMap.get("4");
}

@Benchmark
public void syncHashMapGet() {
    syncHashMap.get("4");
}

@Benchmark
public void concurrentHashMapGet() {
    concurrentHashMap.get("4");
}

@Benchmark
public void hashMapSize() {
    hashMap.size();
}

@Benchmark
public void syncHashMapSize() {
    syncHashMap.size();
}

@Benchmark
public void concurrentHashMapSize() {
    concurrentHashMap.size();
}
```

上述代码在 setup()方法中，也就是在测试正式开始前，为每个参与测试的 Map 装入了 1000 条数据。测试主要着眼于 get()方法和 size()方法。

以下是使用 JDK 8 进行的两个线程的性能测试的一个参考结果：

```
Benchmark                         Mode  Cnt     Score     Error   Units
MapTest.concurrentHashMapGet    thrpt    5   243.434 ±  22.486  ops/us
MapTest.concurrentHashMapSize   thrpt    5  1747.478 ± 195.085  ops/us
MapTest.hashMapGet              thrpt    5   311.277 ±  27.962  ops/us
MapTest.hashMapSize             thrpt    5  2959.713 ± 527.247  ops/us
MapTest.syncHashMapGet          thrpt    5    20.679 ±   0.445  ops/us
MapTest.syncHashMapSize         thrpt    5    23.475 ±   1.082  ops/us
```

3.4.7　CopyOnWriteArrayList 类与 ConcurrentLinkedQueue 类

CopyOnWriteArrayList 类和 ConcurrentLinkedQueue 类是两个重要的高并发队列。CopyOnWriteArrayList 类通过写复制来提升并发能力。ConcurrentLinkedQueue 类则通过 CAS 和锁分离来提高系统性能。那么在实际应用中，对于这两个功能上极其相似的组件，应该如何选择呢？根据实际的应用场景，两者的性能表现可能会有所差异。

首先，构造被测对象：

```
@BenchmarkMode(Mode.Throughput)
@OutputTimeUnit(TimeUnit.MICROSECONDS)
@State(Scope.Benchmark)
public class ListTest {

    CopyOnWriteArrayList smallCopyOnWriteList = new CopyOnWriteArrayList();
    ConcurrentLinkedQueue smallConcurrentList = new ConcurrentLinkedQueue();
    CopyOnWriteArrayList bigCopyOnWriteList = new CopyOnWriteArrayList();
    ConcurrentLinkedQueue bigConcurrentList = new ConcurrentLinkedQueue();
```

这里的 4 个对象分别表示包含少量元素的 CopyOnWriteArrayList 类和包含大量元素的 CopyOnWriteArrayList 类。

在 setup()方法中对队列进行初始化：

```
    @Setup
    public void setup() {
        for (int i = 0; i < 10; i++) {
            smallCopyOnWriteList.add(new Object());
            smallConcurrentList.add(new Object());
        }

        for (int i = 0; i < 1000; i++) {
```

```
            bigCopyOnWriteList.add(new Object());
            bigCopyOnWriteList.add(new Object());
        }
    }
```

接着，实现对几个队列的操作：

```
    @Benchmark
    public void copyOnWriteGet() {
        smallCopyOnWriteList.get(0);
    }

    @Benchmark
    public void copyOnWriteSize() {
        smallCopyOnWriteList.size();
    }

    @Benchmark
    public void concurrentListGet() {
        smallConcurrentList.peek();
    }

    @Benchmark
    public void concurrentListSize() {
        smallConcurrentList.size();
    }

    @Benchmark
    public void smallCopyOnWriteWrite() {
        smallCopyOnWriteList.add(new Object());
        smallCopyOnWriteList.remove(0);
    }

    @Benchmark
    public void smallConcurrentListWrite() {
        smallConcurrentList.add(new Object());
        smallConcurrentList.remove(0);
    }

    @Benchmark
```

```
    public void bigCopyOnWriteWrite() {
        bigCopyOnWriteList.add(new Object());
        bigCopyOnWriteList.remove(0);
    }

    @Benchmark
    public void bigConcurrentListWrite() {
        bigConcurrentList.offer(new Object());
        bigConcurrentList.remove(0);
    }
```

上述代码比较简单，读者应该可以理解。

根据计算机的 CPU 设置合理的线程数进行测试。这里使用 4 个线程进行测试，结果如下：

```
Benchmark                          Mode    Cnt    Score         Error    Units
ListTest.bigConcurrentListWrite    thrpt   5      0.006 ±       0.004    ops/us
ListTest.bigCopyOnWriteWrite       thrpt   5      0.325 ±       0.005    ops/us
ListTest.concurrentListGet         thrpt   5      1840.498 ±    34.351   ops/us
ListTest.concurrentListSize        thrpt   5      173.779 ±     37.001   ops/us
ListTest.copyOnWriteGet            thrpt   5      1821.164 ±    97.720   ops/us
ListTest.copyOnWriteSize           thrpt   5      2585.428 ±    177.756  ops/us
ListTest.smallConcurrentListWrite  thrpt   5      0.006 ±       0.005    ops/us
ListTest.smallCopyOnWriteWrite     thrpt   5      5.829 ±       1.075    ops/us
```

可以看到，在并发条件下，写的性能远远低于读的性能。而对于 CopyOnWriteArrayList 类来说，当内部存有 1000 个元素的时候，根据复制的成本，写的性能要远远低于只包含少数元素的 List，但依然优于 ConcurrentLinkedQueue 类。就读的性能而言，进行只读不写的 get 操作，两者性能都不错。但是由于实现上的差异，ConcurrentLinkedQueue 类的 size 操作明显要慢于 CopyOnWriteArrayList 类的。因此，可以得出结论，即便有少许的写操作，在并发场景下，复制的消耗依然相对较小，当元素总量不大时，在绝大部分场景中，CopyOnWriteArrayList 类要优于 ConcurrentLinkedQueue 类。

第 4 章 锁的优化及注意事项

锁是最常用的同步方法之一。在高并发的环境下，激烈的锁竞争会导致程序的性能下降，因此我们有必要讨论一些有关锁的性能的问题，以及一些注意事项，比如避免死锁、减小锁粒度、锁分离等。

在多核时代，使用多线程可以明显地提高系统的性能，但是也会额外增加系统的开销。

对于单任务或者单线程的应用而言，其主要资源消耗都源自任务本身。它既不需要维护并行数据结构间的一致性状态，也不需要为线程的切换和调度花费时间。但对于多线程应用来说，系统除了处理功能需求，还需要额外维护多线程环境的特有信息，如线程本身的元数据、线程的调度和线程上下文的切换等。

事实上，在单核 CPU 上采用并行算法的效率一般要低于原始的串行算法的效率，并行计算之所以能提高系统的性能，并不是因为它“少干活”了，而是因为它可以更合理地进行任务调度，充分利用各个 CPU 的资源。因此，只有合理设计并发，才能将多核 CPU 的性能发挥到极致。

4.1　有助于提高锁性能的几点建议

锁的竞争必然会导致程序的整体性能下降。为了将这种副作用降到最低，这里提出一些使用锁的建议，希望可以帮助大家写出性能更高的程序。

4.1.1　减少锁持有时间

对于使用锁进行并发控制的应用程序而言，在锁竞争过程中，单个线程对锁的持有时间与系统性能有着直接关系。线程持有锁的时间越长，那么相对地，锁的竞争程度也就越激烈。可以想象一下，如果要求 100 个人各自填写自己的身份信息，但是只给他们一支笔，那么如果每个人拿持笔的时间都很长，总体所花的时间就会很长。如果真的只有一支笔共享给 100 个人用，那么最好让每个人花尽量少的时间持笔，务必做到想好了再落笔，千万不能拿着笔才去思考信息应该怎么填。程序开发也是类似的，应该尽可能地减少对某个锁的持有时间，以降低线程间互斥的可能性。以下面的代码段为例：

```
public synchronized void syncMethod(){
    othercode1();
    mutextMethod();
    othercode2();
}
```

在 syncMethod()方法中，假设只有 mutextMethod()方法是有同步需要的，而 othercode1()方法和 othercode2()方法并不需要做同步控制。如果 othercode1()方法和 othercode2()方法分别是重量级的方法，则会花费较长的 CPU 时间。如果在并发量较大时，使用这种对整个方法做同步的方案，则会导致等待线程大量增加。因为一个线程在进入该方法时获得内部锁，只有在所有任务都执行完后，才会释放锁。

一个较为优化的解决方案是，只在必要时进行同步，这样就能明显减少线程持有锁的时间，提高系统的吞吐量。

```
public void syncMethod2(){
    othercode1();
    synchronized(this){
        mutextMethod();
```

```
    }
    othercode2();
}
```

改进的代码只针对 mutextMethod()方法做了同步，锁占用的时间相对较短，因此能有更高的并行度。这种技术手段在 JDK 的源码包中也很容易见到，比如处理正则表达式的 Pattern 类。

```
public Matcher matcher(CharSequence input) {
    if (!compiled) {
        synchronized(this) {
        if (!compiled)
            compile();
        }
    }
    Matcher m = new Matcher(this, input);
    return m;
}
```

matcher()方法有条件地进行锁请求，只有在表达式未编译时，进行局部加锁。这种处理方式大大提高了 matcher()方法的执行效率和可靠性。

注意：减少锁持有时间有助于降低锁冲突的可能性，进而提升系统的并发能力。

4.1.2 减小锁粒度

减小锁粒度也是一种削弱多线程锁竞争的有效手段。这种技术的典型使用场景就是 ConcurrentHashMap 类的实现。大家应该还记得这个类吧！在“3.3 不要重复发明轮子：JDK 的并发容器”中介绍了 ConcurrentHashMap。对于一个线程安全的 HashMap 而言，在进行并发 put()操作时，锁住整个 Map 自然是最简单也是最安全的一种实现，然而这种简单的实现却有着极其糟糕的并发性能。试想，如果在操作过程中，可以锁住局部而非整体，是不是可以既做到线程安全，又提高并行度呢？实际上，当 ConcurrentHashMap 插入元素时，它并不会锁住整个 HashMap，而是仅仅在要操作的那个 Node 上加锁，因此在同一时刻，可以有多个不同的线程同时对 Map 进行操作而不产生数据冲突。它的伪代码如下：

```
Node<K,V> f;
// 注意这里只对 Node 加锁，同一个 Node 不能并发访问，但是不同的 Node 可以
```

```
synchronized (f) {
    if(所在槽位是一个链表)
        插入链表
    else if(所在槽位是红黑树)
        插入树
    if(链表长度大于 8[TREEIFY_THRESHOLD])
        将链表树状化
}
```

注意：所谓减小锁粒度，就是缩小锁定对象的范围，从而降低锁冲突的可能性，进而提高系统的并发能力。

4.1.3　用读写分离锁来替换独占锁

之前我们已经提过，使用读写分离锁 ReadWriteLock 可以提高系统的性能。使用读写分离锁来替代独占锁是减小锁粒度的一种特殊情况。如果说减小锁粒度是通过分割数据结构实现的，那么读写分离锁则是对系统功能点的分割。

在读多写少的场合，读写锁对系统性能提升是很有好处的。因为如果系统在读写数据时均只使用独占锁，那么读操作和写操作间、读操作和读操作间、写操作和写操作间均不能实现真正的并发，并且需要相互等待。而读操作本身不会影响数据的完整性和一致性，因此，从理论上讲，在大部分情况下，可以允许多线程同时读，读写锁便是实现这种功能的。由于我们在第 3 章中已经介绍了读写锁，因此这里就不再重复了。

注意：在读多写少的场合使用读写锁可以有效提升系统的并发能力。

4.1.4　锁分离

如果将读写锁的思想进一步延伸，就是锁分离。根据读写操作功能上的不同，我们对读写锁进行了有效的锁分离。依据应用程序的功能特点，使用类似的分离思想，也可以对独占锁进行分离。一个典型的案例就是 java.util.concurrent.LinkedBlockingQueue 的实现（我们在之前已经讨论了它的近亲 ArrayBlockingQueue 的内部实现）。

在 LinkedBlockingQueue 的实现中，take()方法和 put()方法分别实现了从队列中取得数据和向队列中添加数据的功能。虽然两个方法都对当前队列进行了修改，但由于 LinkedBlockingQueue 是基于链表的，因此两个操作分别作用于队列的头部和尾部，从理论上说，两者并不冲突。

如果使用独占锁，则要求在两个操作进行时获取当前队列的独占锁，那么 take()方法和 put()方法就不可能真正并发执行，在运行时，它们会彼此等待对方释放锁资源。在这种情况下，锁竞争会相对比较激烈，从而影响程序在高并发时的性能。

因此，在 JDK 的实现中并没有采用这样的方式，取而代之的是用两把不同的锁分离 take() 方法和 put()方法：

```
/** Lock held by take, poll, etc */
private final ReentrantLock takeLock = new ReentrantLock(); //take()方法需要持有 takeLock
/** Wait queue for waiting takes */
private final Condition notEmpty = takeLock.newCondition();
/** Lock held by put, offer, etc */
private final ReentrantLock putLock = new ReentrantLock(); //put()方法需要持有 putLock
/** Wait queue for waiting puts */
private final Condition notFull = putLock.newCondition();
```

以上代码片段定义了 takeLock 和 putLock，它们分别在 take()方法和 put()方法中使用。因此，take()方法和 put()方法就此相互独立，它们之间不存在锁竞争关系，只在 take()方法和 take()方法间、put()方法和 put()方法间存在对 takeLock 和 putLock 的竞争，从而削弱了锁竞争的可能性。

take()方法的实现如下，笔者在代码中给出了详细的注释，故不在正文中做进一步说明了：

```
public E take() throws InterruptedException {
    E x;
    int c = -1;
    final AtomicInteger count = this.count;
    final ReentrantLock takeLock = this.takeLock;
    takeLock.lockInterruptibly();                  // 不能有两个线程同时取数据
    try {
        try {
            while (count.get() == 0)               // 如果当前没有可用数据，则一直等待
                notEmpty.await();                  // 等待 put()方法的通知
        } catch (InterruptedException ie) {
            notEmpty.signal();                     // 通知其他未中断的线程
```

```
            throw ie;
        }

        x = extract();                                  // 取得第一个数据
        c = count.getAndDecrement();                    // 数量减 1，原子操作，因为会和 put()
                                                        // 方法同时访问 count。注意：变量 c 是
                                                        // count 减 1 前的值

        if (c > 1)
            notEmpty.signal();                          // 通知其他 take()方法
    } finally {
        takeLock.unlock();                              // 释放锁
    }
    if (c == capacity)
        signalNotFull();                                // 通知 put()方法，已有空余空间
    return x;
}
```

put()方法的实现如下：

```
public void put(E e) throws InterruptedException {
    if (e == null) throw new NullPointerException();
    int c = -1;
    final ReentrantLock putLock = this.putLock;
    final AtomicInteger count = this.count;
    putLock.lockInterruptibly();                        // 不能有两个线程同时调用 put()方法
    try {
        try {
            while (count.get() == capacity)             // 如果队列已经满了
                notFull.await();                        // 等待
        } catch (InterruptedException ie) {
            notFull.signal();                           // 通知未中断的线程
            throw ie;
        }
        insert(e);                                      // 插入数据
        c = count.getAndIncrement();                    // 更新总数，变量 c 是 count 加 1 前的值
        if (c + 1 < capacity)
            notFull.signal();                           // 有足够的空间，通知其他线程
    } finally {
        putLock.unlock();                               // 释放锁
    }
```

```
    if (c == 0)
        signalNotEmpty();                          // 插入成功后，通知 take()方法取数据
}
```

通过 takeLock 和 putLock 两把锁，LinkedBlockingQueue 实现了读数据和写数据的分离，使两者在真正意义上成为可并发的操作。

4.1.5 锁粗化

通常情况下，为了保证多线程间的有效并发，会要求每个线程持有锁的时间尽量短，即在使用完公共资源后，应该立即释放锁。只有这样，等待在这个锁上的其他线程才能尽早地获得资源去执行任务。但是，凡事都有一个度，如果对同一个锁不停地进行请求、同步和释放，其本身也会消耗系统宝贵的资源，反而不利于性能的优化。

为此，虚拟机在遇到一连串连续地对同一个锁不断进行请求和释放的操作时，便会把所有的锁操作整合成对锁的一次请求，从而减少对锁的请求同步的次数，这个操作叫作锁粗化。示例如下：

```
public void demoMethod(){
    synchronized(lock){
        // do sth.
    }
    // 做其他不需要的同步的工作，但能很快执行完毕
    synchronized(lock){
        // do sth.
    }
}
```

上面的代码段会被整合成如下形式：

```
public void demoMethod(){
        // 整合成一次锁请求
    synchronized(lock){
        // do sth.
        // 做其他不需要的同步的工作，但能很快执行完毕
    }
}
```

在开发过程中，大家也应该有意识地在合理的场合进行锁粗化，尤其是在循环内请求

锁时。以下是一个在循环内请求锁的例子，在这种情况下，意味着每次循环中都有请求锁和释放锁的操作，但显然是没有必要的：

```
for(int i=0;i<CIRCLE;i++){
    synchronized(lock){

    }
}
```

所以，一种更加合理的做法应该是只在外层请求一次锁：

```
synchronized(lock){
for(int i=0;i<CIRCLE;i++){

    }
}
```

注意： 性能优化就是根据运行时的真实情况对各个资源点进行权衡折中的过程。锁粗化的思想和减少锁持有时间是相反的，在不同的场合，它们的效果不同，因此要根据实际情况进行取舍。

4.2　Java 虚拟机对锁优化所做的努力

作为一款共用平台，JDK 本身也为并发程序的性能绞尽脑汁。在 JDK 内部也想尽一切办法提高并发时的系统吞吐量。这里将向大家简单介绍几种 JDK 内部的“锁”优化策略。

4.2.1　锁偏向

锁偏向是一种针对加锁操作的优化手段。它的核心思想是：如果一个线程获得了锁，那么锁就进入偏向模式。当这个线程再次请求锁时，无须再做任何同步操作。这样就节省了大量有关锁请求的操作，从而提高了程序性能。因此，对于几乎没有锁竞争的场合，锁偏向有比较好的优化效果，因为极有可能是同一个线程连续多次请求相同的锁。而对于锁竞争比较激烈的场合，其效果不佳。因为在竞争激烈的场合，最有可能的情况是，每次都是不同的线程来请求相同的锁。这样偏向模式会失效，因此还不如不启用锁偏向。使用 Java 虚拟机参数-XX:+UseBiasedLocking 可以开启锁偏向。

4.2.2 轻量级锁

如果锁偏向失败，那么虚拟机并不会立即挂起线程，它还会使用一种被称为轻量级锁的优化手段。轻量级锁的操作也很方便，它只是简单地将对象头部作为指针指向持有锁的线程堆栈的内部，来判断一个线程是否持有对象锁。如果线程获得轻量级锁成功，则可以顺利进入临界区。如果轻量级锁加锁失败，则表示其他线程抢先争夺到了锁，那么当前线程的锁就会膨胀为重量级锁。

4.2.3 自旋锁

锁膨胀后，为了避免线程真实地在操作系统层面挂起，虚拟机还会做最后的努力——自旋锁。当前线程暂时无法获得锁，而且什么时候可以获得锁是一个未知数，也许在几个 CPU 时钟周期后就可以获得锁。如果这样，简单粗暴地挂起线程可能是一种得不偿失的操作。系统会假设在不久的将来，线程可以得到这把锁。因此，虚拟机会让当前线程做几个空循环（这也是自旋的含义），在经过若干次循环后，如果可以得到锁，那么就顺利进入临界区；如果还不能获得锁，才会真的将线程在操作系统层面挂起。

4.2.4 锁消除

锁消除是一种更彻底的锁优化方式。Java 虚拟机在 JIT 编译时，通过对运行上下文的扫描，去除不可能存在共享资源竞争的锁。通过锁消除，可以节省毫无意义的请求锁时间。

说到这里，细心的读者可能会产生疑问，如果不存在竞争，为什么程序员还要加上锁呢？这是因为在 Java 软件开发过程中，我们必然会使用一些 JDK 的内置 API，比如 StringBuffer、Vector 等。你在使用这些 API 的时候，也许根本不会考虑它们到底是如何实现的。比如，你很有可能在一个不可能存在并发竞争的场合使用 Vector。而众所周知，Vector 内部使用了 synchronized 请求锁，例如下面的代码：

```
public String[] createStrings(){
   Vector<String> v=new Vector<String>();
   for(int i=0;i<100;i++){
      v.add(Integer.toString(i));
   }
   return v.toArray(new String[]{});
}
```

注意上述代码中的 Vector，由于变量 v 只在 createStrings()方法中使用，因此它只是一个单纯的局部变量。局部变量是在线程栈中分配的，属于线程私有的数据，因此不可能被其他线程访问。在这种情况下，Vector 内部所有的加锁同步都是没有必要的。如果虚拟机检测到这种情况，就会将这些无用的锁操作去除。

锁消除涉及的一项关键技术为逃逸分析。所谓逃逸分析就是观察某一个变量是否会逃出某一个作用域。在本例中，变量 v 显然没有逃出 createStrings()方法。以此为基础，虚拟机才可以大胆地将变量 v 内部的加锁操作去除。如果 createStrings()方法返回的不是 String 数组，而是变量 v 本身，那么就认为变量 v 逃逸出了当前方法，也就是说变量 v 有可能被其他线程访问。如果是这样，虚拟机就不能消除变量 v 中的锁操作。

逃逸分析必须在-server 模式下进行，可以使用-XX:+DoEscapeAnalysis 参数打开逃逸分析功能。使用-XX:+EliminateLocks 参数可以打开锁消除功能。

4.3　人手一支笔：ThreadLocal

除了控制资源的访问，我们还可以通过增加资源来保证所有对象的线程安全。比如，让 100 个人填写个人信息表，如果只有一支笔，那么大家就得挨个填写，对于管理人员来说，必须保证大家不会去哄抢这仅有的一支笔，否则，谁也填不完。从另一个角度出发，我们可以准备 100 支笔，人手一支，那么所有人很快就能完成表格的填写工作。

如果说锁使用的是第一种思路，那么 ThreadLocal 使用的就是第二种思路。

4.3.1　ThreadLocal 的简单使用

从 ThreadLocal 这一名字上可以看出，这是一个线程的局部变量。也就是说，只有当前线程可以访问。既然是只有当前线程可以访问的数据，那么自然是线程安全的。

下面来看一个简单的示例：

```
private static final  SimpleDateFormat sdf = new SimpleDateFormat("yyyy-MM-dd
HH:mm:ss");
public static class ParseDate implements Runnable{
   int i=0;
   public ParseDate(int i){this.i=i;}
   public void run() {
```

```
    try {
      Date t=sdf.parse("2015-03-29 19:29:"+i%60);
      System.out.println(i+":"+t);
    } catch (ParseException e) {
      e.printStackTrace();
    }
  }
}
public static void main(String[] args) {
  ExecutorService es=Executors.newFixedThreadPool(10);
  for(int i=0;i<1000;i++){
    es.execute(new ParseDate(i));
  }
}
```

上述代码在多线程中使用 SimpleDateFormat 对象实例来解析字符串类型的日期。执行上述代码，一般来说，很可能出现一些异常（篇幅有限不再给出堆栈，只给出异常名称）：

```
Exception in thread "pool-1-thread-26" java.lang.NumberFormatException: For input
string: ""
Exception in thread "pool-1-thread-17" java.lang.NumberFormatException: multiple points
```

出现这些异常的原因是，SimpleDateFormat.parse()方法并不是线程安全的，在线程池中共享这个对象必然导致错误。

一种可行的解决方案是在 sdf.parse()方法前后加锁，这也是我们一般的处理思路。这里不这么做，我们使用 ThreadLocal 为每一个线程创造一个 SimpleDateformat 对象实例：

```
static ThreadLocal<SimpleDateFormat> tl=new ThreadLocal<SimpleDateFormat>();
public static class ParseDate implements Runnable{
  int i=0;
  public ParseDate(int i){this.i=i;}
  public void run() {
    try {
      if(tl.get()==null){
        tl.set(new SimpleDateFormat("yyyy-MM-dd HH:mm:ss"));
      }
      Date t=tl.get().parse("2015-03-29 19:29:"+i%60);
      System.out.println(i+":"+t);
    } catch (ParseException e) {
```

```
13            e.printStackTrace();
14        }
15    }
16 }
```

在上述代码第 7~9 行中，如果当前线程不持有 SimpleDateformat 对象实例，那么就新建一个对象实例并把它置于当前线程中，如果已经持有，则直接使用。

从这里也可以看到，为每一个线程分配一个对象的工作并不是由 ThreadLocal 来完成的，而是需要在应用层面保证的。如果在应用中为每一个线程分配相同的对象实例，那么 ThreadLocal 也不能保证线程安全，这一点也需要大家注意。

注意： 为每一个线程分配不同的对象，需要在应用层面保证 ThreadLocal 只起到了简单的容器作用。

4.3.2　ThreadLocal 的实现原理

ThreadLocal 如何保证对象实例只被当前线程访问呢？下面让我们一起深入 ThreadLocal 的内部实现。

我们需要关注的自然是 ThreadLocal 的 set()方法和 get()方法。先从 set()方法说起：

```
public void set(T value) {
   Thread t = Thread.currentThread();
   ThreadLocalMap map = getMap(t);
   if (map != null)
      map.set(this, value);
   else
      createMap(t, value);
}
```

在 set()方法中，首先获得当前线程对象，然后通过 getMap()方法获取线程的 ThreadLocalMap，并将值存入 ThreadLocalMap 中。而 ThreadLocalMap 可以理解为一个 Map（虽然不是，但是你可以把它简单地理解成 HashMap），它是定义在 Thread 内部的成员。注意下面的定义是从 Thread 类中摘出来的：

```
ThreadLocal.ThreadLocalMap threadLocals = null;
```

设置到 ThreadLocal 中的数据，也就是写入了 threadLocals 的这个 Map。其中，key 为

ThreadLocal 当前对象，value 就是我们需要的值。而 threadLocals 本身保存了当前自己所在线程的所有“局部变量”，也就是一个 ThreadLocal 变量的集合。

在 get()方法中，自然就要将这个 Map 中的数据拿出来：

```
public T get() {
    Thread t = Thread.currentThread();
    ThreadLocalMap map = getMap(t);
    if (map != null) {
        ThreadLocalMap.Entry e = map.getEntry(this);
        if (e != null)
            return (T)e.value;
    }
    return setInitialValue();
}
```

get()方法先取得当前线程的 ThreadLocalMap 对象，然后将自己作为 key 来取得内部的实际数据。

在了解了 ThreadLocal 的内部实现后，我们自然会引出一个问题：这些变量是维护在 Thread 类内部的（ThreadLocalMap 定义所在类），这也意味着只要线程不退出，对象的引用将一直存在。

当线程退出时，Thread 类会进行一些清理工作，其中就包括清理 ThreadLocalMap，注意下述代码的加粗部分：

```
/**
 * 在线程退出前，由系统回调，进行资源清理
 */
private void exit() {
    if (group != null) {
        group.threadTerminated(this);
        group = null;
    }
    target = null;
    /* 加速资源清理 */
    threadLocals = null;
    inheritableThreadLocals = null;
    inheritedAccessControlContext = null;
```

```
        blocker = null;
        uncaughtExceptionHandler = null;
    }
```

因此，使用线程池就意味着当前线程未必会退出（比如固定大小的线程池，线程总是存在）。如果这样，将一些大的对象设置到 ThreadLocal 中（它实际保存在线程持有的 threadLocalMap 内），可能会使系统出现内存泄漏（这里的意思是：你设置了对象到 ThreadLocal 中，但是不清理它，在你使用几次后，这个对象也不再有用了，但是它却无法被回收）。

此时，如果你希望及时回收对象，最好使用 ThreadLocal.remove()方法将这个变量移除。就像我们习惯性地关闭数据库连接一样，如果你确实不需要这个对象了，就应该告诉虚拟机把它回收，防止内存泄漏。

另外一种有趣的情况是，JDK 也可能允许你像释放普通变量一样释放 ThreadLocal。比如，我们有时候为了加速垃圾回收，会特意写出类似 obj=null 的代码。如果这么做，obj 所指向的对象就会更容易地被垃圾回收器发现，从而加速回收。

同理，对于 ThreadLocal 的变量，如果我们也手动将其设置为 null，比如 tl=null，那么这个 ThreadLocal 对应的所有线程的局部变量都有可能被回收。这里面的奥秘是什么呢？先来看一个简单的例子：

```
public class ThreadLocalDemo_Gc {
 static volatile ThreadLocal<SimpleDateFormat> tl = new ThreadLocal<SimpleDateFormat>()
{
        protected void finalize() throws Throwable {
            System.out.println(this.toString() + " is gc");
        }
    };
    static volatile CountDownLatch cd = new CountDownLatch(10000);
    public static class ParseDate implements Runnable {
        int i = 0;
        public ParseDate(int i) {
            this.i = i;
        }
        public void run() {
            try {
                if (tl.get() == null) {
```

```
                    tl.set(new SimpleDateFormat("yyyy-MM-dd HH:mm:ss") {
                        protected void finalize() throws Throwable {
                            System.out.println(this.toString() + " is gc");
                        }
                    });
            System.out.println(Thread.currentThread().getId() + ":create SimpleDateFormat");
                }
                Date t = tl.get().parse("2015-03-29 19:29:" + i % 60);
            } catch (ParseException e) {
                e.printStackTrace();
            } finally {
                cd.countDown();
            }
        }
    }

    public static void main(String[] args) throws InterruptedException {
        ExecutorService es = Executors.newFixedThreadPool(10);
        for (int i = 0; i < 10000; i++) {
            es.execute(new ParseDate(i));
        }
        cd.await();
        System.out.println("mission complete!!");
        tl = null;
        System.gc();
        System.out.println("first GC complete!!");
        // 在设置 ThreadLocal 的时候，清除 ThreadLocalMap 中的无效对象
        tl = new ThreadLocal<SimpleDateFormat>();
        cd = new CountDownLatch(10000);
        for (int i = 0; i < 10000; i++) {
            es.execute(new ParseDate(i));
        }
        cd.await();
        Thread.sleep(1000);
        System.gc();
        System.out.println("second GC complete!!");
    }
}
```

上述案例是为了跟踪 ThreadLocal 对象及内部 SimpleDateFormat 对象的垃圾回收情况，

我们在第 3 行代码和第 17 行代码中重载了 finalize()方法。这样，在对象被回收时，我们就可以看到它们的踪迹。

在主函数 main()中，先后进行了两次任务提交，每次 10 000 个任务。在第一次任务提交后，在代码的第 39 行，我们将 tl 设置为 null，并执行一次 GC。接着，我们进行第二次任务提交，完成后，在代码的第 50 行再执行一次 GC。

执行上述代码，最有可能的一种输出如下：

```
10:create SimpleDateFormat
11:create SimpleDateFormat
13:create SimpleDateFormat
17:create SimpleDateFormat
14:create SimpleDateFormat
8:create SimpleDateFormat
16:create SimpleDateFormat
15:create SimpleDateFormat
12:create SimpleDateFormat
9:create SimpleDateFormat
mission complete!!
first GC complete!!
geym.conc.ch4.tl.ThreadLocalDemo_Gc$1@15f157b is gc
9:create SimpleDateFormat
8:create SimpleDateFormat
16:create SimpleDateFormat
13:create SimpleDateFormat
15:create SimpleDateFormat
10:create SimpleDateFormat
11:create SimpleDateFormat
14:create SimpleDateFormat
17:create SimpleDateFormat
12:create SimpleDateFormat
second GC complete!!
geym.conc.ch4.tl.ThreadLocalDemo_Gc$ParseDate$1@4f76f1a0 is gc
geym.conc.ch4.tl.ThreadLocalDemo_Gc$ParseDate$1@4f76f1a0 is gc
geym.conc.ch4.tl.ThreadLocalDemo_Gc$ParseDate$1@4f76f1a0 is gc
geym.conc.ch4.tl.ThreadLocalDemo_Gc$ParseDate$1@4f76f1a0 is gc
geym.conc.ch4.tl.ThreadLocalDemo_Gc$ParseDate$1@4f76f1a0 is gc
```

```
geym.conc.ch4.tl.ThreadLocalDemo_Gc$ParseDate$1@4f76f1a0 is gc
geym.conc.ch4.tl.ThreadLocalDemo_Gc$ParseDate$1@4f76f1a0 is gc
geym.conc.ch4.tl.ThreadLocalDemo_Gc$ParseDate$1@4f76f1a0 is gc
geym.conc.ch4.tl.ThreadLocalDemo_Gc$ParseDate$1@4f76f1a0 is gc
geym.conc.ch4.tl.ThreadLocalDemo_Gc$ParseDate$1@4f76f1a0 is gc
```

注意这些输出所代表的含义。首先，线程池中的 10 个线程都各自创建了一个 SimpleDateFormat 对象实例。接着执行第一次 GC，可以看到 ThreadLocal 对象被回收了（这里使用了匿名类，所以类名看起来有点怪，这个类就是第 2 行创建的 tl 对象）。然后提交第 2 次任务，这次一样创建了 10 个 SimpleDateFormat 对象，接着执行第二次 GC。在第二次 GC 后，第一次创建的 10 个 SimpleDateFormat 的子类实例全部被回收。虽然我们没有手动移除这些对象，但是系统依然有可能回收它们。

要了解这里的回收机制，我们需要更进一步了解 Thread.ThreadLocalMap 的实现。我们之前说过，ThreadLocalMap 类似 HashMap，准确地说，它更加类似 WeakHashMap。

ThreadLocalMap 的实现使用了弱引用。弱引用是比强引用弱得多的引用。Java 虚拟机在进行垃圾回收时，如果发现弱引用，就会立即回收。ThreadLocalMap 内部由一系列 entry 构成，每一个 entry 都是 WeakReference<ThreadLocal>。

```
static class Entry extends WeakReference<ThreadLocal> {
   /** The value associated with this ThreadLocal. */
   Object value;
   Entry(ThreadLocal k, Object v) {
      super(k);
      value = v;
   }
}
```

这里的参数 k 就是 Map 的 key，v 就是 Map 的 value，其中 k 也是 ThreadLocal 实例，作为弱引用使用（super(k)就是调用了 WeakReference 的构造函数）。虽然这里使用 ThreadLocal 作为 Map 的 key，但是实际上，它并不真的持有 ThreadLocal 的引用。而当 ThreadLocal 的外部强引用被回收时，ThreadLocalMap 中的 key 就会变成 null。当系统进行 ThreadLocalMap 清理时（比如将新的变量加入表中，就会自动执行一次清理，虽然 JDK 不一定会进行一次彻底的扫描，但显然在这个案例中，它奏效了），就会将这些垃圾数据回收。ThreadLocal 的回收机制如图 4.1 所示。

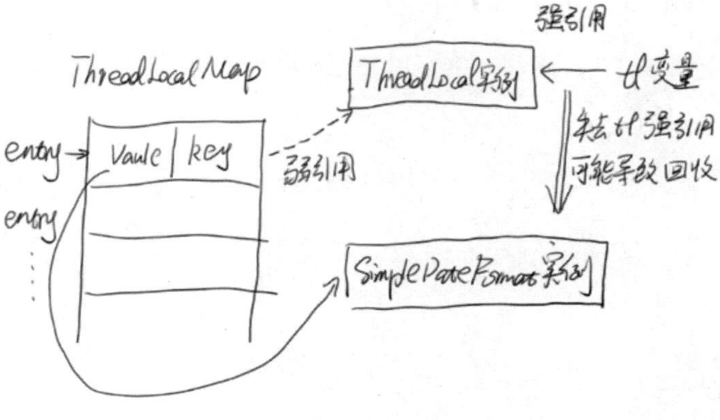

图 4.1 ThreadLocal 的回收机制

4.3.3 对性能有何帮助

为每一个线程分配一个独立的对象对系统性能也许是有帮助的。当然，这也不一定，这完全取决于共享对象的内部逻辑。如果共享对象对于竞争的处理容易引起性能损失，我们还是应该考虑使用 ThreadLocal 为每个线程分配单独的对象。一个典型的案例就是在多线程下产生随机数。

这里，让我们简单测试一下在多线程下产生随机数的性能问题。首先，定义一些全局变量：

```
01 public static final int GEN_COUNT = 10000000;
02 public static final int THREAD_COUNT = 4;
03 static ExecutorService exe = Executors.newFixedThreadPool(THREAD_COUNT);
04 public static Random rnd = new Random(123);
05
06 public static ThreadLocal<Random> tRnd = new ThreadLocal<Random>() {
07    @Override
08    protected Random initialValue() {
09       return new Random(123);
10    }
11 };
```

代码第 1 行定义了每个线程要产生的随机数数量；第 2 行定义了参与工作的线程数量；

第 3 行定义了线程池；第 4 行定义了被多线程共享的 Random 实例，用于产生随机数；第 6~11 行定义了由 ThreadLocal 封装的 Random。

定义一个工作线程的内部逻辑，它可以工作在两种模式下：

- 第一种是多个线程共享一个 Random（mode=0）。
- 第二种是为多个线程各分配一个 Random（mode=1）。

```
01 public static class RndTask implements Callable<Long> {
02    private int mode = 0;
03
04    public RndTask(int mode) {
05       this.mode = mode;
06    }
07
08    public Random getRandom() {
09       if (mode == 0) {
10          return rnd;
11       } else if (mode == 1) {
12          return tRnd.get();
13       } else {
14          return null;
15       }
16    }
17
18    @Override
19    public Long call() {
20       long b = System.currentTimeMillis();
21       for (long i = 0; i < GEN_COUNT; i++) {
22          getRandom().nextInt();
23       }
24       long e = System.currentTimeMillis();
25       System.out.println(Thread.currentThread().getName() + " spend " + (e - b) + "ms");
26       return e - b;
27    }
28 }
```

上述代码的第 19~27 行定义了线程的工作内容。每个线程都会产生若干个随机数，完成工作后，记录并返回所消耗的时间。

最后是 main()函数，它分别对上述两种情况进行测试，并打印了耗时：

```
public static void main(String[] args) throws InterruptedException, ExecutionException
{
    Future<Long>[] futs = new Future[THREAD_COUNT];
    for (int i = 0; i < THREAD_COUNT; i++) {
        futs[i] = exe.submit(new RndTask(0));
    }
    long totaltime = 0;
    for (int i = 0; i < THREAD_COUNT; i++) {
        totaltime += futs[i].get();
    }
    System.out.println("多线程访问同一个Random实例:" + totaltime + "ms");

    // ThreadLocal的情况
    for (int i = 0; i < THREAD_COUNT; i++) {
        futs[i] = exe.submit(new RndTask(1));
    }
    totaltime = 0;
    for (int i = 0; i < THREAD_COUNT; i++) {
        totaltime += futs[i].get();
    }
    System.out.println("使用ThreadLocal包装Random实例:" + totaltime + "ms");
    exe.shutdown();
}
```

上述代码的运行结果可能如下：

```
pool-1-thread-3 spend 3398ms
pool-1-thread-1 spend 3436ms
pool-1-thread-2 spend 3495ms
pool-1-thread-4 spend 3513ms
多线程访问同一个Random实例:13842ms
pool-1-thread-4 spend 375ms
pool-1-thread-1 spend 429ms
pool-1-thread-2 spend 453ms
pool-1-thread-3 spend 499ms
使用ThreadLocal包装Random实例:1756ms
```

很明显，在多线程共享一个 Random 实例的情况下，总耗时为 13 秒多（这里是指 4 个线程的耗时总和，不是程序执行经历的时间）。而在 ThreadLocal 模式下，仅耗时约 1.7 秒。

4.3.4 线程私有的随机数发生器 ThreadLocalRandom

为了提高在高并发环境中随机数的产生效率，JDK 提供了 ThreadLocalRandom 类。这是一个线程安全的随机数发生器。它让每个线程都维护一个自己的种子变量，每个线程生成随机数时都根据自己老的种子计算新的种子，再根据新的种子计算随机数，因此不存在竞争问题，从而提高了并发性能。

ThreadLocalRandom 继承自 Random，拥有 Random 的全部功能，只不过它运行更快、功能更强大。

在 ThreadLocal 的介绍中，我们已经知道，ThreadLocal 的实现依赖于 Thread 对象中的'ThreadLocal.ThreadLocalMap threadLocals'成员字段。与之类似，为了让随机数发生器只访问本地线程数据，从而避免竞争，Thread 中又增加了 3 个字段：

```
/** The current seed for a ThreadLocalRandom */
@sun.misc.Contended("tlr")
long threadLocalRandomSeed;
/** Probe hash value; nonzero if threadLocalRandomSeed initialized */
@sun.misc.Contended("tlr")
int threadLocalRandomProbe;
/** Secondary seed isolated from public ThreadLocalRandom sequence */
@sun.misc.Contended("tlr")
int threadLocalRandomSecondarySeed;
```

这 3 个字段作为 Thread 类的成员，便自然地和每一个 Thread 对象牢牢捆绑在一起，成了名副其实的 ThreadLocal 变量，而依赖这几个变量实现的随机数发生器，也就成了 ThreadLocalRandom。

上述代码中，@sun.misc.Contended("tlr")表示这是一个消除伪共享的字段。消除伪共享可以提升字段的访问速度。有关伪共享的介绍可以参考“5.4.4 CPU Cache 的优化：解决伪共享问题”。

1. 反射的高效替代方案

随机数的产生需要访问 Thread 的 threadLocalRandomSeed 等成员，但是考虑到类的封装性，这些成员只是包内可见的。很不幸，ThreadLocalRandom 位于 java.util.concurrent 包，而 Thread 则位于 java.lang 包，因此，ThreadLocalRandom 并没有办法访问 Thread 的 threadLocalRandomSeed 等变量。

这时，Java 老鸟们可能就会跳出来说："这算什么，看我的反射大法，不管啥都能抠出来访问一下。"说得没错，反射是一种可以绕过封装直接访问对象内部数据的方法，但是，反射的性能不太好，并不适合作为高性能的解决方案。有没有可以让 ThreadLocalRandom 访问 Thread 的内部成员，同时又远超于反射且无限接近于直接访问变量的方法呢？答案是肯定的，这就是使用 Unsafe 类。

这里简单介绍一下 Unsafe 类的两个方法：

```
public native long   getLong(Object o, long offset);
public native void   putLong(Object o, long offset, long x);
```

其中 getLong()方法会读取对象 o 的第 offset 字节偏移量的一个 long 型数据；putLong()方法则会将 x 写入对象 o 的第 offset 个字节的偏移量中。这种类似 C 语言的操作方法，带来了极大的性能提升，更重要的是，由于它避开了字段名，直接使用偏移量，可以轻松绕过成员的可见性限制。

性能问题解决了，下一个问题是：我怎么知道 threadLocalRandomSeed 成员在 Thread 中的偏移位置呢？这就需要用 Unsafe 类的 objectFieldOffset()方法了，请看下面的代码：

```
private static final sun.misc.Unsafe UNSAFE;
private static final long SEED;
private static final long PROBE;
private static final long SECONDARY;
static {
   try {
      UNSAFE = sun.misc.Unsafe.getUnsafe();
      Class<?> tk = Thread.class;
      // 获得 threadLocalRandomSeed 在对象中的偏移量
      SEED = UNSAFE.objectFieldOffset
         (tk.getDeclaredField("threadLocalRandomSeed"));
      // 获得 threadLocalRandomProbe 在对象中的偏移量
      PROBE = UNSAFE.objectFieldOffset
         (tk.getDeclaredField("threadLocalRandomProbe"));
      // 获得 threadLocalRandomSecondarySeed 在对象中的偏移量
      SECONDARY = UNSAFE.objectFieldOffset
```

```
            (tk.getDeclaredField("threadLocalRandomSecondarySeed"));
    } catch (Exception e) {
        throw new Error(e);
    }
}
```

上述这段代码，在 ThreadLocalRandom 类初始化的时候，就取得了 Thread 成员变量 threadLocalRandomSeed、threadLocalRandomProbe 和 threadLocalRandomSecondarySeed 在对象偏移中的位置。因此，只要 ThreadLocalRandom 需要使用这些变量，都可以通过 Unsafe 类的 getLong()和 putLong()方法来访问（也可能是 getInt()和 putInt()方法）。

比如像下面一样生成一个随机数的时候：

```
protected int next(int bits) {
    return (int)(mix64(nextSeed()) >>> (64 - bits));
}
final long nextSeed() {
    Thread t; long r;
    // 在 ThreadLocalRandom 中访问了 Thread 的 threadLocalRandomSeed 变量
    UNSAFE.putLong(t = Thread.currentThread(), SEED,
                r = UNSAFE.getLong(t, SEED) + GAMMA);
    return r;
}
```

这种 Unsafe 类的方法到底能有多快呢？根据笔者的经验，这比传统的反射至少快 3 倍。这也是 JDK 内部大量使用 Unsafe 类的方法而非反射的一个重要原因。

2. 随机数种子

伪随机数生成都需要一个种子，threadLocalRandomSeed 和 threadLocalRandomSecondarySeed 就是这里的种子。其中 threadLocalRandomSeed 是 long 型的，threadLocalRandomSecondarySeed 是 int 型的。threadLocalRandomSeed 是使用最广泛的。大量的随机数其实都是基于 threadLocalRandomSeed 的。而 threadLocalRandomSecondarySeed 只在某些特定的 JDK 内部实现中使用，使用并不广泛。

初始种子默认使用的是系统时间：

```
private static final AtomicLong seeder = new AtomicLong(initialSeed());
private static long initialSeed() {
    String pp = java.security.AccessController.doPrivileged(
```

```
        new sun.security.action.GetPropertyAction(
            "java.util.secureRandomSeed"));
    if (pp != null && pp.equalsIgnoreCase("true")) {
        byte[] seedBytes = java.security.SecureRandom.getSeed(8);
        long s = (long)(seedBytes[0]) & 0xffL;
        for (int i = 1; i < 8; ++i)
            s = (s << 8) | ((long)(seedBytes[i]) & 0xffL);
        return s;
    }
    // 默认不设置 secureRandomSeed，就用系统时间做种子
    return (mix64(System.currentTimeMillis()) ^
        mix64(System.nanoTime()));
}
// 初始化种子和探针
static final void localInit() {
    int p = probeGenerator.addAndGet(PROBE_INCREMENT);
    int probe = (p == 0) ? 1 : p; // skip 0
    // 这里的种子生成器就是由 initialSeed()方法生成的
    long seed = mix64(seeder.getAndAdd(SEEDER_INCREMENT));
    Thread t = Thread.currentThread();
    UNSAFE.putLong(t, SEED, seed);
    UNSAFE.putInt(t, PROBE, probe);
}
// 每个线程都要初始化一次种子和探针
public static ThreadLocalRandom current() {
    if (UNSAFE.getInt(Thread.currentThread(), PROBE) == 0)
        localInit();
    return instance;
}
```

上述代码完成了种子的初始化，并将初始化的种子通过 UNSAFE 储存在 SEED 的位置（即 threadLocalRandomSeed）。

接着就可以使用 nextInt()方法获得随机整数了：

```
public int nextInt() {
    return mix32(nextSeed());
}
final long nextSeed() {
```

```
    Thread t; long r;
    UNSAFE.putLong(t = Thread.currentThread(), SEED,
               r = UNSAFE.getLong(t, SEED) + GAMMA);
    return r;
}
```

每一次调用 nextInt()方法都会使用 nextSeed()方法更新 threadLocalRandomSeed。由于这是一个线程独有的变量，因此完全不会有竞争，也不会有 CAS 重试，性能也就大大提高了。

3. 探针 Probe 的作用

除了种子，还有一个 threadLocalRandomProbe 探针变量，这个变量是用来做什么的呢？我们可以把 threadLocalRandomProbe 理解为针对每个 Thread 的 Hash 值（不为 0），它可以作为一个线程的特征值，基于这个值可以为线程在数组中找到一个特定的位置：

```
static final int getProbe() {
   return UNSAFE.getInt(Thread.currentThread(), PROBE);
}
```

来看下面的代码片段：

```
    CounterCell[] as; long b, s;
    if ((as = counterCells) != null ||
       !U.compareAndSwapLong(this, BASECOUNT, b = baseCount, s = b + x)) {
       CounterCell a; long v; int m;
       boolean uncontended = true;
       if (as == null || (m = as.length - 1) < 0 ||
           // 使用 Probe，为每个线程找到一个在数组 as 中的位置
           // 由于每个线程的 Probe 值不一样，因此很可能每个线程对应的数组中的元素也是不一样的
           // 每个线程对应了不同的元素，就可以没有冲突地进行并发操作
           // 因此，探针 Probe 在这里就起到了防止冲突的作用
           (a = as[ThreadLocalRandom.getProbe() & m]) == null ||
           !(uncontended =
             U.compareAndSwapLong(a, CELLVALUE, v = a.value, v + x))) {
```

在具体的实现中，如果上述代码发生了冲突，还可以使用 ThreadLocalRandom.advanceProbe()方法来修改一个线程的探针值，这样可以进一步避免未来可能出现的冲突，从而减少竞争，提高并发性能。

```
   static final int advanceProbe(int probe) {
      // 根据当前探针值，计算一个更新的探针值
```

```
        probe ^= probe << 13;
        probe ^= probe >>> 17;
        probe ^= probe << 5;
        // 更新探针值到线程对象中，即修改 threadLocalRandomProbe 变量
        UNSAFE.putInt(Thread.currentThread(), PROBE, probe);
        return probe;
    }
```

4.4　无锁

就性格而言，人可以分为乐天派和悲观派。对于乐天派来说，他们总是会把事情往好的方面想。他们认为所有事情都不太容易出现问题，出错是小概率的，因此可以大胆地做事。如果真的不幸遇到了问题，则努力解决问题。而对于悲观派来说，他们总是担惊受怕，认为出错是一种常态，所以无论大小事情都考虑得面面俱到，确保万无一失。

对于并发控制而言，锁是一种悲观的策略。它总是假设每一次的临界区操作都会产生冲突，因此必须对每次操作都小心翼翼。如果多个线程同时需要访问临界区资源，则宁可牺牲性能让线程进行等待，所以说锁会阻塞线程执行。而无锁是一种乐观的策略，它会假设对资源的访问是没有冲突的。既然没有冲突，自然不需要等待，所以所有的线程都可以在不停顿的状态下持续执行。那遇到冲突怎么办呢？无锁的策略使用一种叫作比较交换（CAS，Compare And Swap）的技术来鉴别线程冲突，一旦检测到冲突产生，就重试当前操作直到没有冲突为止。

4.4.1　与众不同的并发策略：比较交换

与锁相比，使用比较交换会使程序看起来更加复杂一些，但由于其非阻塞性，它对死锁问题天生免疫，并且线程间的相互影响也远远比基于锁的方式要小。更为重要的是，使用无锁的方式完全没有锁竞争带来的系统开销，也没有线程间频繁调度带来的开销，因此，它要比基于锁的方式拥有更优越的性能。

CAS(V,E,N)包含三个参数，其中 V 表示要更新的变量，E 表示预期值，N 表示新值。仅当 V 值等于 E 值时，才会将 V 值设为 N，如果 V 值和 E 值不同，说明已经有其他线程做了更新，则当前线程什么都不做。最后，CAS 操作返回当前 V 的真实值。CAS 操作是抱着

乐观的态度进行的，它总是认为自己可以成功完成操作。当多个线程同时使用 CAS 操作一个变量时，只有一个会胜出，并成功更新，其余均会失败。失败的线程不会被挂起，仅被告知失败，并且允许再次尝试，当然也允许失败的线程放弃操作。基于这样的原理，CAS 操作即使没有锁，也可以发现其他线程对当前线程的干扰，并进行恰当的处理。

简单地说，CAS 操作需要你额外给出一个期望值，也就是你认为这个变量现在应该是什么样子的。如果变量不是你想象的那样，则说明它已经被别人修改过了，此时你需要重新读取，再次尝试修改。

在硬件层面，大部分的现代处理器都已经支持原子化的 CAS 操作。在 JDK 5 以后，虚拟机便可以使用这种操作来实现并发操作和并发数据结构，并且这种操作在虚拟机中可以说是无处不在的。

4.4.2 无锁的线程安全整数：AtomicInteger

为了让 Java 程序员能够受益于 CAS 等 CPU 指令，JDK 并发包中有一个 atomic 包，里面实现了一些直接使用 CAS 操作的线程安全的类型。

其中，最常用的一个类就是 AtomicInteger，可以把它看作一个整数。与 Integer 不同，它是可变的，并且是线程安全的。对其进行修改等任何操作都是通过 CAS 操作实现的。这里简单列举一下 AtomicInteger 的主要方法，对于其他原子类，操作也是非常类似的。

```
public final int get()                                     // 取得当前值
public final void set(int newValue)                        // 设置当前值
public final int getAndSet(int newValue)                   // 设置新值，并返回旧值
public final boolean compareAndSet(int expect, int u)      // 如果当前值为expect，则设置为u
public final int getAndIncrement()                         // 当前值加 1，返回旧值
public final int getAndDecrement()                         // 当前值减 1，返回旧值
public final int getAndAdd(int delta)                      // 当前值增加 delta，返回旧值
public final int incrementAndGet()                         // 当前值加 1，返回新值
public final int decrementAndGet()                         // 当前值减 1，返回新值
public final int addAndGet(int delta)                      // 当前值增加 delta，返回新值
```

就内部实现来说，AtomicInteger 中保存了一个核心字段：

```
private volatile int value;
```

它就代表了 AtomicInteger 的当前实际取值。此外还有一个：

```
private static final long valueOffset;
```

它保存着 value 字段在 AtomicInteger 对象中的偏移量。后面你会看到，这个偏移量是实现 AtomicInteger 的关键。

AtomicInteger 的使用非常简单，这里给出一个示例：

```
01 public class AtomicIntegerDemo {
02    static AtomicInteger i=new AtomicInteger();
03    public static class AddThread implements Runnable{
04       public void run(){
05          for(int k=0;k<10000;k++)
06             i.incrementAndGet();
07       }
08    }
09    public static void main(String[] args) throws InterruptedException {
10       Thread[] ts=new Thread[10];
11       for(int k=0;k<10;k++){
12          ts[k]=new Thread(new AddThread());
13       }
14       for(int k=0;k<10;k++){ts[k].start();}
15       for(int k=0;k<10;k++){ts[k].join();}
16       System.out.println(i);
17    }
18 }
```

第 6 行的 AtomicInteger. incrementAndGet()方法会使用 CAS 操作自增 1，同时会返回当前值（这里忽略了当前值）。执行这段代码，你会看到程序输出了 100 000。这说明程序正常执行，没有错误。如果不是线程安全的，那么 i 的值应该会小于 100 000。

使用AtomicInteger会比使用锁具有更好的性能。由于篇幅限制，这里不再给出AtomicInteger和锁性能对比的测试代码，读者自己写一段简单的代码测试两者的性能应该不是难事。这里我们关注一下 incrementAndGet()方法的内部实现：

```
public final int incrementAndGet() {
   return U.getAndAddInt(this, VALUE, 1) + 1;
}
```

```
05 @HotSpotIntrinsicCandidate
06 public final int getAndAddInt(Object o, long offset, int delta) {
07     int v;
08     do {
09         v = getIntVolatile(o, offset);
10     } while (!weakCompareAndSetInt(o, offset, v, v + delta));
11     return v;
12 }
```

其中 getIntVolatile ()方法非常简单，就是返回内部数据 value。

让人印象深刻的应该是 getIntVolatile()方法的第 8 行的 while 循环吧！如果你是初次看到这样的代码，可能会觉得很奇怪，为什么连设置一个值那么简单的操作都需要一个死循环呢？原因就是：CAS 操作未必是成功的，对于不成功的情况，我们就需要不断地进行尝试。第 9 行的 getIntVolatile()方法取得当前值，接着加 delta 后更新 value。这里，我们就得到了 CAS 操作必需的两个参数：期望值及新值。使用 weakCompareAndSetInt()方法将新值 v+delta 写入，成功的条件是在写入的时刻，当前的值等于刚刚取得的 v。如果不满足这样的条件，则说明 AtomicInteger 的值在第 8 行到第 10 行代码之间又被其他线程修改了，当前线程看到的状态就是一个过期状态，因此，weakCompareAndSetInt()方法返回失败，需要不断重试，直到成功。

以上就是 CAS 操作的基本思想，无论程序多么复杂，其基本原理总是不变的。

和 AtomicInteger 类似的类还有：AtomicLong 表示 long 型数据；AtomicBoolean 表示 boolean 型数据；AtomicReference 表示对象引用。

4.4.3 Java 中的指针：Unsafe 类

如果你对技术有追求，应该还会特别在意 incrementAndGet()方法中的 U.getAndAddInt()。这里的 U 是什么呢？它正是本节的主题 Unsafe 类。从名字上看，这个类封装了一些不安全的操作。什么操作是不安全的呢？学习过 C 或者 C++的人应该知道，指针是不安全的，这也是在 Java 中把指针去除的重要原因。如果指针指错了位置，或者计算指针偏移量时出错，结果可能是灾难性的，很有可能会覆盖别人的内存，导致系统崩溃。

Unsafe 类封装了一些类似指针的操作，比如，它提供的一些函数可以根据偏移量获得或者设置对应位置上的数据。

比如，weakCompareAndSetInt()方法的实现如下：

```
@HotSpotIntrinsicCandidate
public final boolean weakCompareAndSetInt(Object o, long offset,
                                          int expected,
                                          int x) {
    return compareAndSetInt(o, offset, expected, x);
}
```

这里的 compareAndSetInt ()方法是一个 native 方法，它的几个参数含义如下：

```
public final native boolean compareAndSetInt(Object o, long offset,
                                             int expected,
                                             int x);
```

第一个参数 o 为给定的对象，offset 为对象内的偏移量（其实就是一个字段到对象头部的偏移量，通过这个偏移量可以快速定位字段），expected 表示期望值，x 表示要设置的值。如果指定的字段的值等于 expected，那么就把它设置为 x。

不难看出，compareAndSetInt()方法内部必然是使用 CAS 原子指令来完成的。此外，Unsafe 类还提供了一些方法，主要有以下几种（以 int 类型数据操作为例，其他类型数据操作是类似的）：

```
// 获得给定对象偏移量上的 int 值
public native int getInt(Object o, long offset);
// 设置给定对象偏移量上的 int 值
public native void putInt(Object o, long offset, int x);
// 获得字段在对象中的偏移量
public native long objectFieldOffset(Field f);
// 设置给定对象的 int 值，使用 volatile 语义
public native void putIntVolatile(Object o, long offset, int x);
// 获得给定对象的 int 值，使用 volatile 语义
public native int    getIntVolatile(Object o, long offset);
// 和 putIntVolatile()方法一样，但是它要求被操作字段就是 volatile 类型的
public native void putOrderedInt(Object o, long offset, int x);
```

如果大家还记得“3.3.5　高效读写的队列：深度剖析 ConcurrentLinkedQueue 类”中描述的 ConcurrentLinkedQueue 类，应该对 ConcurrentLinkedQueue 类中的 Node 还有些印象。Node 的一些 CAS 操作也是使用 Unsafe 类来实现的，大家可以回顾一下，以加深对 Unsafe

类的印象。

可以看到，虽然 Java 抛弃了指针，但是在关键时刻，类似指针的技术还是必不可少的。这里底层的 Unsafe 类实现就是最好的例子。但是很不幸，JDK 的开发人员并不希望大家使用这个类。获得 Unsafe 类实例的方法是调动其工厂方法 getUnsafe()，但是它的实现却是这样的：

```
public static Unsafe getUnsafe() {
   Class cc = Reflection.getCallerClass();
   if (cc.getClassLoader() != null)
      throw new SecurityException("Unsafe");
   return theUnsafe;
}
```

注意加粗部分的代码，它会检查调用 getUnsafe()方法的类，如果这个类的 ClassLoader 不为 null，就直接抛出异常，拒绝工作。这也使得我们自己的应用程序无法直接使用 Unsafe 类。它是一个在 JDK 内部使用的专属类。

> **注意**：根据 Java 类加载器的工作原理，应用程序的类由 App Loader 加载。而系统核心类，如 rt.jar 中的类由 Bootstrap 类加载器加载。Bootstrap 类加载器没有 Java 对象的对象，因此试图获得这个类加载器会返回 null。所以，当一个类的类加载器为 null 时，说明它是由 Bootstrap 类加载器加载的，而这个类也极有可能是 rt.jar 中的类。

4.4.4 无锁的对象引用：AtomicReference

AtomicReference 和 AtomicInteger 非常类似，不同之处就在于 AtomicInteger 是对整数的封装，而 AtomicReference 则对应普通的对象引用。也就是它可以保证你在修改对象引用时的线程安全性。在介绍 AtomicReference 的同时，我希望同时提出一个有关原子操作的逻辑上的不足。

之前说过，线程判断被修改的对象是否可以正确写入的条件是对象的当前值和期望值是否一致，这个逻辑从一般意义上来说是正确的。但有可能出现一个小小的例外，就是当你获得对象当前的数据后，在准备将其修改为新值前，对象的值被其他线程连续修改了两次，而经过这两次修改后，对象的值又恢复为旧值。这样，当前线程就无法正确判断这个对象是否被修改过，图 4.2 显示了这种情况。

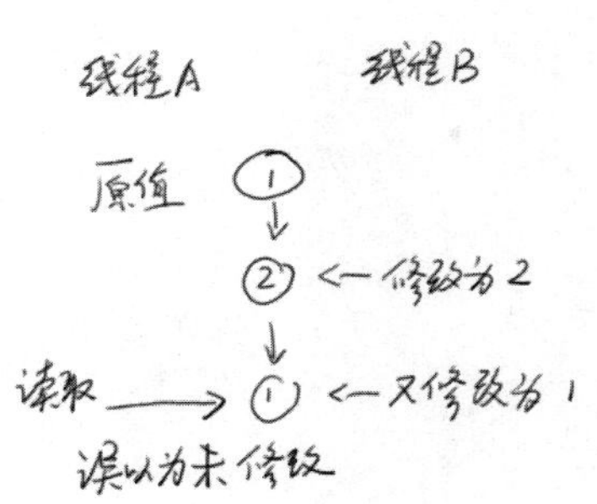

图 4.2　对象值被反复修改回原数据

一般来说，出现这种情况的概率很小，即使发生了，可能也不是什么大问题。比如，我们只是简单地要做一个数值加法，即使在取得期望值后，这个数字被不断地修改，只要它最终被改回了我的期望值，我的加法计算就不会出错。也就是说，当你修改的对象没有过程的状态信息时，所有的信息都只保存于对象的数值本身。

但是，在现实中还可能存在另外一种场景，就是我们是否能修改对象的值，不仅取决于当前值，还和对象的过程变化有关，这时 AtomicReference 就无能为力了。

打一个比方，有一家蛋糕店，为了挽留客户，决定为贵宾卡里余额小于 20 元的客户一次性赠送 20 元，刺激客户充值和消费，但条件是，每一位客户只能被赠送一次。

现在，我们就来模拟这个场景，在这里使用 AtomicReference 实现这个功能。首先，我们模拟客户账户余额。

定义客户账户余额如下：

```
static AtomicReference<Integer> money=new AtomicReference<Integer>();
// 设置账户初始值小于 20，显然这是一个需要被充值的账户
money.set(19);
```

接着，我们需要若干个后台线程，它们不断扫描数据，并为满足条件的客户充值：

```
// 模拟多个线程同时更新后台数据库，为用户充值
for(int i = 0 ; i < 3 ; i++) {
    new Thread() {
        public void run() {
            while(true){
                while(true){
                    Integer m=money.get();
```

```
08                  if(m<20){
09                      if(money.compareAndSet(m, m+20)){
10                System.out.println("余额小于20元，充值成功，余额:"+money.get()+"元");
11                          break;
12                      }
13                  }else{
14                      // System.out.println("余额大于20元，无须充值");
15                      break ;
16                  }
17              }
18          }
19      }
20    }.start();
21 }
```

上述代码第 8 行，判断账户余额并给予赠送金额。如果已经被其他用户处理，那么当前线程就会失败。因此，可以确保用户只会被充值一次。

如果在赠予金额到账的同时，客户进行了一次消费，使得余额又小于 20 元，并且正好累计消费了 20 元使得消费、赠予后的余额等于消费、赠予前的余额，那么后台的赠予进程就会误以为这个账户还没有被赠予，所以，存在被多次赠予的可能。以下代码模拟了这个消费线程：

```
// 用户消费线程，模拟消费行为
new Thread() {
   public void run() {
       for(int i=0;i<100;i++){
           while(true){
               Integer m=money.get();
               if(m>10){
                   System.out.println("大于10元");
                   if(money.compareAndSet(m, m-10)){
                       System.out.println("成功消费10元，余额:"+money.get());
                       break;
                   }
               }else{
                   System.out.println("没有足够的金额");
                   break;
               }
```

```
                }
                try {Thread.sleep(100);} catch (InterruptedException e) {}
            }
        }
    }.start();
```

在上述代码中，只要贵宾卡里的余额大于 10 元，就会立即进行一次 10 元的消费。执行上述程序，得到的输出如下：

```
余额小于 20 元，充值成功，余额:39 元
大于 10 元
成功消费 10 元，余额:29 元
大于 10 元
成功消费 10 元，余额:19 元
余额小于 20 元，充值成功，余额:39 元
大于 10 元
成功消费 10 元，余额:29 元
大于 10 元
成功消费 10 元，余额:39 元
余额小于 20 元，充值成功，余额:39 元
```

从输出中可以看到，这个账户被先后反复多次充值。其原因正是账户余额被反复修改，修改后的值等于原有的数值，使得 CAS 操作无法正确判断当前数据的状态。

虽然这种情况出现的概率不大，但是依然是有可能出现的。当业务上确实可能出现这种情况时，我们必须多加防范。JDK 已经为我们考虑到了这种情况，使用 AtomicStampedReference 就可以很好地解决这个问题。

4.4.5　带有时间戳的对象引用：AtomicStampedReference

AtomicReference 无法解决上述问题的根本原因是，对象在修改过程中丢失了状态信息，对象值本身与状态被画上了等号。因此，我们只要能够记录对象在修改过程中的状态值，就可以很好地解决对象被反复修改导致线程无法正确判断对象状态的问题。

AtomicStampedReference 正是这么做的。它内部不仅维护了对象值，还维护了一个时间戳（我这里把它称为时间戳，实际上它可以使用任何一个整数来表示状态值）。当 AtomicStampedReference 对应的数值被修改时，除更新数据本身外，还必须更新时间戳。当 AtomicStampedReference 设置对象值时，对象值及时间戳都必须满足期望值，写入才会成功。

因此，即使对象值被反复读写，写回原值，只要时间戳发生变化，就能防止不恰当地写入。

AtomicStampedReference 的几个 API 在 AtomicReference 的基础上新增了有关时间戳的信息：

```
// 比较设置，参数依次为：期望值、写入新值、期望时间戳、新时间戳
public boolean compareAndSet(V expectedReference,V
newReference,int expectedStamp,int newStamp)
// 获得当前对象引用
public V getReference()
// 获得当前时间戳
public int getStamp()
// 设置当前对象引用和时间戳
public void set(V newReference, int newStamp)
```

有了 AtomicStampedReference 这个法宝，我们再也不用担心对象被写坏啦！现在，我们使用 AtomicStampedReference 来修正贵宾卡充值的问题：

```
public class AtomicStampedReferenceDemo {
static AtomicStampedReference<Integer> money=new
AtomicStampedReference<Integer>(19,0);
    public static void main(String[] args) {
        // 模拟多个线程同时更新后台数据库，为用户充值
        for(int i = 0 ; i < 3 ; i++) {
            final int timestamp=money.getStamp();
            new Thread() {
                public void run() {
                    while(true){
                        while(true){
                            Integer m=money.getReference();
                            if(m<20){
                         if(money.compareAndSet(m, m+20,timestamp,timestamp+1)){
       System.out.println("余额小于 20 元，充值成功，余额:"+money.getReference()+"元");
                                break;
                            }
                          }else{
                              // System.out.println("余额大于 20 元，无须充值");
                              break ;
                          }
                       }
```

```
22                }
23             }
24          }.start();
25       }
26
27       // 用户消费线程，模拟消费行为
28       new Thread() {
29          public void run() {
30             for(int i=0;i<100;i++){
31                while(true){
32                   int timestamp=money.getStamp();
33                   Integer m=money.getReference();
34                   if(m>10){
35                      System.out.println("大于 10 元");
36                     if(money.compareAndSet(m, m-10,timestamp,timestamp+1)){
37                  System.out.println("成功消费 10 元，余额:"+money.getReference());
38                         break;
39                      }
40                   }else{
41                      System.out.println("没有足够的金额");
42                      break;
43                   }
44                }
45                try {Thread.sleep(100);} catch (InterruptedException e) {}
46             }
47          }
48       }.start();
49    }
50 }
```

在第 2 行中，我们使用 AtomicStampedReference 代替原来的 AtomicReference。第 6 行获得账户的时间戳，后续的赠予操作以这个时间戳为依据。如果赠予成功（第 13 行），则修改时间戳，使得系统不可能发生二次赠予的情况。消费线程也是类似的，每次操作都使时间戳加 1（第 36 行），使之不可能重复。

执行上述代码，可以得到如下输出：

```
余额小于 20 元，充值成功，余额:39 元
大于 10 元
成功消费 10 元，余额:29 元
```

```
大于 10 元
成功消费 10 元，余额:19 元
大于 10 元
成功消费 10 元，余额:9 元
没有足够的金额
```

可以看到，账户只被赠予了一次。

4.4.6 数组也能无锁：AtomicIntegerArray

除提供基本数据类型外，JDK 还为我们准备了数组等复合结构。当前可用的原子数组有：AtomicIntegerArray、AtomicLongArray 和 AtomicReferenceArray，分别表示整数数组、long 型数组和普通的对象数组。

这里以 AtomicIntegerArray 为例，展示原子数组的使用方式。

AtomicIntegerArray 本质上是对 int[]类型的封装，使用 Unsafe 类通过 CAS 方式保障 int[]在多线程下的安全性。它提供了以下几个核心 API：

```
// 获得数组第 i 个下标对应的元素
public final int get(int i)
// 获得数组的长度
public final int length()
// 将数组第 i 个下标对应的元素设置为 newValue，并返回旧的值
public final int getAndSet(int i, int newValue)
// 进行 CAS 操作，如果第 i 个下标对应的元素等于 expect，则设置为 update，设置成功则返回 true
public final boolean compareAndSet(int i, int expect, int update)
// 将第 i 个下标对应的元素加 1
public final int getAndIncrement(int i)
// 将第 i 个下标对应的元素减 1
public final int getAndDecrement(int i)
// 将第 i 个下标对应的元素增加 delta（delta 可以是负数）
public final int getAndAdd(int i, int delta)
```

下面给出一个简单的示例，展示 AtomicIntegerArray 的使用方法：

```
public class AtomicIntegerArrayDemo {
   static AtomicIntegerArray arr = new AtomicIntegerArray(10);
   public static class AddThread implements Runnable{
      public void run(){
```

```
05          for(int k=0;k<10000;k++)
06             arr.getAndIncrement(k%arr.length());
07       }
08    }
09    public static void main(String[] args) throws InterruptedException {
10       Thread[] ts=new Thread[10];
11       for(int k=0;k<10;k++){
12          ts[k]=new Thread(new AddThread());
13       }
14       for(int k=0;k<10;k++){ts[k].start();}
15       for(int k=0;k<10;k++){ts[k].join();}
16       System.out.println(arr);
17    }
18 }
```

上述代码第 2 行声明了一个内含 10 个元素的数组。第 3 行定义的线程对数组内 10 个元素进行累加操作，每个元素各加 1000 次。第 11 行，开启了 10 个这样的线程。因此，可以预测，如果线程安全，则数组内 10 个元素的值必然都是 10 000；如果线程不安全，则部分或者全部数值会小于 10 000。

程序的输出结果如下：

```
[10000, 10000, 10000, 10000, 10000, 10000, 10000, 10000, 10000, 10000]
```

这说明 AtomicIntegerArray 确实合理地保证了数组的线程安全性。

4.4.7 让普通变量也享受原子操作：AtomicIntegerFieldUpdater

有时候，由于初期考虑不周，或者后期的需求变化，一些普通变量可能也会有线程安全的需求。如果改动不大，则可以简单地修改程序中每一个使用或者读取这个变量的地方。显然，这并不符合软件设计中的一条重要原则——开闭原则。也就是系统对功能的增加应该是开放的，而对修改应该是相对保守的。而且，如果系统里用到这个变量的地方特别多，一个一个修改也是一件令人厌烦的事情（况且在很多使用场景下变量可能是只读的，并无线程安全的强烈要求，完全可以保持原样）。

如果你有这种困扰，根本不需要担心，因为在原子包里还有一个实用的工具类 AtomicIntegerFieldUpdater。它可以让你在不改动（或者极少改动）原有代码的基础上，让普通的变量也享受 CAS 操作带来的线程安全性，这样你可以通过修改极少的代码来保证线程安全。这听起来是不是让人很激动呢？

根据数据类型不同，Updater 有三种，分别是 AtomicIntegerFieldUpdater、AtomicLongFieldUpdater 和 AtomicReferenceFieldUpdater。顾名思义，它们分别可以对 int 类型数据、long 类型数据和普通对象进行 CAS 修改。

现在来思考这么一个场景：假设某地要进行一次选举，如果选民投了候选人一票，就记为 1，否则记为 0，最终的选票显然就是所有数据的简单求和。下面用代码模拟这个场景：

```
public class AtomicIntegerFieldUpdaterDemo {
    public static class Candidate{
        int id;
        volatile int score;
    }
    public final static AtomicIntegerFieldUpdater<Candidate> scoreUpdater
        = AtomicIntegerFieldUpdater.newUpdater(Candidate.class, "score");
    // 检查Updater是否正确工作
    public static AtomicInteger allScore=new AtomicInteger(0);
    public static void main(String[] args) throws InterruptedException {
        final Candidate stu=new Candidate();
        Thread[] t=new Thread[10000];
        for(int i = 0 ; i < 10000 ; i++) {
            t[i]=new Thread() {
                public void run() {
                    if(Math.random()>0.4){
                        scoreUpdater.incrementAndGet(stu);
                        allScore.incrementAndGet();
                    }
                }
            };
            t[i].start();
        }
        for(int i = 0 ; i < 10000 ; i++) {  t[i].join();}
        System.out.println("score="+stu.score);
        System.out.println("allScore="+allScore);
    }
}
```

上述代码中，候选人的得票数量记录在 Candidate.score 中。注意，它是一个普通的

volatile 变量，而 volatile 变量并不是线程安全的。第 6~7 行定义了 AtomicIntegerFieldUpdater 实例，用来对 Candidate.score 进行写入。后续的 allScore 用来检查 AtomicIntegerFieldUpdater 的正确性。如果 AtomicIntegerFieldUpdater 真的保证了线程安全，那么最终 Candidate.score 和 allScore 的值必然是相等的。否则，就说明 AtomicIntegerFieldUpdater 根本没有确保线程安全写入。第 12~21 行模拟了计票过程，这里假设有大约 60%的人投赞成票，并且投票是随机的。第 17 行使用 Updater 修改 Candidate.score（这里应该是线程安全的），第 18 行使用 AtomicInteger 计数，作为参考基准。

运行这段程序，不难发现，最终的 Candidate.score 总是和 allScore 绝对相等。这说明 AtomicIntegerFieldUpdater 很好地保证了 Candidate.score 的线程安全性。

虽然 AtomicIntegerFieldUpdater 很好用，但是有几个注意事项：

第一，Updater 只能修改它可见范围内的变量，因为 Updater 使用反射得到这个变量。如果变量不可见，就会出错。比如 score 声明为 private 的，就是不可行的。

第二，为了确保变量被正确的读取，它必须是 volatile 类型的。如果我们原有代码中未声明这个类型，那么简单地声明一下就行，这不会引起什么问题。

第三，由于 CAS 操作会通过对象实例中的偏移量直接赋值，因此，它不支持 static 字段（Unsafe. objectFieldOffset()方法不支持静态变量）。

通过 AtomicIntegerFieldUpdater，我们可以更加随心所欲地对系统关键数据进行线程安全保护。

4.4.8　挑战无锁算法：无锁的 Vector 实现

我们已经比较完整地介绍了有关无锁的概念和使用方法。相对于有锁的方法，使用无锁的方式编程更加考验一个程序员的耐心和智力。无锁带来的好处是显而易见的：第一，在高并发的情况下，它比有锁的程序拥有更好的性能；第二，它天生就是死锁免疫的。就凭借这两个优势，就值得我们冒险尝试使用无锁并发。

这里向大家介绍一种使用无锁方式实现的 Vector。通过这个案例，我们可以更加深刻地认识无锁的算法，同时可以学习一下有关 Vector 实现的细节和算法技巧（本例讲述的无锁 Vector 来自 amino 并发包）。

我们将这个无锁的 Vector 称为 LockFreeVector。它的特点是可以根据需求动态扩展其内部空间。在这里，我们使用二维数组来表示 LockFreeVector 的内部存储。

```
private final AtomicReferenceArray<AtomicReferenceArray<E>> buckets;
```

变量 buckets 存放所有的内部元素。从定义上看，它是一个保存着数组的数组，也就是通常所说的二维数组。特别之处在于，这些数组都是使用 CAS 的原子数组。为什么使用二维数组去实现一个一维的 Vector 呢？这是为了将来 Vector 进行动态扩展时可以更加方便。我们知道，AtomicReferenceArray 内部使用 Object[]来存储数据，这使得动态空间增加特别麻烦，因此使用二维数组的好处就是将来可以方便地增加新的元素。

此外，为了更有序地读写数组，可以定义一个 Descriptor 的元素，它的作用是使用 CAS 操作写入新数据：

```
static class Descriptor<E> {
   public int size;
   volatile WriteDescriptor<E> writeop;
   public Descriptor(int size, WriteDescriptor<E> writeop) {
      this.size = size;
      this.writeop = writeop;
   }
   public void completeWrite() {
      WriteDescriptor<E> tmpOp = writeop;
      if (tmpOp != null) {
         tmpOp.doIt();
         writeop = null;
         // 这是安全的
      }
   }
}

static class WriteDescriptor<E> {
   public E oldV;
   public E newV;
   public AtomicReferenceArray<E> addr;
   public int addr_ind;

   public WriteDescriptor(AtomicReferenceArray<E> addr, int addr_ind,
         E oldV, E newV) {
```

```
26         this.addr = addr;
27         this.addr_ind = addr_ind;
28         this.oldV = oldV;
29         this.newV = newV;
30     }
31
32     public void doIt() {
33         addr.compareAndSet(addr_ind, oldV, newV);
34     }
35 }
```

上述代码第 4 行定义的 Descriptor 构造函数接收两个参数，第一个表示整个 Vector 的长度，第二个为一个 writer。最终，写入数据是通过 writer 实现的（通过 completeWrite()方法）。

第 24 行 WriteDescriptor 的构造函数接收四个参数：第一个参数 addr 表示要修改的原子数组，第二个参数为要写入的数组索引位置，第三个参数 oldV 为期望值，第四个参数 newV 为需要写入的值。

在构造 LockFreeVector 时，显然需要对 buckets 和 descriptor 进行初始化：

```
public LockFreeVector() {
    buckets = new AtomicReferenceArray<AtomicReferenceArray<E>>(N_BUCKET);
    buckets.set(0, new AtomicReferenceArray<E>(FIRST_BUCKET_SIZE));
    descriptor = new AtomicReference<Descriptor<E>>(new Descriptor<E>(0,
            null));
}
```

在这里 N_BUCKET 为 30，也就是说这个 buckets 里面一共可以存放 30 个数组（由于数组无法动态增长，因此数组总数也就不能超过 30）。并且将第一个数组的大小 FIRST_BUCKET_SIZE 设为 8。到这里，大家可能会有一个疑问，如果每个数组有 8 个元素，一共 30 个数组，那么岂不是一共只能存放 240 个元素吗？

如果大家了解 JDK 内的 Vector 实现，应该知道，Vector 在扩容时，在默认情况下，每次都会将总容量翻倍。因此，这里也借鉴类似的思想，每次扩容，新的数组的大小为原来的两倍（即每次扩容都启用一个新的数组），因此，第一个数组的大小为 8，第二个就是 16，第三个就是 32，以此类推，30 个数组可以支持的总元素数量达到$\sum_{i=1}^{30} 8^i$。

这个数值已经超过了 2^{33}，即它在 80 亿以上。因此，可以满足一般的应用需求。

当有元素需要加入 LockFreeVector 时，会使用一个名为 push_back()的方法，将元素压入 Vector 的最后一个位置。这个操作显然就是 LockFreeVector 最核心的方法，也是最能体现 CAS 使用特点的方法，它的实现如下：

```
01 public void push_back(E e) {
02    Descriptor<E> desc;
03    Descriptor<E> newd;
04    do {
05       desc = descriptor.get();
06       desc.completeWrite();
07
08       int pos = desc.size + FIRST_BUCKET_SIZE;
09       int zeroNumPos = Integer.numberOfLeadingZeros(pos);
10       int bucketInd = zeroNumFirst - zeroNumPos;
11       if (buckets.get(bucketInd) == null) {
12          int newLen = 2 * buckets.get(bucketInd - 1).length();
13          if (debug)
14             System.out.println("New Length is:" + newLen);
15          buckets.compareAndSet(bucketInd, null,
16                new AtomicReferenceArray<E>(newLen));
17       }
18
19       int idx = (0x80000000>>>zeroNumPos) ^ pos;
20       newd = new Descriptor<E>(desc.size + 1, new WriteDescriptor<E>(
21             buckets.get(bucketInd), idx, null, e));
22    } while (!descriptor.compareAndSet(desc, newd));
23    descriptor.get().completeWrite();
24 }
```

可以看到，方法主体部分是一个 do-while 循环，用来不断尝试对 descriptor 的设置，也就是通过 CAS 操作保证 descriptor 的一致性和安全性。第 23 行使用 descriptor 将数据真正地写入数组中。这个 descriptor 写入的数据由第 20~21 行构造的 WriteDescriptor 决定。

在循环最开始（第 5 行），使用 descriptor 先将数据写入数组，是为了防止上一个线程设置完 descriptor 后（第 22 行），还没来得及执行第 23 行的写入，相当于做一次预防性操作。

因为限制要将元素 e 压入 Vector，所以我们必须首先知道这个 e 应该放在哪个位置。由于目前使用了二维数组，我们自然需要知道 e 所在的数组（buckets 中的下标位置）和数组中的下标。

第 8～10 行通过当前 Vector 的大小（desc.size），计算新的元素应该落入哪个数组。这里使用了位运算进行计算。也许你会觉得这几行代码看起来有些奇怪，我的解释如下：LockFreeVector 每次都会成倍地扩容，它的第一个数组长度为 8，第二个是 16，第三个是 32，以此类推。它们的二进制表示如下：

```
00000000 00000000 00000000 00001000：第一个数组大小，28 个前导零
00000000 00000000 00000000 00010000：第二个数组大小，27 个前导零
00000000 00000000 00000000 00100000：第三个数组大小，26 个前导零
00000000 00000000 00000000 01000000：第四个数组大小，25 个前导零
```

它们之和就是 LockFreeVector 的总大小，因此，如果每一个数组都恰好被填满，那么总大小应该是类似这样的数值（以 4 个数组填满为例）：

```
00000000 00000000 00000000 01111000：4 个数组都恰好填满时的大小
```

导致这个数字进位的条件，就是至少加上二进制的 1000，而这个数字正好是 8（FIRST_BUCKET_SIZE 就是 8），这就是第 8 行代码的意义。它可以使得数组大小发生一次二进制的进位（如果不进位说明还在第一个数组中），进位后前导零的数量就会发生变化。而元素所在的数组，和 pos（第 8 行定义的变量）前导零数量直接相关，每进行一次数组扩容，它的前导零数量就会减 1。如果从来没有扩容过，那么它的前导零就是 28 个，以后逐级减 1 个，这就是第 9 行获得 pos 前导零数量的原因。第 10 行通过 pos 前导零数量可以立即定位使用哪个数组（也就是得到了 bucketInd 的值）。

第 11 行，判断这个数组是否存在。如果不存在，则创建数组，大小为前一个数组的两倍，并把它设置到 buckets 中。

再看一下元素没有恰好填满的情况：

```
00000000 00000000 00000000 00001000：第一个数组大小，28 个前导零
00000000 00000000 00000000 00010000：第二个数组大小，27 个前导零
00000000 00000000 00000000 00100000：第三个数组大小，26 个前导零
00000000 00000000 00000000 00000001：第四个数组大小，只有一个元素
```

那么总大小就是：

```
00000000 00000000 00000000 00111001：元素总个数
```

总个数加上二进制数 1000 后，得到：

```
00000000 00000000 00000000 01000001
```

显然，通过前导零数量可以定位到第 4 个数组。而剩余位，显然就表示元素在当前数组内的偏移量（也就是数组下标）。根据这个理论，我们就可以通过 pos 计算这个元素应该放在给定数组的哪个位置。通过第 19 行代码，获得 pos 的除第一位数字 1 以外的其他位的数值。因此，pos 的前导零可以表示元素所在的数组，而 pos 的后面几位，则表示元素在这个数组中的位置。由此，第 19 行代码就取得了元素的所在位置 idx。

到此，我们就已经得到新元素位置的全部信息，剩下的就是将这些信息传递给 descriptor 让它在给定的位置把元素 e 安置上去即可。这里通过 CAS 操作保证写入的正确性。

下面来看一下 get()方法的实现：

```
1 @Override
2 public E get(int index) {
3    int pos = index + FIRST_BUCKET_SIZE;
4    int zeroNumPos = Integer.numberOfLeadingZeros(pos);
5    int bucketInd = zeroNumFirst - zeroNumPos;
6    int idx = (0x80000000>>>zeroNumPos) ^ pos;
7    return buckets.get(bucketInd).get(idx);
8 }
```

在 get()方法的实现中，第 3~6 行使用了相同的算法获得所需元素的数组，以及数组中的索引下标。这里通过 buckets 定位到对应的元素即可。

对于 Vector 来说两个重要的方法就讲完了，其他方法非常类似，这里就不再详细讨论了。

4.4.9 让线程之间互相帮助：细看 SynchronousQueue 的实现

在对线程池的介绍中，提到了一个非常特殊的等待队列 SynchronousQueue。SynchronousQueue 的容量为 0，任何一个对 SynchronousQueue 的写操作都需要等待一个对 SynchronousQueue 的读操作，反之亦然。因此，与其说 SynchronousQueue 是一个队列，不如说它是一个数据交换通道。那么 SynchronousQueue 的奇妙功能是如何实现的呢？

SynchronousQueue 和无锁操作脱离不了关系，实际上 SynchronousQueue 内部也大量使用了无锁工具。

对 SynchronousQueue 来说，它将 put()和 take()两种功能截然不同的方法抽象为一个共同的方法 Transferer.transfer()。从字面上看，这就是数据传递的意思。它的完整签名如下：

```
Object transfer(Object e, boolean timed, long nanos)
```

当参数 e 为非空时，表示当前操作传递给一个消费者，如果为空，则表示当前操作需要请求一个数据。timed 参数决定是否存在 timeout 时间，nanos 决定了 timeout 的时长。如果返回值非空，则表示数据已经被接收或者正常提供；如果为空，则表示失败（超时或者中断）。

SynchronousQueue 内部会维护一个线程等待队列。等待队列中会保存等待线程及相关数据的信息。比如，生产者将数据放入 SynchronousQueue 时，如果没有消费者接收，那么数据本身和线程对象都会打包在队列中等待（因为 SynchronousQueue 容积为 0，没有数据可以正常放入）。

Transferer.transfer()方法的实现是 SynchronousQueue 的核心，它大体上分为三个步骤。

（1）如果等待队列为空，或者队列中节点的类型和本次操作是一致的，那么将当前操作压入队列进行等待。比如，等待队列中是读线程等待，本次操作也是读，因此这两个读都需要等待。进入等待队列的线程可能会被挂起，它们会等待一个“匹配”操作。

（2）如果等待队列中的元素和本次操作是互补的（比如等待操作是读，而本次操作是写），那么就插入一个“完成”状态节点，并且让它“匹配”到一个等待节点上。接着弹出这两个节点，并且继续执行对应的两个线程。

（3）如果线程发现等待队列的节点就是“完成”节点，那么帮助这个节点完成任务，其流程和步骤（2）是一致的。

步骤（1）的实现如下：

```
SNode h = head;
if (h == null || h.mode == mode) {                // 如果队列为空，或者模式相同
    if (timed && nanos <= 0) {                    // 不等待
        if (h != null && h.isCancelled())
            casHead(h, h.next);                   // 处理取消行为
        else
            return null;
    } else if (casHead(h, s = snode(s, e, h, mode))) {
        SNode m = awaitFulfill(s, timed, nanos);  // 等待，直到有匹配操作出现
```

```
10       if (m == s) {                                    // 等待被取消
11          clean(s);
12          return null;
13       }
14       if ((h = head) != null && h.next == s)
15          casHead(h, s.next);                           // 帮助 s 的 fulfill 节点
16       return (mode == REQUEST) ? m.item : s.item;
17    }
18 }
```

在上述代码中，第 1 行 SNode 表示等待队列中的节点。内部封装了当前线程、next 节点、匹配节点、数据内容等信息。第 2 行，判断当前等待队列为空，或者队列中元素的模式与本次操作相同（比如，如果都是读操作，那么都必须要等待）。第 8 行，生成一个新的节点并置于队列头部，这个节点就代表当前线程。如果入队成功，则执行第 9 行的 awaitFulfill()方法。该方法会进行自旋等待，并最终挂起当前线程。直到一个与之对应的操作产生，将其唤醒。线程被唤醒后（表示已经读取到数据或者自己产生的数据已经被别的线程读取），在第 14~15 行尝试帮助对应的线程完成两个头部节点的出队操作（这仅仅是友情帮助），并在最后返回读取或者写入的数据（第 16 行）。

步骤（2）的实现如下：

```
} else if (!isFulfilling(h.mode)) {              // 是否处于 fulfill 状态
   if (h.isCancelled())                          // 如果以前取消了
      casHead(h, h.next);                        // 则弹出并重试
   else if (casHead(h, s=snode(s, e, h, FULFILLING|mode))) {
      for (;;) {                                 // 一直循环直到匹配(match)或者没有等待者了
         SNode m = s.next;                       // m 是 s 的匹配者
         if (m == null) {                        // 已经没有等待者了
            casHead(s, null);                    // 弹出 fulfill 节点
            s = null;                            // 下一次使用新的节点
            break;                               // 重新开始主循环
         }
         SNode mn = m.next;
         if (m.tryMatch(s)) {
            casHead(s, mn);                      // 弹出 s 和 m
            return (mode == REQUEST) ? m.item : s.item;
         } else                                  // 匹配失败
```

```
17              s.casNext(m, mn);                    // 帮助删除节点
18          }
19      }
20  }
```

在上述代码中，首先判断头部节点是否处于 fulfill 状态。如果是，则需要进入步骤（3）。否则，将视自己为对应的 fulfill 线程。第 4 行生成一个 SNode 元素，设置为 fulfill 模式并将其压入队列头部。接着，设置 m（原始的队列头部）为 s 的匹配节点（第 13 行），tryMatch()方法将会激活一个等待线程，并将 m 传递给那个线程。如果设置成功，则表示数据投递完成，将 s 和 m 两个节点弹出即可（第 14 行）。如果 tryMatch()方法失败，则表示已经有其他线程帮助完成了操作，那么删除 m 节点即可（第 17 行），因为这个节点的数据已经被投递，不需要再次处理，再次跳转到第 5 行的循环体，进行下一个等待线程的匹配和数据投递，直到队列中没有等待线程为止。

步骤（3）的实现如下，如果在执行线程时，发现头部节点恰好处于 fulfill 状态，它就会帮助 fulfill 节点尽快执行：

```
} else {                                       // 帮助 fulfill 节点
    SNode m = h.next;                          // m 是 h 的匹配者
    if (m == null)                             // 没有等待者
        casHead(h, null);                      // 弹出 fulfill 节点
    else {
        SNode mn = m.next;
        if (m.tryMatch(h))                     // 尝试匹配
            casHead(h, mn);                    // 弹出 h 和 m
        else                                   // 匹配失败
            h.casNext(m, mn);                  // 帮助删除节点
    }
}
```

上述代码的执行原理和步骤（2）完全一致。唯一的不同是步骤（3）不会返回，因为步骤（3）所进行的工作是帮助其他线程尽快投递它们的数据，而自己并没有完成对应的操作。因此，线程进入步骤（3）后，再次进入大循环体（代码中没有给出），从步骤（1）开始重新判断条件和投递数据。

从整个数据投递的过程中可以看到，在 SynchronousQueue 中，参与工作的所有线程不仅仅是竞争资源的关系，更重要的是，它们彼此之间还会互相帮助。在一个线程内部，可

能会帮助其他线程完成它们的工作。这种模式可以减小饥饿出现的概率，提高系统整体的并行度。

4.5 有关死锁的问题

在学习了无锁之后，让我们重新回到锁的世界吧！在众多的应用程序中，使用锁的情况一般要多于无锁。因为对于应用来说，如果业务逻辑很复杂，会极大增加无锁的编程难度。但如果使用锁，我们就不得不对一个新的问题引起重视——死锁。

什么是死锁呢？通俗地说，死锁就是两个或者多个线程相互占用对方需要的资源，导致彼此之间相互等待对方释放资源，产生了无限制等待的现象。死锁一旦发生，如果没有外力介入，这种等待将永远存在，从而对程序产生严重的影响。

用来描述死锁问题的一个有名的场景是哲学家就餐问题，如图 4.3 所示。哲学家就餐问题可以这样表述，假设有五位哲学家围坐在一张圆桌旁，做以下两件事情之一：吃饭和思考。吃东西的时候，他们就停止思考，思考的时候也停止吃东西。餐桌中间有一大碗意大利面，每两个哲学家之间有一只叉子。因为用一只叉子很难吃到意大利面，所以假设哲学家必须用两只叉子吃东西。他们只能使用自己左右手边的那两只叉子。哲学家就餐问题有时也用米饭和筷子而不是意大利面和叉子来描述，因为很明显，吃米饭必须用两只筷子。

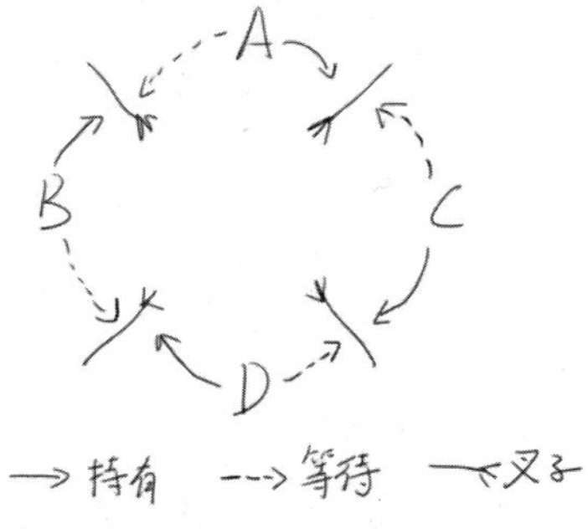

图 4.3　哲学家就餐问题

哲学家从来不交谈，这就很危险，可能产生死锁。每个哲学家都拿着左边的叉子，永远都在等右边的叉子（或者相反）。

最简单的情况就是只有两个哲学家，假设是 A 和 B，桌面也只有两个叉子。A 左手拿着其中一只叉子，B 也一样。这样他们的右手都会等待对方的叉子，并且这种等待会一直持续，程序出现这种情况时就会永远无法正常执行。

下面用一个简单的例子来模拟这个过程：

```
public class DeadLock extends Thread {
   protected Object tool;
   static Object fork1 = new Object();
   static Object fork2 = new Object();

   public DeadLock(Object obj) {
      this.tool = obj;
      if (tool == fork1) {
         this.setName("哲学家A");
      }
      if (tool == fork2) {
         this.setName("哲学家B");
      }
   }

   @Override
   public void run() {
      if (tool == fork1) {
         synchronized (fork1) {
            try {
               Thread.sleep(500);
            } catch (Exception e) {
               e.printStackTrace();
            }
            synchronized (fork2) {
               System.out.println("哲学家A开始吃饭了");
            }
         }

      }
      if (tool == fork2) {
         synchronized (fork2) {
            try {
               Thread.sleep(500);
            } catch (Exception e) {
```

```
                    e.printStackTrace();
                }
                synchronized (fork1) {
                    System.out.println("哲学家B开始吃饭了");
                }
            }

        }
    }

    public static void main(String[] args) throws InterruptedException {
        DeadLock 哲学家A = new DeadLock(fork1);
        DeadLock 哲学家B = new DeadLock(fork2);
        哲学家A.start();
        哲学家B.start();
        Thread.sleep(1000);
    }
}
```

上述代码模拟了两个哲学家互相等待对方的叉子的情景。哲学家 A 先占用叉子 1，哲学家 B 占用叉子 2，接着他们就相互等待，都没有办法同时获得两只叉子进而用餐。

在实际环境中，遇到了这种情况，通常的表现就是相关的进程不再工作，并且 CPU 占用率为 0（因为死锁的线程不占用 CPU）。不过这种表面现象只能用来猜测问题，如果想要确认问题，还需要使用 JDK 提供的一套专业工具。

首先，我们可以使用 jps 命令得到 Java 进程的进程 ID，接着使用 jstack 命令得到线程的线程堆栈：

```
C:\Users\Administrator>jps
8404
944
3992 DeadLock
3260 Jps
// 使用jstack查看进程内所有的线程堆栈
C:\Users\Administrator>jstack 3992
// 省略部分输出，只列出当前与死锁有关的线程
"哲学家B" #9 prio=5 os_prio=0 tid=0x01ccf400 nid=0xb70 waiting for monitor entry
[0x1597f000]
   java.lang.Thread.State: BLOCKED (on object monitor)
```

```
        at geym.conc.ch4.deadlock.DeadLock.run(DeadLock.java:42)
        - waiting to lock <0x046b3430> (a java.lang.Object)
        - locked <0x046b3438> (a java.lang.Object)

"哲学家 A" #8 prio=5 os_prio=0 tid=0x01ccec00 nid=0x1064 waiting for monitor entry
[0x160ff000]
   java.lang.Thread.State: BLOCKED (on object monitor)
        at geym.conc.ch4.deadlock.DeadLock.run(DeadLock.java:29)
        - waiting to lock <0x046b3438> (a java.lang.Object)
        - locked <0x046b3430> (a java.lang.Object)
// 自动找到了一个死锁，确认死锁的存在
Found one Java-level deadlock:
=============================
"哲学家 B":
  waiting to lock monitor 0x15b5bd6c (object 0x046b3430, a java.lang.Object),
  which is held by "哲学家 A"
"哲学家 A":
  waiting to lock monitor 0x01c1705c (object 0x046b3438, a java.lang.Object),
  which is held by "哲学???B"

Java stack information for the threads listed above:
===================================================
// 哲学家 A 占用了 0x046b3430，等待 0x046b3438，哲学家 B 正好相反，因此产生死锁
"哲学家 B":
        at geym.conc.ch4.deadlock.DeadLock.run(DeadLock.java:42)
        - waiting to lock <0x046b3430> (a java.lang.Object)
        - locked <0x046b3438> (a java.lang.Object)
"哲学家 A":
        at geym.conc.ch4.deadlock.DeadLock.run(DeadLock.java:29)
        - waiting to lock <0x046b3438> (a java.lang.Object)
        - locked <0x046b3430> (a java.lang.Object)

Found 1 deadlock.
```

上面显示了 jstack 的部分输出。可以看到，哲学家 A 和哲学家 B 两个线程发生了死锁。并且可以看到两者相互等待的锁的 ID。同时，死锁的两个线程均处于 BLOCK 状态。

如果想避免死锁，除使用无锁的函数之外，还有一种有效的做法是使用第 3 章介绍的重入锁，通过重入锁的中断或者限时等待可以有效规避死锁带来的问题。大家可以回顾一下相关内容。

5

第 5 章 并行模式与算法

由于并行程序设计比串行程序设计复杂得多，因此我强烈建议大家了解一些常见的设计方法。就好像练习武术，一招一式都是要经过学习的。如果自己胡乱打，效果不见得好。前人会总结一些武术套路，对于初学者来说，不需要发挥自己的想象力，只要按照武术套路出拳就可以了。等练到了一定的程度，就不必拘泥于套路了。这些武术套路和招数，对应到软件开发中就是设计模式。在这一章中，我将重点向大家介绍一些并行模式与算法。这些都是前人的经验总结，大家可以在熟知其思想和原理的基础上，再根据自己的需求进行扩展，可能会达到更好的效果。

5.1 探讨单例模式

单例模式是设计模式中使用最普遍的模式之一。它是一种对象创建模式，用于产生一个对象的具体实例，它可以确保系统中一个类只产生一个实例。在 Java 中，这样的行为能带来两大好处。

（1）对于频繁使用的对象，可以省略 new 操作花费的时间，这对于那些重量级对象而言，是非常可观的一笔系统开销。

（2）由于 new 操作的次数减少，对系统内存的使用频率也会降低，这将减轻 GC 的压力，缩短 GC 停顿时间。

严格来说，单例模式与并行模式没有直接的关系。讨论这个模式，是因为它实在是太常见了，我们不可避免地会在多线程环境中使用它们。并且，系统中使用单例的地方可能非常多，因此我们非常迫切地需要一种高效的单例实现。

下面给出了一个单例的实现，这个实现是非常简单的，是一个正确并且良好的实现：

```
public class Singleton {
   private Singleton(){
      System.out.println("Singleton is create");
   }
   private static Singleton instance = new Singleton();
   public static Singleton getInstance() {
      return instance;
   }
}
```

使用以上方式创建单例时有几点必须特别注意。因为我们要保证系统中不会有人意外创建多余的实例，所以我们把 Singleton 的构造函数设置为私有的。这非常重要，这就警告所有的开发人员，不能随便创建这个类的实例，从而有效避免该类被错误创建。

首先，instance 必须是私有的并且静态的。如果不是私有的，那么 instance 的安全性无法得到保证。一个小小的意外就可能使得 instance 变成 null。其次，因为工厂方法 getInstance()必须是静态的，所以对应的 instance 也必须是静态的。

这个单例的性能是非常好的，由于 getInstance()方法只是简单地返回 instance，并没有任何锁操作，因此它在并行程序中会有良好的表现。

这种方式有一个明显不足，就是 Singleton 构造函数或者说 Singleton 实例在什么时候创建是不受控制的。对于静态成员 instance，它会在类第一次初始化的时刻被创建。这个时刻并不一定是 getInstance()方法第一次被调用的时刻。

比如，如果你的单例是这样的：

```
public class Singleton {
   public static int STATUS=1;
   private Singleton(){
      System.out.println("Singleton is create");
   }
   private static Singleton instance = new Singleton();
   public static Singleton getInstance() {
      return instance;
   }
}
```

注意，这个单例还包含一个表示状态的静态成员 STATUS。此时，在任何地方引用这个 STATUS 都会导致 instance 被创建（任何对 Singleton 方法或者字段的引用，都会导致类初始化，并创建 instance，但是类初始化只有一次，因此 instance 永远只会被创建一次），比如：

```
System.out.println(Singleton.STATUS);
```

上述方法会打印出：

```
Singleton is create
1
```

可以看到，即使系统没有要求创建单例，new Singleton()方法也会被调用。

如果大家觉得这个小小的不足并不重要，那么这种单例模式也是一种不错的选择。它容易实现、代码易读而且性能优越。

如果你想精确控制 instance 的创建时间，那么这种方式就不太友善了。我们需要寻找一种新的方法、一种支持延迟加载的策略，它只会在 instance 第一次使用时创建对象，具体实现如下：

```
public class LazySingleton {
   private LazySingleton() {
      System.out.println("LazySingleton is create");
   }
   private static LazySingleton instance = null;
   public static synchronized LazySingleton getInstance() {
```

```
        if (instance == null)
            instance = new LazySingleton();
        return instance;
    }
}
```

这个 LazySingleton 的核心思想是：最初我们并不需要实例化 instance，而是当 getInstance()方法被第一次调用时，创建单例对象。为了防止对象被多次创建，我们不得不使用 synchronized 关键字进行方法同步。这种实现的好处是，充分利用了延迟加载，只在真正需要时创建对象。但坏处也很明显，在并发环境下加锁，竞争激烈的场合对性能可能产生一定的影响。但总体上，这是一个非常易于理解和实现的方法。

此外，还有一种被称为双重检查模式的方法可以用于创建单例。但我并不打算在这里介绍它，因为这是一种非常丑陋、复杂的方法，甚至在低版本的 JDK 中都不能保证正确性。因此，绝不推荐大家使用。如果大家阅读到相关文档，我也强烈建议大家不要在这种方法上花费太多时间。

上面介绍的两种单例实现可以说是各有千秋。有没有一种方法可以结合二者的优势呢？答案是肯定的。

```
public class StaticSingleton {
    private StaticSingleton(){
        System.out.println("StaticSingleton is create");
    }
    private static class SingletonHolder {
        private static StaticSingleton instance = new StaticSingleton();
    }
    public static StaticSingleton getInstance() {
        return SingletonHolder.instance;
    }
}
```

上述代码实现了一个单例，并且同时拥有前两种方式的优点。首先 getInstance()方法中没有锁，这使其在高并发环境下性能优越。其次，只有在 getInstance()方法第一次被调用时，StaticSingleton 的实例才会被创建。因为这种方法巧妙地使用了内部类和类的初始化方式。内部类 SingletonHolder 被声明为私有的，这使得我们不可能在外部访问并初始化它。而我们只可能在 getInstance()方法内部对 SingletonHolder 类进行初始化，利用虚拟机的类初始化机制创建单例。

5.2 不变模式

在并行软件开发过程中，同步操作似乎是必不可少的。当多线程对同一个对象进行读写操作时，为了保证对象数据的一致性和正确性，有必要对对象进行同步，但是同步操作对系统性能有损耗。为了尽可能地去除这些同步操作、提高并行程序性能，可以使用一种不可改变的对象。依靠对象的不变性，可以确保其在没有同步操作的多线程环境中依然保持内部状态的一致性和正确性。这就是不变模式。

不变模式天生就是多线程友好的，它的核心思想是，一个对象一旦被创建，它的内部状态将永远不会发生改变。没有一个线程可以修改其内部状态和数据，同时其内部状态也绝不会自行发生改变。基于这些特性，对不变对象的多线程操作不需要进行同步控制。

同时需要注意，不变模式和只读属性是有一定的区别的。不变模式比只读属性具有更强的一致性和不变性。对只读属性的对象而言，对象本身不能被其他线程修改，但是对象的自身状态却可能自行修改。

比如，一个对象的存活时间（对象创建时间和当前时间的时间差）是只读的，任何一个第三方线程都不能修改这个属性，但是这是一个可变的属性，因为随着时间的推移，存活时间时刻都在发生变化。而不变模式则要求，无论出于什么原因，对象自创建后，其内部状态和数据都要保持绝对的稳定。

因此，不变模式的主要使用场景需要满足以下两个条件：

- 当对象创建后，其内部状态和数据不再发生任何变化。
- 对象需要被共享，被多线程频繁访问。

在 Java 语言中，不变模式的实现很简单。为确保对象被创建后，不发生任何改变，并保证不变模式正常工作，只需要注意以下四点即可：

- 去除 setter()方法及所有修改自身属性的方法。
- 将所有属性设置为私有的，并用 final 标记，确保其不可修改。

- 确保没有子类可以重载修改它的行为。
- 有一个可以创建完整对象的构造函数。

以下代码实现了一个不变的产品对象，它拥有序列号、名称和价格三个属性：

```
public final class Product {                                // 确保无子类
   private final String no;                                 // 私有属性，不会被其他对象获取
   private final String name;                               // final 保证属性不会被两次赋值
   private final double price;

   public Product(String no, String name, double price) {   // 在创建对象时，必须指定数据
      super();                                              // 因为创建之后，无法进行修改
      this.no = no;
      this.name = name;
      this.price = price;
   }

   public String getNo() {
      return no;
   }
   public String getName() {
      return name;
   }
   public double getPrice() {
      return price;
   }
}
```

在不变模式的实现中，final 关键字起到了重要的作用。对属性的 final 定义确保所有数据只能在对象被构造时赋值 1 次。之后，就永远不发生改变。而对 class 的 final 定义确保了类不会有子类。根据里氏替换原则，子类可以完全替代父类。如果父类是不变的，那么子类也必须是不变的，但实际上我们无法约束这点，为了防止子类做出一些意外的行为，这里干脆把子类都禁用了。

在 JDK 中，不变模式的应用非常广泛。其中，最典型的就是 java.lang.String 类。此外，所有的元数据类、包装类都是使用不变模式实现的。主要的不变模式类型如下：

```
java.lang.String
```

```
java.lang.Boolean
java.lang.Byte
java.lang.Character
java.lang.Double
java.lang.Float
java.lang.Integer
java.lang.Long
java.lang.Short
```

由于基本数据类型和 String 类型在实际的软件开发中应用极其广泛，使用不变模式后，所有实例的方法均不需要进行同步操作，保证了它们在多线程环境下的性能。

注意： 不变模式通过回避问题而不是解决问题的态度来处理多线程并发访问控制，不变对象是不需要进行同步操作的。由于并发同步会对性能产生不良的影响，因此，在需求允许的情况下，不变模式可以提高系统的并发性能和并发量。

5.3 生产者-消费者模式

生产者-消费者模式是一个经典的多线程设计模式，它为多线程间的协作提供了良好的解决方案。在生产者-消费者模式中，通常有两类线程，即若干个生产者线程和若干个消费者线程。生产者线程负责提交用户请求，消费者线程则负责具体处理生产者提交的任务。生产者和消费者之间则通过共享内存缓冲区进行通信。

图 5.1 展示了生产者-消费者模式的基本结构。三个生产者线程将任务提交到共享内存缓冲区，消费者线程并不直接与生产者线程通信，而是在共享内存缓冲区中获取任务，并进行处理。

注意： 生产者-消费者模式中的内存缓冲区的主要功能是数据在多线程间共享，此外，通过该缓冲区，可以缓解生产者和消费者之间的性能差。

生产者-消费者模式的核心组件是共享内存缓冲区，它作为生产者和消费者之间的通信桥梁，避免了生产者和消费者直接通信，从而将生产者和消费者进行解耦。生产者不需要知道消费者的存在，消费者也不需要知道生产者的存在。

同时，由于内存缓冲区的存在，允许生产者和消费者在执行上存在时间差，无论是生产者在局部时间内的执行速度高于消费者的执行速度，还是消费者在局部时间内的执行速度高于生产者的执行速度，都可以通过共享内存缓冲区得到缓解，确保系统正常运行。

图 5.1　生产者-消费者模式的基本结构

生产者-消费者模式的主要角色如表 5.1 所示。

表 5.1　生产者-消费者模式的主要角色

角色	作用
生产者	用于提交用户请求，提取用户任务，并装入内存缓冲区
消费者	在内存缓冲区中提取并处理任务
内存缓冲区	缓存生产者提交的任务或数据，供消费者使用
任务	生产者向内存缓冲区提交的数据结构
Main	使用生产者和消费者的客户端

图 5.2 显示了生产者-消费者模式的一种实现类图。

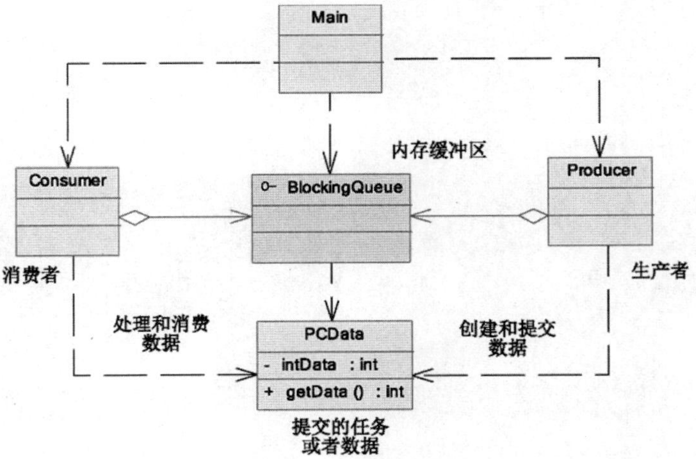

图 5.2　生产者-消费者模式的一种实现类图

其中，BlockingQueue 充当了共享内存缓冲区，用于维护任务或数据队列（PCData 对象）。我强烈建议大家回顾一下第 3 章有关 BlockingQueue 的知识，它对于理解生产者-消费者模式有重要的帮助。PCData 对象表示一个生产任务，或者相关任务的数据。生产者对象和消费者对象均引用同一个 BlockingQueue 实例。生产者负责创建 PCData 对象，并将它加入 BlockingQueue 中，消费者则从 BlockingQueue 中获取 PCData 对象。

基于图 5.2，下面我们实现一个基于生产者-消费者模式的求整数平方的并行程序。

生产者线程的实现如下，它构建 PCData 对象，并放入 BlockingQueue 中：

```
public class Producer implements Runnable {
   private volatile boolean isRunning = true;
   private BlockingQueue<PCData> queue;                          // 内存缓冲区
   private static AtomicInteger count = new AtomicInteger();   // 总数，原子操作
   private static final int SLEEPTIME = 1000;

   public Producer(BlockingQueue<PCData> queue) {
      this.queue = queue;
   }

   public void run() {
      PCData data = null;
      Random r = new Random();

      System.out.println("start producer id="+Thread.currentThread().getId());
      try {
         while (isRunning) {
            Thread.sleep(r.nextInt(SLEEPTIME));
            data = new PCData(count.incrementAndGet());          // 构造任务数据
            System.out.println(data+" is put into queue");
            if (!queue.offer(data, 2, TimeUnit.SECONDS)) {      // 提交数据到缓冲区中
               System.err.println("failed to put data: " + data);
            }
         }
      } catch (InterruptedException e) {
         e.printStackTrace();
         Thread.currentThread().interrupt();
      }
   }
```

```
    public void stop() {
        isRunning = false;
    }
}
```

对应的消费者的实现如下，它从 BlockingQueue 中取出 PCData 对象，并进行相应的计算：

```
public class Consumer implements Runnable {
    private BlockingQueue<PCData> queue;                    // 内存缓冲区
    private static final int SLEEPTIME = 1000;

    public Consumer(BlockingQueue<PCData> queue) {
        this.queue = queue;
    }

    public void run() {
        System.out.println("start Consumer id="
                + Thread.currentThread().getId());
        Random r = new Random();                            // 随机等待时间

        try {
            while(true){
                PCData data = queue.take();                 // 提取任务
                if (null != data) {
                    int re = data.getData() * data.getData();  // 计算平方
                    System.out.println(MessageFormat.format("{0}*{1}={2}",
                            data.getData(), data.getData(), re));
                    Thread.sleep(r.nextInt(SLEEPTIME));
                }
            }
        } catch (InterruptedException e) {
            e.printStackTrace();
            Thread.currentThread().interrupt();
        }
    }
}
```

PCData 对象作为生产者和消费者之间的共享数据模型，定义如下：

```
public final class PCData {                                // 任务相关的数据
```

```
    private  final int intData;                              // 数据
    public PCData(int d){
        intData=d;
    }
    public PCData(String d){
        intData=Integer.valueOf(d);
    }
    public int getData(){
        return intData;
    }
    @Override
    public String toString(){
        return "data:"+intData;
    }
}
```

在主函数中，创建三个生产者和三个消费者，并让它们协作运行。在主函数的实现中，LinkedBlockingQueue 作为 BlockingQueue 的实现类。

```
public class Main {
    public static void main(String[] args) throws InterruptedException {
        // 建立缓冲区
        BlockingQueue<PCData> queue = new LinkedBlockingQueue<PCData>(10);
        Producer producer1 = new Producer(queue);                    // 建立生产者
        Producer producer2 = new Producer(queue);
        Producer producer3 = new Producer(queue);
        Consumer consumer1 = new Consumer(queue);                    // 建立消费者
        Consumer consumer2 = new Consumer(queue);
        Consumer consumer3 = new Consumer(queue);
        ExecutorService service = Executors.newCachedThreadPool();   // 建立线程池
        service.execute(producer1);                                  // 运行生产者
        service.execute(producer2);
        service.execute(producer3);
        service.execute(consumer1);                                  // 运行消费者
        service.execute(consumer2);
        service.execute(consumer3);
        Thread.sleep(10 * 1000);
        producer1.stop();                                            // 停止生产者
        producer2.stop();
        producer3.stop();
```

```
        Thread.sleep(3000);
        service.shutdown();
    }
}
```

注意： 生产者-消费者模式很好地对生产者线程和消费者线程进行了解耦，优化了系统整体结构。同时，由于缓冲区的存在，允许生产者线程和消费者线程存在执行上的性能差异，从一定程度上缓解了性能瓶颈对系统性能的影响。

5.4　高性能的生产者-消费者模式：无锁的实现

用 BlockingQueue 实现生产者和消费者是一个不错的选择。它可以很自然地实现作为生产者和消费者的内存缓冲区。但是 BlockingQueue 并不是一个高性能的实现，它完全使用锁和阻塞等待来实现线程间的同步。在高并发场合，它的性能并不是特别优越。就像之前我已经提过的：ConcurrentLinkedQueue 是一个高性能的队列，但是 BlockingQueue 只是为了方便数据共享。

ConcurrentLinkedQueue 的秘诀就在于大量使用了无锁的 CAS 操作。同理，如果我们使用 CAS 来实现生产者-消费者模式，也可以获得可观的性能提升。不过正如大家所见，使用 CAS 编程是非常困难的，但有一个好消息是，目前有一个现成的 Disruptor 框架，已经帮助我们实现了这个功能。

5.4.1　无锁的缓存框架：Disruptor

Disruptor 框架是由 LMAX 公司开发的一款高效的无锁内存队列。它使用无锁的方式实现了一个环形队列（RingBuffer），非常适合实现生产者-消费者模式，比如事件和消息的发布。Disruptor 框架别出心裁地使用了环形队列来代替普通线形队列，这个环形队列内部为一个普通的数组。对于一般的队列，势必要提供队列头部 head 和尾部 tail 两个指针，用于出队和入队，这样无疑增加了线程协作的复杂度。但如果队列是环形的，则只需要对外提供一个当前位置指针，利用这个指针既可以进行入队操作，又可以进行出队操作。由于环形队列的缘故，队列的总大小必须事先指定，不能动态扩展。为了能够快速从一个序列（sequence）对应到数组的实际位置（每次有元素入队，序列号就加 1），Disruptor 框架要求我们必须将数组的大小设置为 2 的整数次幂。这样通过 sequence &(queueSize-1)就能立即定位到实际的元素位置 index，这比取余（%）操作快得多。

上面的 sequence &(queueSize-1)不太好理解，我在这里再简单说明一下。如果 queueSize 是 2 的整数次幂，则这个数字的二进制表示必然是 10、100、1000、10000 等形式。因此，queueSize-1 的二进制则是一个全 1 的数字。这样它可以将 sequence 限定在 queueSize-1 范围内，并且不会有任何一位是浪费的。

图 5.3 显示了 RingBuffer 的结构。生产者向缓冲区中写入数据，而消费者从中读取数据。生产者写入数据时，使用 CAS 操作，消费者读取数据时，为了防止多个消费者处理同一个数据，也使用 CAS 操作保护数据。

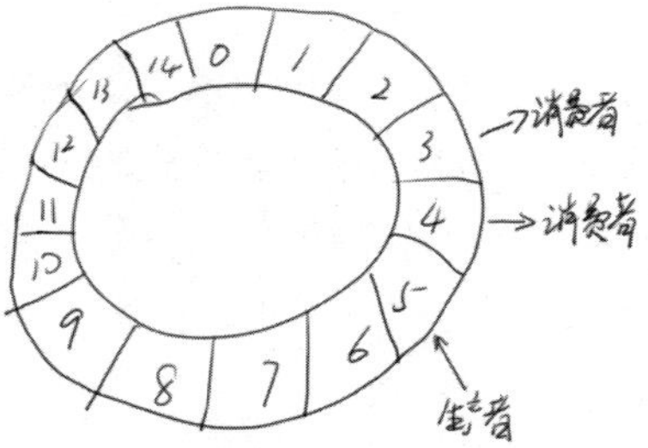

图 5.3 RingBuffer 的结构

这种固定大小的环形队列的另外一个好处就是可以做到完全的内存复用。在系统的运行过程中，不会有新的空间需要分配或者老的空间需要回收，可以大大减少系统分配空间及回收空间的开销。

5.4.2 用 Disruptor 框架实现生产者-消费者模式的案例

我们已经了解了 Disruptor 框架的基本实现，本节将展示一下 Disruptor 框架的基本使用方法和 API，这里使用的版本是 disruptor-3.3.2，不同版本的 Disruptor 框架可能会有细微的差别，请大家留意。

这里我们的生产者不断产生整数，消费者读取生产者的数据，并计算其平方。

首先，我们需要一个代表数据的 PCData 对象：

```
public class PCData
{
   private long value;
```

```
    public void set(long value)
    {
        this.value = value;
    }
    public long get(){
        return value;
    }
}
```

消费者通过 WorkHandler 接口实现，它来自 Disruptor 框架：

```
public class Consumer implements WorkHandler<PCData> {
    @Override
    public void onEvent(PCData event) throws Exception {
        System.out.println(Thread.currentThread().getId() + ":Event: --"
                + event.get() * event.get() + "--");
    }
}
```

消费者的作用是读取数据并进行处理。这里，数据的读取已经由 Disruptor 框架封装，onEvent()方法为框架的回调方法，因此只需要简单地进行数据处理即可。

还需要一个产生 PCData 对象的工厂类，它会在 Disruptor 框架系统初始化时，构造所有的缓冲区中的对象实例（之前说过 Disruptor 框架会预先分配空间）：

```
public class PCDataFactory implements EventFactory<PCData>
{
    public PCData newInstance()
    {
        return new PCData();
    }
}
```

接着，让我们来看一下生产者，它比前面几个类稍微复杂一点：

```
public class Producer
{
    private final RingBuffer<PCData> ringBuffer;

    public Producer(RingBuffer<PCData> ringBuffer)
    {
        this.ringBuffer = ringBuffer;
```

```
08    }
09
10    public void pushData(ByteBuffer bb)
11    {
12       long sequence = ringBuffer.next();  // Grab the next sequence
13       try
14       {
15          PCData event = ringBuffer.get(sequence); // Get the entry in the Disruptor
16                                                  // for the sequence
17          event.set(bb.getLong(0));  // Fill with data
18       }
19       finally
20       {
21          ringBuffer.publish(sequence);
22       }
23    }
24 }
```

生产者需要一个RingBuffer的引用，也就是环形缓冲区。它有一个重要的方法pushData()，将产生的数据推入缓冲区。pushData()方法接收一个 ByteBuffer 对象。在 ByteBuffer 对象中可以存储任何数据类型，这里用来存储 long 类型的整数。pushData()方法的功能就是将传入的 ByteBuffer 对象中的数据提取出来，并装载到环形缓冲区中。

上述第 12 行代码通过 next()方法得到下一个可用的序列号。通过序列号，取得下一个空闲可用的 PCData 对象，并且将 PCData 对象的数据设为期望值，这个值最终会传递给消费者。最后，在第 21 行进行数据发布，只有发布后的数据才会真正被消费者看见。

至此，我们的生产者、消费者和数据都已经准备就绪，只差一个统筹规划的主函数将所有的内容整合起来了：

```
public static void main(String[] args) throws Exception
{
   Executor executor = Executors.newCachedThreadPool();
   PCDataFactory factory = new PCDataFactory();
   // 环形数组的大小值必须是 2 的整数次幂
   int bufferSize = 1024;
   Disruptor<PCData> disruptor = new Disruptor<PCData>(factory,
         bufferSize,
         executor,
         ProducerType.MULTI,
```

```
11          new BlockingWaitStrategy()
12          );
13    disruptor.handleEventsWithWorkerPool(
14          new Consumer(),
15          new Consumer(),
16          new Consumer(),
17          new Consumer());
18    disruptor.start();
19
20    RingBuffer<PCData> ringBuffer = disruptor.getRingBuffer();
21    Producer producer = new Producer(ringBuffer);
22    ByteBuffer bb = ByteBuffer.allocate(8);
23    for (long l = 0; true; l++)
24    {
25       bb.putLong(0, l);
26       producer.pushData(bb);
27       Thread.sleep(100);
28       System.out.println("add data "+l);
29    }
30 }
```

上述代码第 6 行，设置缓冲区大小为 1024。显然是 2 的整数次幂——一个合理的大小。第 7~12 行创建了 disruptor 对象。它封装了整个 disruptor 库的使用，提供了一些便捷的 API。第 13~17 行设置了用于处理数据的消费者，这里设置了 4 个消费者实例。系统会把每一个消费者实例映射到一个线程中，也就是这里提供了 4 个消费者线程。第 18 行启动并初始化 disruptor 系统。在第 23~29 行中由一个生产者不断地向缓冲区中存入数据。

系统执行案例后，你就可以得到类似如下的输出：

```
8:Event: --0--
add data 0
11:Event: --1--
add data 1
10:Event: --4--
add data 2
9:Event: --9--
add data 3
```

生产者和消费者正常工作。根据 Disruptor 框架的官方报告，Disruptor 框架的性能要比 BlockingQueue 队列高一个数量级以上。如此诱人的性能，当然值得我们尝试！

5.4.3 提高消费者的响应时间：选择合适的策略

当有新数据在 Disruptor 框架的环形缓冲区中产生时，消费者如何知道这些新产生的数据呢？或者说，消费者如何监控缓冲区中的信息呢？为此，Disruptor 框架提供了几种策略，这些策略由 WaitStrategy 接口封装，主要有以下几种实现。

- BlockingWaitStrategy：这是默认的策略。使用 BlockingWaitStrategy 和使用 BlockingQueue 是非常类似的，它们都使用锁和条件（Condition）进行数据的监控和线程的唤醒。因为涉及线程的切换，BlockingWaitStrategy 策略最节省 CPU，但是在高并发下它是性能表现最糟糕的一种等待策略。
- SleepingWaitStrategy：这个策略对 CPU 的消耗与 BlockingWaitStrategy 类似。它会在循环中不断等待数据。它会先自旋等待，如果不成功，则使用 Thread.yield()方法让出 CPU，并最终使用 LockSupport.parkNanos(1)进行线程休眠，以确保不占用太多的 CPU 资源。因此，这个策略对于数据处理可能会产生比较高的平均延时，它比较适合对延时要求不是特别高的场合。好处是它对生产者线程的影响最小。典型的应用场景是异步日志。
- YieldingWaitStrategy：这个策略用于低延时的场合。消费者线程会不断循环监控缓冲区的变化，在循环内部，它会使用 Thread.yield()方法让出 CPU 以给别的线程执行时间。如果你需要一个高性能的系统，并且对延时有较严格的要求，则可以考虑这种策略。使用这种策略时，相当于消费者线程变成了一个内部执行了 Thread.yield()方法的死循环。因此，你最好有多于消费者线程数量的逻辑 CPU 数量（这里的逻辑 CPU 指的是“双核四线程”中的那个四线程，否则，整个应用程序恐怕都会受到影响）。
- BusySpinWaitStrategy：这是最疯狂的等待策略。它就是一个死循环！消费者线程会尽最大努力疯狂监控缓冲区的变化。因此，它会吃掉所有的 CPU 资源。只有对延迟要求非常苛刻的场合才考虑使用它（或者说，你的系统真的非常繁忙）。因为使用它等于开启了一个死循环监控，你的物理 CPU 数量必须大于消费者的线程数。注意，我这里说的是物理 CPU，如果你在一个物理核上使用超线程技术模拟出两个逻辑核，另外一个逻辑核显然会受到这种超密集计算的影响而不能正常工作。

在上一节的例子中，使用的是 BlockingWaitStrategy（第 11 行），读者可以替换它，体验一下不同等待策略的不同效果。

5.4.4　CPU Cache 的优化：解决伪共享问题

除使用 CAS 和提供各种不同的等待策略来提高系统的吞吐量外，Disruptor 框架大有将优化进行到底的气势，它甚至尝试解决 CPU 缓存的伪共享问题。

什么是伪共享问题呢？我们知道，为了提高 CPU 的速度，CPU 有一个高速缓存（Cache）。在高速缓存中，读写数据的最小单位为缓存行（Cache Line），它是从主存（Memory）复制到缓存（Cache）的最小单位，一般为 32 字节到 128 字节。

当程序中的两个变量存放在一个缓存行时，在多线程访问中，可能会影响彼此的性能。在图 5.4 中，假设变量 X 和 Y 在同一个缓存行，运行在 CPU1 上的线程更新了变量 X，那么 CPU2 上的缓存行就会失效，同一行的变量 Y 即使没有修改也会失效，导致 Cache 无法命中。接着，如果在 CPU2 上的线程更新了变量 Y，则导致 CPU1 上的缓存行失效（此时，同一行的变量 X 变得无法访问）。这种情况反复发生，无疑是一个潜在的性能杀手。如果 CPU 经常不能命中缓存，那么系统的吞吐量就会急剧下降。

为了避免这种情况发生，一种可行的做法就是在变量 X 的前后空间都先占据一定的位置（把它叫作 padding，用于填充）。这样，当变量被读入缓存时，这个缓存行中，只有变量 X 一个变量实际是有效的，因此就不会出现多个线程同时修改缓存行中不同变量而导致变量全体失效的情况，如图 5.5 所示。

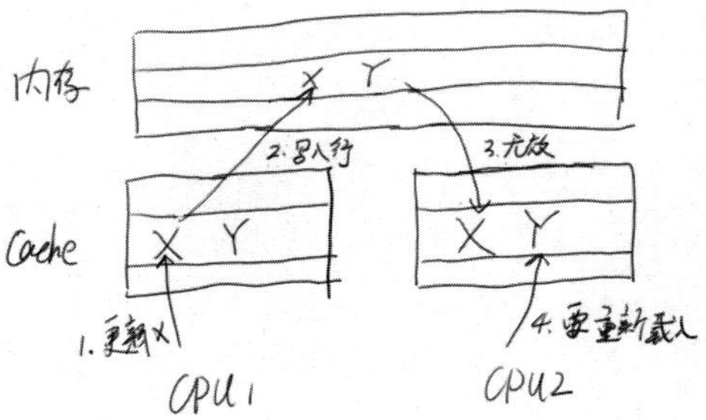

图 5.4　变量 X 和 Y 在同一个缓存行中

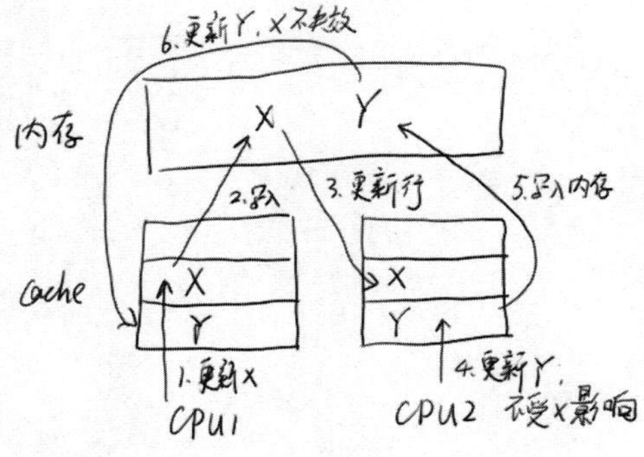

图 5.5　变量 X 和 Y 各占据一个缓存行

为了实现这个目的，我们可以这么做：

```
public final class FalseSharing implements Runnable {
    public final static int NUM_THREADS = 2;
```

```java
    public final static long ITERATIONS = 500L * 1000L * 1000L;
    private final int arrayIndex;

    private static VolatileLong[] longs = new VolatileLong[NUM_THREADS];
    static {

        for (int i = 0; i < longs.length; i++) {
            longs[i] = new VolatileLong();
        }
    }

    public FalseSharing(final int arrayIndex) {
        this.arrayIndex = arrayIndex;
    }

    public static void main(final String[] args) throws Exception {
        final long start = System.currentTimeMillis();
        // 这里就是访问一下，防止不使用的变量被系统优化删除
        VolatileLong v = longs[0];
        System.out.println(v.p1+v.p2+v.p3+v.p4+v.p5+v.p6+v.p7);
        runTest();
        System.out.println("duration = " + (System.currentTimeMillis() - start));
    }

    private static void runTest() throws InterruptedException {
        Thread[] threads = new Thread[NUM_THREADS];

        for (int i = 0; i < threads.length; i++) {
            threads[i] = new Thread(new FalseSharing(i));
        }

        for (Thread t : threads) {
            t.start();
        }

        for (Thread t : threads) {
            t.join();
        }
    }

```

```
43    public void run() {
44        long i = ITERATIONS + 1;
45        while (0 != --i) {
46            longs[arrayIndex].value = i;
47        }
48    }
49
50    public final static class VolatileLong {
51        public volatile long value = 0L;
52        public long p1, p2, p3, p4, p5, p6,p7;
53    }
54 }
```

这里使用了两个线程，因为我的计算机是双核的，大家可以根据自己的硬件配置修改参数 NUM_THREADS（第 2 行）。我们准备一个数组 longs（第 6 行），数组元素个数和线程数量一致。每个线程都会访问自己对应的 longs 中的元素（从第 15 行、第 31 行和第 46 行都可以看到这一点）。

最后，最关键的就是 VolatileLong。在第 52 行，准备了 7 个 long 型变量用来填充缓存。实际上，只有 VolatileLong.value 是会被使用的。p1、p2 等仅仅用于将数组中第一个 VolatileLong.value 和第二个 VolatileLong.value 分开，防止它们进入同一个缓存行。

这里使用 JDK 14 执行上述程序，输出如下：

```
duration = 3982
```

这说明系统花费了约 4 秒完成所有的操作。如果我注释掉第 52 行，也就是允许系统中两个 VolatileLong.value 放置在同一个缓存行中，程序输出如下：

```
duration = 15291
```

很明显，第 52 行的填充对系统的性能是非常有帮助的。

注意： 由于各个 JDK 版本内部实现不一样，在某些 JDK 版本中（比如 JDK 8），会自动优化不使用字段。这将直接导致这种 padding 的伪共享解决方案失效。这也是上述代码中第 21~22 行的作用。更多使用示例可以参考“6.7.1　更快的原子类：LongAdder”。

Disruptor 框架充分考虑了这个问题，它的核心组件 Sequence 会被频繁访问（每次入队，它都会被加 1），其基本结构如下：

```
class LhsPadding
{
   protected long p1, p2, p3, p4, p5, p6, p7;
}

class Value extends LhsPadding
{
   protected volatile long value;
}

class RhsPadding extends Value
{
   protected long p9, p10, p11, p12, p13, p14, p15;
}p
ublic class Sequence extends RhsPadding{
// 省略具体实现
}
```

虽然在 Sequence 中主要使用的只有 value，但是通过 LhsPadding 和 RhsPadding 在 value 的前后安置了一些占位空间，使得 value 可以无冲突地存在于缓存中。

此外，对于 Disruptor 框架的环形缓冲区 RingBuffer，它内部的数组是通过以下语句构造的：

```
this.entries  = new Object[sequencer.getBufferSize() + 2 * BUFFER_PAD];
```

注意： 实际产生的数组大小是缓冲区实际大小再加上两倍的 BUFFER_PAD。这就相当于在这个数组的头部和尾部各增加了 BUFFER_PAD 个填充，整个数组被载入 Cache 时不会因为受到其他变量的影响而失效。

5.5 Future 模式

Future 模式是多线程开发中非常常见的一种设计模式，它的核心思想是异步调用。当我们需要调用一个函数时，如果这个函数执行得很慢，那么我们就要等待。但有时候，我们可能并不急着要结果。因此，我们可以让被调者立即返回，让它在后台慢慢处理这个请求。对于调用者来说，则可以先处理一些其他任务，在真正需要数据的场合再去尝试获得需要的数据。

Future 模式有点类似在网上买东西。如果我们在网上下单买了一部手机，当我们支付完成后，手机并没有办法立即送到家里，但是在电脑上会立即产生一个订单。这个订单就是将来发货或者领取手机的重要凭证，这个凭证也就是 Future 模式中会给出的一个契约。在支付活动结束后，大家不会傻傻地等着手机到来，而是各忙各的。而这张订单就成了商家配货、发货的驱动力。当然，这一切你并不用关心，你要做的只是在快递上门时收货而已。

对于 Future 模式来说，虽然它无法立即给出你需要的数据，但是它会返回一个契约给你，将来你可以凭借这个契约去重新获取需要的信息。

图 5.6 显示了如何通过传统的同步方法调用一段非常耗时的程序。客户端发出 call 请求，这个请求需要经过相当长的一段时间才能返回。客户端一直等待，直到数据返回再进行其他任务的处理。

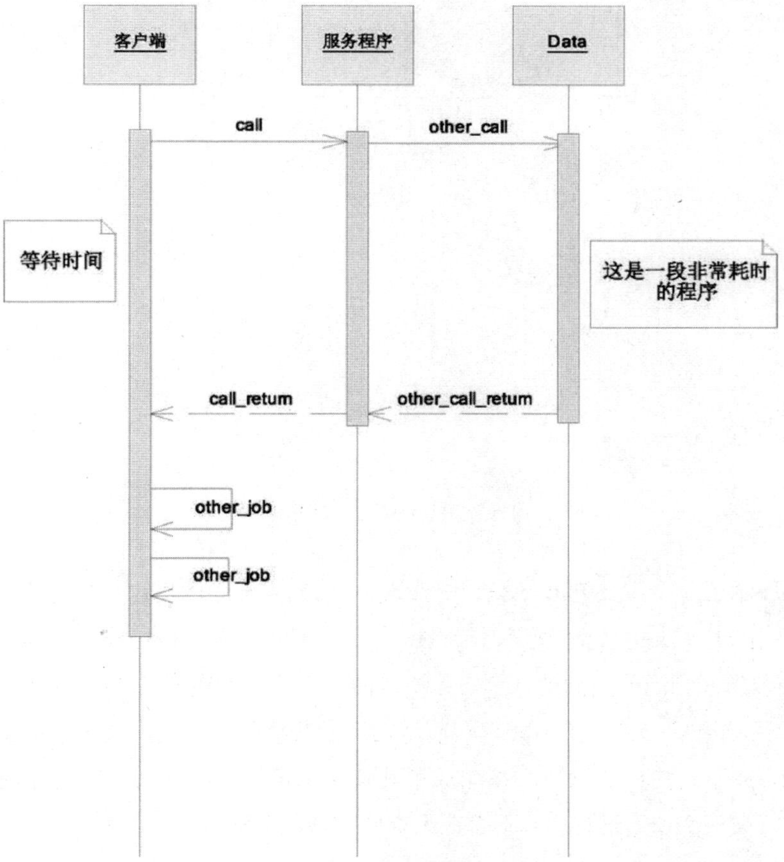

图 5.6　传统串行程序调用流程

使用 Future 模式替换原来的实现方式，可以改进其调用流程，如图 5.7 所示。

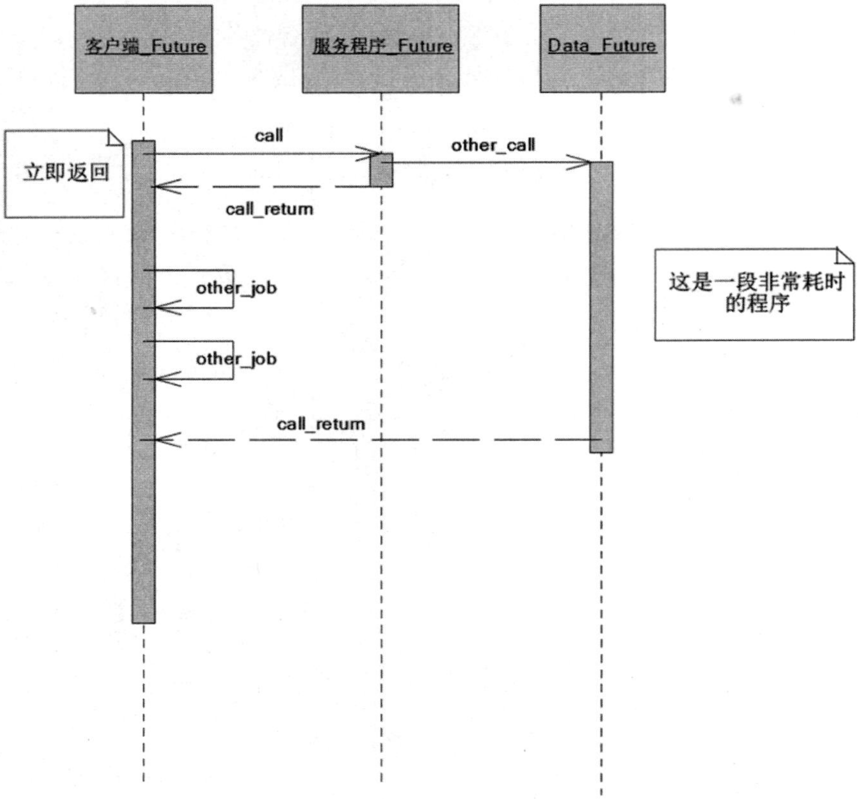

图 5.7　Future 模式调用流程

图 5.7 展示了一个广义 Future 模式的实现，从 Data_Future 对象可以看到，虽然 call 本身仍然需要很长一段时间处理程序，但是服务程序不等数据处理完成便立即返回给客户端一个伪造的数据（相当于商品的订单，而不是商品本身），实现了 Future 模式的客户端在拿到这个返回结果后，并不急于处理，而是调用了其他业务逻辑，充分利用了等待时间，这就是 Future 模式的核心所在。在完成了其他业务逻辑的处理后，再使用返回比较慢的 Future 数据。在整个调用过程中，不存在无谓的等待，充分利用了所有的时间片段，从而提高了系统的响应速度。

5.5.1　Future 模式的主要参与者

为了让大家能够更清晰地认识 Future 模式的基本结构。在这里给出一个非常简单的 Future 模式的实现，它的主要参与者如表 5.2 所示。

表 5.2　Future模式的主要参与者

参与者	作用
Main	系统启动，调用Client发出请求
Client	返回Data对象，立即返回FutureData，并开启ClientThread线程装配RealData
Data	返回数据的接口
FutureData	Future数据构造很快，但是构造的是一个虚拟数据，需要装配RealData
RealData	真实数据，构造是比较慢的

它的核心结构如图 5.8 所示。

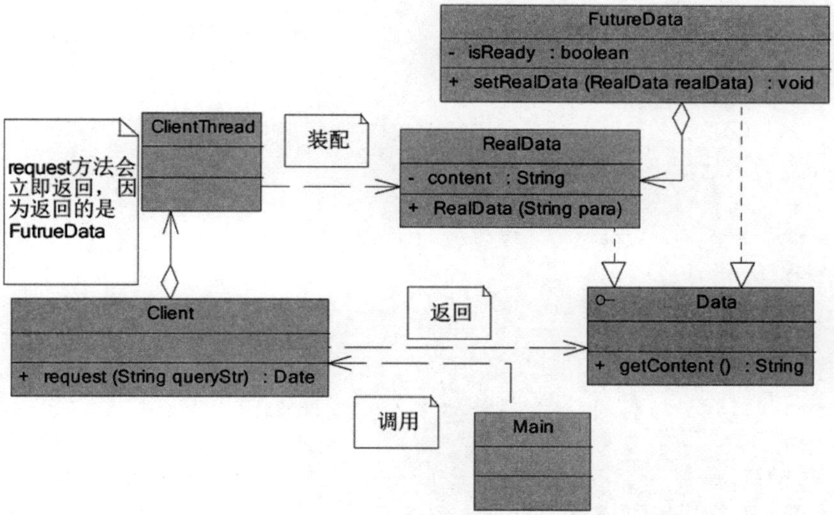

图 5.8　Future 模式的核心结构

5.5.2　Future 模式的简单实现

在这个实现中，有一个核心接口 Data，这就是客户端希望获取的数据。在 Future 模式中，这个 Data 接口有两个重要的实现，一个是 RealData，也就是真实数据，它是我们最终需要获得的、有价值的信息。另外一个就是 FutureData，它是用来提取 RealData 的一个“订单”，因此 FutureData 可以立即返回。

下面是 Data 接口：

```
public interface Data {
    public String getResult ();
}
```

FutureData 实现了一个快速返回的 RealData 包装。它只是一个包装，或者说是一个 RealData 的虚拟实现。因此，它可以很快被构造并返回。当使用 FutrueData 的 getResult() 方法时，如果实际的数据没有准备好，那么程序就会阻塞，等 RealData 准备好并注入 FutureData 中才最终返回数据。

注意： FutureData 是 Future 模式的关键。它实际上是真实数据 RealData 的代理，封装了获取 RealData 的等待过程。

```
public class FutureData implements Data {
    protected RealData realdata = null;         // FutureData 是 RealData 的包装
    protected boolean isReady = false;
    public synchronized void setRealData(RealData realdata) {
        if (isReady) {
            return;
        }
        this.realdata = realdata;
        isReady = true;
        notifyAll();                             // RealData 已经被注入，通知 getResult()方法
    }
    public synchronized String getResult() {    // 等待 RealData 构造完成
        while (!isReady) {
            try {
                wait();                          // 一直等待，直到 RealData 被注入
            } catch (InterruptedException e) {
            }
        }
        return realdata.result;                  // 由 RealData 实现
    }
}
```

RealData 是最终需要使用的数据模型，它的构造很慢，我们用 sleep()函数简单地模拟一个字符串的构造：

```
public class RealData implements Data {
    protected final String result;
    public RealData(String para) {
        // RealData 的构造可能很慢，需要用户等待很久，这里使用 sleep()函数
        StringBuffer sb=new StringBuffer();
        for (int i = 0; i < 10; i++) {
            sb.append(para);
            try {
                // 这里使用 sleep()函数，代替一个很慢的操作过程
                Thread.sleep(100);
            } catch (InterruptedException e) {
            }
        }
        result =sb.toString();
    }
    public String getResult() {
        return result;
    }
}
```

接下来就是客户端程序，Client 主要实现了获取 FutureData 并开启构造 RealData 的线程，在接受请求后，很快返回 FutureData。注意，它不会等待数据真的构造完毕再返回，而是立即返回 FutureData，即使这时 FutureData 内并没有真实数据。

```
public class Client {
    public Data request(final String queryStr) {
        final FutureData future = new FutureData();
        new Thread() {
            public void run() {                    // RealData 的构建很慢，
                                                   // 所以在单独的线程中进行
                RealData realdata = new RealData(queryStr);
                future.setRealData(realdata);
            }
        }.start();
        return future;                             // FutureData 会被立即返回
    }
```

最后，就是我们的主函数 Main()，它主要负责调用 Client 发起请求，并消费返回的数据：

```
public static void main(String[] args) {
    Client client = new Client();
```

```
    // 这里会立即返回，因为得到的是 FutureData 而不是 RealData
    Data data = client.request("name");
    System.out.println("请求完毕");
    try {
        // 这里可以用一个 sleep() 函数代替对其他业务逻辑的处理
        // 在处理这些业务逻辑的过程中，RealData 被创建，从而充分利用了等待时间
        Thread.sleep(2000);
    } catch (InterruptedException e) {
    }
    // 使用真实的数据
    System.out.println("数据 = " + data.getResult());
}
```

5.5.3 JDK 中的 Future 模式

Future 模式很常用，因此 JDK 内部已经为我们准备好了一套完整的实现。显然，这个实现要比我们前面提出的方案复杂得多。本节简单向大家介绍一下它的使用方式。

首先，让我们看一下 Future 模式的基本结构，如图 5.9 所示。其中 Future 接口类似于前文描述的订单或者契约。通过它，你可以得到真实的数据。RunnableFuture 继承了 Future 和 Runnable 两个接口，其中 run()方法用于构造真实的数据。它有一个具体的实现类 FutureTask。FutureTask 类有一个内部类 Sync，一些实质性的工作会委托 Sync 类实现。Sync 类最终会调用 Callable 接口，完成实际数据的组装工作。

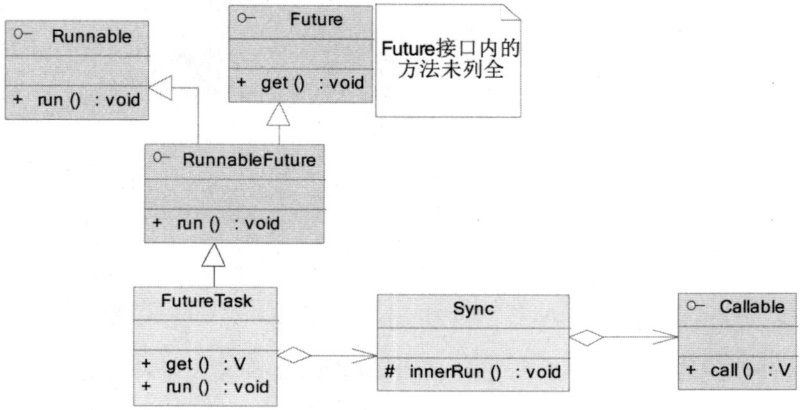

图 5.9　JDK 内置的 Future 模式

Callable 接口只有一个方法 call()，它会返回需要构造的实际数据。这个 Callable 接口也是 Future 框架和应用程序之间的重要接口。要实现自己的业务系统，通常需要实现自己的 Callable 对象。此外，FutureTask 类也与应用密切相关，通常可以使用 Callable 实例构造一个 FutureTask 实例，并将它提交给线程池。

下面我们将展示这个内置的 Future 模式的使用方法：

```
public class RealData implements Callable<String> {
    private String para;
    public RealData(String para){
        this.para=para;
    }
    @Override
    public String call() throws Exception {

        StringBuffer sb=new StringBuffer();
        for (int i = 0; i < 10; i++) {
            sb.append(para);
            try {
                Thread.sleep(100);
            } catch (InterruptedException e) {
            }
        }
        return sb.toString();
    }
}
```

上述代码实现了 Callable 接口，它的 call()方法会构造我们需要的真实数据并将其返回。当然这个过程可能是缓慢的，这里使用 Thread.sleep()方法模拟它：

```
public class FutureMain {
    public static void main(String[] args) throws InterruptedException, ExecutionException {
        // 构造 FutureTask
        FutureTask<String> future = new FutureTask<String>(new RealData("a"));
        ExecutorService executor = Executors.newFixedThreadPool(1);
        // 执行 FutureTask，相当于上例中的 client.request("a") 发送请求
        // 在这里开启线程执行 RealData 的 call()方法
        executor.submit(future);

        System.out.println("请求完毕");
```

```
11        try {
12        // 这里依然可以做额外的数据操作，使用 sleep()函数代替其他业务逻辑的处理
13           Thread.sleep(2000);
14        } catch (InterruptedException e) {
15        }
16        // 相当于 5.5.2 节中的 data.getResult()方法，取得 call()方法的返回值
17        // 如果此时 call()方法没有执行完成，则依然会等待
18        System.out.println("数据 = " + future.get());
19    }
20 }
```

上述代码就是使用 Future 模式的典型案例。第 4 行构造了 FutureTask 对象实例，表示这个任务是有返回值的。构造 FutureTask 时，使用 Callable 接口告诉 FutureTask 我们需要的数据应该如何产生。接着在第 8 行将 FutureTask 提交给线程池。显然，作为一个简单的任务提交，这里必然是立即返回的，因此程序不会阻塞。接下来，我们不用关心数据是如何产生的，可以去做一些其他事情，然后在需要的时候通过 future.get()方法（第 18 行）得到真实数据。

除基本的功能外，JDK 还为 Future 接口提供了一些简单的控制功能：

```
boolean cancel(boolean mayInterruptIfRunning);              // 取消任务
boolean isCancelled();                                      // 是否已经取消
boolean isDone();                                           // 是否已完成
V get() throws InterruptedException, ExecutionException;    // 取得返回对象
V get(long timeout, TimeUnit unit)                        // 取得返回对象，可以设置超时时间
```

5.5.4　Guava 对 Future 模式的支持

在 JDK 自带的简单 Future 模式中，虽然我们可以使用 future.get()方法得到 Future 的处理结果，但是这个方法是阻塞的，因此并不利于我们开发高并发应用程序。在 Guava 中，增强了 Future 模式，增加了对 Future 完成时的回调接口，使得 Future 执行完成时可以自动通知应用程序进行后续处理。

使用 Guava 改写上一节中的 FutureMain 可以得到更好的效果：

```
public class FutrueDemo {
    public static void main(String args[]) throws InterruptedException {
        ListeningExecutorService service =
MoreExecutors.listeningDecorator(Executors.newFixedThreadPool(10));
```

```
04
05         ListenableFuture<String> task = service.submit(new RealData("x"));
06
07         task.addListener(() -> {
08            System.out.print("异步处理成功:");
09            try {
10               System.out.println(task.get());
11            } catch (Exception e) {
12               e.printStackTrace();
13            }
14         }, MoreExecutors.directExecutor());
15
16         System.out.println("main task done.....");
17         Thread.sleep(3000);
18    }
19 }
```

上述代码第 3 行使用 MoreExecutors.listeningDecorator()方法将一个普通的线程池包装为一个包含通知功能的 Future 线程池。第 5 行将 Callable 任务提交到线程池中，并得到一个 ListenableFuture。与 Future 相比，ListenableFuture 拥有完成时的通知功能。第 7 行向 ListenableFuture 中添加回调函数，即当 Future 执行完成后，执行第 8 到 14 行的回调代码。

执行上述代码，得到：

```
main task done.....
异步处理成功:xxxxxxxxxx
```

可以看到，Future 的执行并没有阻塞主线程，主线程很快正常结束。而当 Future 执行完成后，自动回调了第 8~14 行的业务代码，整个过程没有阻塞，可以更好地提升系统的并行度。

常见代码如下，增加了对异常的处理：

```
public static void main(String args[]) throws InterruptedException {
   ListeningExecutorService service =
MoreExecutors.listeningDecorator(Executors.newFixedThreadPool(10));
   ListenableFuture<String> task = service.submit(new RealData("x"));

   Futures.addCallback(task, new FutureCallback<String>() {
       public void onSuccess(String o) {
           System.out.println("异步处理成功,result=" + o);
```

```
        }

        public void onFailure(Throwable throwable) {
            System.out.println("异步处理失败,e=" + throwable);
        }
    }, MoreExecutors.newDirectExecutorService());

    System.out.println("main task done.....");
    Thread.sleep(3000);
}
```

上述代码使用 Futures 工具类将 FutureCallback 接口注册到给定的 Future 中，从而增加了对 Future 的异常处理。

5.6 并行流水线

并行算法虽然可以充分发挥多核 CPU 的性能，但并非所有的运算都可以改造成并行的形式。那么什么样的运算是无法并行的呢？简单来说，执行过程中有数据相关性的运算都是无法完美并行的。

假如程序中现在有两个数，B 和 C，计算(B+C)×B/2，这个运算过程就是无法并行的。原因是，如果 B+C 没有执行完成，则永远算不出(B+C)×B，这就是数据相关性。如果线程执行时所需的数据存在这种依赖关系，那么就没有办法将它们完美地并行化。图 5.10 诠释了这个道理。

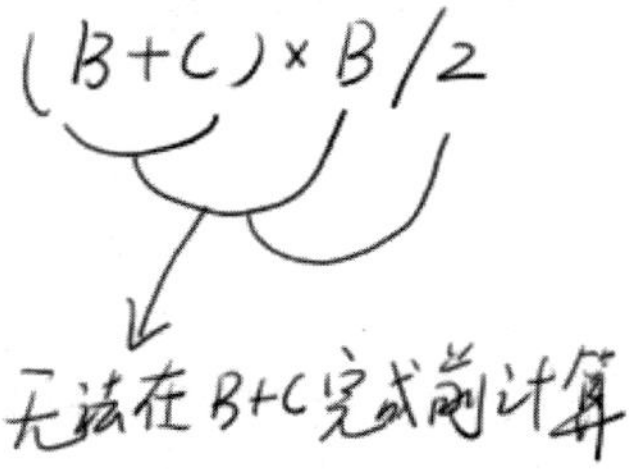

图 5.10 (B+C)×B/2 无法并行化

遇到这种情况时，有没有什么补救措施呢？答案是肯定的，那就是借鉴日常生产中的流水线思想。

比如，现在要生产一批小玩偶。小玩偶的制作分为四个步骤：第一，组装身体；第二，在身体上安装四肢和头部；第三，给组装完成的玩偶穿上一件漂亮的衣服；第四，包装出货。为了加快制作进度，我们不可能叫四个人同时加工一个玩具，因为这四个步骤有着严重的依赖关系。如果没有身体，就没有地方安装四肢；如果没有组装完成，就不能穿衣服；如果没有穿上衣服，就不能包装发货。因此，找四个人来做一个玩偶是毫无意义的。

但是，如果你现在要制作的不是一个玩偶，而是一万个玩偶，情况就不同了。你可以找四个人，第一个人只负责组装身体，完成后交给第二个人；第二个人只负责安装头部和四肢，完成后交第三人；第三人只负责穿衣服，完成后交第四人；第四人只负责包装发货。这样所有人都可以一起工作，共同完成任务，而整个时间周期也能缩短到原来的 1/4 左右，这就是流水线的思想。一旦流水线满载，每次只需要一步（假设一个玩偶需要四步）就可以产生一个玩偶，如图 5.11 所示。

图 5.11　使用流水线生产玩偶

类似的思想可以借鉴到程序开发中。即使(B+C)×B/2 无法并行，但是如果你需要计算一大堆 B 和 C 的值，你依然可以将它流水化。首先将计算过程拆分为三个步骤。

P1: A＝B+C

P2: D＝A×B

P3: D=D/2

上述步骤中的 P1、P2 和 P3 均在单独的线程中计算，并且每个线程只负责自己的工作。此时，P3 的计算结果就是最终需要的答案。

P1 接收 B 和 C 的值并求和，将结果输入给 P2。P2 求乘积后输入给 P3。P3 将 D 除以 2 得到最终值。一旦这条流水线建立，只需要一个计算步骤就可以得到(B+C)×B/2 的结果。

为了实现这个功能，我们需要定义一个在线程间携带结果进行信息交换的载体：

```
public class Msg {
   public double i;
   public double j;
   public String orgStr=null;
}
```

P1 计算的是加法：

```
01 public class Plus implements Runnable {
02    public static BlockingQueue<Msg> bq=new LinkedBlockingQueue<Msg>();
03    @Override
04    public void run() {
05       while(true){
06          try {
07             Msg msg=bq.take();
08             msg.j=msg.i+msg.j;
09             Multiply.bq.add(msg);
10          } catch (InterruptedException e) {
11          }
12       }
13    }
14 }
```

上述代码中，P1 取得封装了两个操作数的 Msg，并求和，将结果传递给乘法线程 P2（第 9 行）。当没有数据需要处理时，P1 等待。

P2 计算的是乘法：

```
public class Multiply implements Runnable {
   public static BlockingQueue<Msg> bq = new LinkedBlockingQueue<Msg>();

   @Override
   public void run() {
      while (true) {
         try {
            Msg msg = bq.take();
```

```
                msg.i = msg.i * msg.j;
                Div.bq.add(msg);
            } catch (InterruptedException e) {
            }
        }
    }
}
```

和 P1 类似，P2 计算相乘结果后，将中间结果传递给除法线程 P3。

P3 计算的是除法：

```
public class Div implements Runnable {
    public static BlockingQueue<Msg> bq = new LinkedBlockingQueue<Msg>();

    @Override
    public void run() {
        while (true) {
            try {
                Msg msg = bq.take();
                msg.i = msg.i / 2;
                System.out.println(msg.orgStr + "=" + msg.i);
            } catch (InterruptedException e) {
            }
        }
    }
}
```

P3 将收到的 P2 的结果除以 2 后输出最终的结果。

最后是提交任务的主线程，这里我们提交 100 万个请求，让线程组进行计算：

```
public class PStreamMain {
    public static void main(String[] args) {
        new Thread(new Plus()).start();
        new Thread(new Multiply()).start();
        new Thread(new Div()).start();

        for (int i = 1; i <= 1000; i++) {
            for (int j = 1; j <= 1000; j++) {
                Msg msg = new Msg();
```

```
10                msg.i = i;
11                msg.j = j;
12                msg.orgStr = "((" + i + "+" + j + ")*" + i + ")/2";
13                Plus.bq.add(msg);
14            }
15        }
16    }
17 }
```

上述代码第 13 行将数据提交给 P1 加法线程，开启流水线的计算。在多核或者分布式场景中，这种设计思路可以有效地将有依赖关系的操作分配在不同的线程中进行计算，尽可能利用多核的优势。

5.7 并行搜索

搜索几乎是每一个软件都必不可少的功能。对于有序数据，通常可以采用二分查找法。对于无序数据，则只能挨个查找。本节将讨论有关并行的无序数组的搜索实现。

给定一个数组，我们要查找满足条件的元素。对于串行程序来说，只要遍历一下数组就可以得到结果。但如果要使用并行方式，则需要额外增加一些线程间的通信机制，使各个线程可以有效运行。

一种简单的策略就是将原始数据集合按照期望的线程数进行分割。如果我们计划使用两个线程搜索，那么就可以把一个数组或集合分割成两个。每个线程各自独立搜索，当其中有一个线程找到数据后，立即返回结果即可。

现在假设有一个整型数组，我们需要查找数组内的元素：

```
static int[] arr;
```

定义线程池、线程数量及存放结果的变量 result。在 result 中，我们会保存符合条件的元素在 arr 数组中的下标，默认为-1，表示没有找到给定元素：

```
static ExecutorService pool = Executors.newCachedThreadPool();
static final int Thread_Num=2;
static AtomicInteger result=new AtomicInteger(-1);
```

并行搜索会要求每个线程查找 arr 中的一段，因此，搜索函数必须指定线程需要搜索的起始位置和结束位置：

```
01 public static int search(int searchValue,int beginPos,int endPos){
02    int i=0;
03    for(i=beginPos;i<endPos;i++){
04       if(result.get()>=0){
05          return result.get();
06       }
07       if(arr[i] == searchValue){
08          // 如果设置失败，则表示其他线程已经先找到了
09          if(!result.compareAndSet(-1, i)){
10             return result.get();
11          }
12          return i;
13       }
14    }
15    return -1;
16 }
```

上述代码第 4 行，首先通过 result 判断是否已经有其他线程找到了需要的结果。如果已经找到，则立即返回并不再查找。如果没有找到，则进行下一步搜索。第 7 行的条件成立则表示当前线程找到了需要的数据，那么就会将结果保存到 result 变量中。这里使用 CAS 操作，如果设置失败，则表示其他线程已经先找到了结果。因此，可以无视失败的情况，找到结果后返回即可。

定义一个线程进行查找，它会调用前面的 pSearch()方法：

```
public static class SearchTask implements Callable<Integer>{
   int begin,end,searchValue;
   public SearchTask(int searchValue,int begin,int end){
      this.begin=begin;
      this.end=end;
      this.searchValue=searchValue;
   }
   public Integer call(){
      int re= search(searchValue,begin,end);
      return re;
   }
}
```

最后是 pSearch()方法，它是并行查找函数，根据线程数量对 arr 数组进行划分，并建立对应的任务提交给线程池处理：

```
01 public static int pSearch(int searchValue) throws InterruptedException,
ExecutionException{
02     int subArrSize=arr.length/Thread_Num+1;
03     List<Future<Integer>> re=new ArrayList<Future<Integer>>();
04     for(int i=0;i<arr.length;i+=subArrSize){
05        int end = i+subArrSize;
06        if(end>=arr.length)end=arr.length;
07        re.add(pool.submit(new SearchTask(searchValue,i,end)));
08     }
09     for(Future<Integer> fu:re){
10        if(fu.get()>=0)return fu.get();
11     }
12     return -1;
13 }
```

上述代码中使用了 JDK 内置的 Future 模式，其中第 4~8 行将原始数组 arr 划分为若干段，并根据划分结果建立子任务。每一个子任务都会返回一个 Future 对象，通过 Future 对象可以获得线程组得到的最终结果。在这里，由于线程之间通过 result 共享彼此的信息，只要一个线程成功返回后，其他线程都会立即返回。因此，不会出现由于排在前面的任务长时间无法结束而导致无法立即获取搜索结果的情况。

5.8 并行排序

排序是一项常用的操作。应用程序在运行时，可能无时无刻不在进行排序操作。排序的算法有很多，但这里并不打算一一介绍它们。大部分排序算法，都是串行执行的。当排序元素很多时，若使用并行算法代替串行算法，显然可以更有效地利用 CPU。但将串行算法改造成并行算法并非易事，甚至会极大地增加原有算法的复杂度。这里将介绍几种相对简单但是也足以让人眼前一亮的平行排序算法。

5.8.1 分离数据相关性：奇偶交换排序

在介绍奇偶排序前，首先让我们看一下熟悉的冒泡排序。在这里，假设我们需要将数组从小到大排序。冒泡排序的操作类似水中的气泡上浮，在冒泡排序的执行过程中，如果数字较小，它就会逐步被交换到前面去，相反，大的数字则会下沉，交换到数组的末尾。

冒泡排序的一般算法如下：

```
public static void bubbleSort(int[] arr) {
    for (int i = arr.length - 1; i > 0; i--) {
        for (int j = 0; j < i; j++) {
            if (arr[j] > arr[j + 1]) {
                int temp = arr[j];
                arr[j] = arr[j + 1];
                arr[j + 1] = temp;
            }
        }
    }
}
```

图 5.12 展示了冒泡排序的迭代过程。

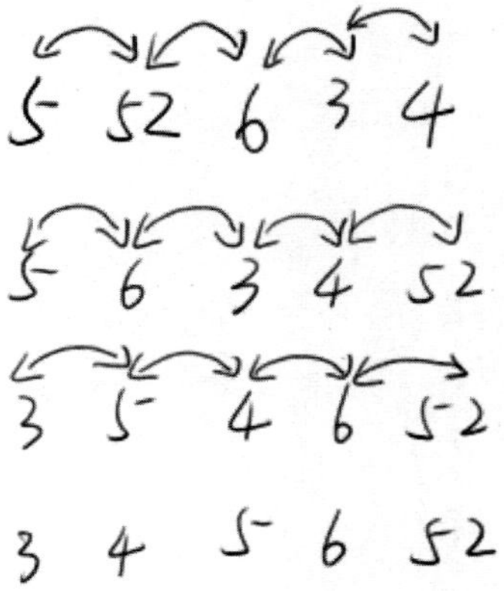

图 5.12　冒泡排序的迭代过程

可以看到，在每次迭代的交换过程中，由于每次交换的两个元素存在数据冲突，对于每个元素，它既可能与前面的元素交换，也可能和后面的元素交换，因此很难直接改造成并行算法。

如果能够解开这种数据的相关性，就可以比较容易地使用并行算法来实现类似的排序。奇偶交换排序就是基于这种思想的。

对于奇偶交换排序来说，它将排序过程分为两个阶段，奇交换和偶交换。奇交换总是比较奇数索引及其相邻的后续元素，而偶交换总是比较偶数索引及其相邻的后续元素。并且，奇交换和偶交换会成对出现，这样才能保证比较和交换涉及数组中的每一个元素。

奇偶交换的迭代示意图如图 5.13 所示。

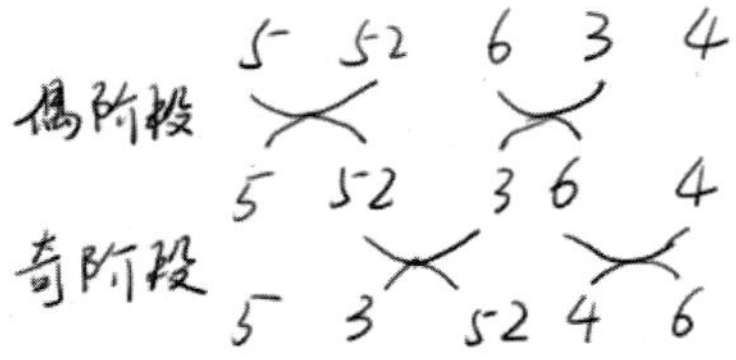

图 5.13　奇偶交换迭代示意图

从图 5.13 可以看到，由于将整个比较交换独立分割为奇阶段和偶阶段，使得在每一个阶段内，所有的比较和交换是没有数据相关性的，因此每一次比较和交换都可以独立执行，也就可以并行化了。

下面是奇偶交换排序的串行实现：

```java
public static void oddEvenSort(int[] arr) {
   int exchFlag = 1, start = 0;
   while (exchFlag == 1 || start == 1) {
      exchFlag = 0;
      for (int i = start; i < arr.length - 1; i += 2) {
         if (arr[i] > arr[i + 1]) {
            int temp = arr[i];
            arr[i] = arr[i + 1];
            arr[i + 1] = temp;
            exchFlag = 1;
         }
      }
      if (start == 0)
         start = 1;
      else
         start = 0;
   }
}
```

其中，exchFlag 用来记录当前迭代是否发生了数据交换，而 start 用来表示是奇交换还是偶交换。初始时，start 为 0，表示进行偶交换，每次迭代结束后，切换 start 的状态。如果上一次比较交换发生了数据交换，或者当前正在进行的是奇交换，循环就不会停止，直到程序不再发生交换并且当前进行的是偶交换为止（表示奇偶交换已经成对出现）。

上述代码虽然是串行代码，但是已经可以很方便地改造成并行模式了：

```
static int exchFlag=1;
static synchronized void setExchFlag(int v){
  exchFlag=v;
}
static synchronized int getExchFlag(){
  return exchFlag;
}

public static class OddEvenSortTask implements Runnable{
  int i;
  CountDownLatch latch;
  public OddEvenSortTask(int i,CountDownLatch latch){
    this.i=i;
    this.latch=latch;
  }
  @Override
  public void run() {
    if (arr[i] > arr[i + 1]) {
      int temp = arr[i];
      arr[i] = arr[i + 1];
      arr[i + 1] = temp;
      setExchFlag(1);
    }
    latch.countDown();
  }
}
public static void pOddEvenSort(int[] arr) throws InterruptedException {
  int start = 0;
  while (getExchFlag() == 1 || start == 1) {
    setExchFlag(0);
    // 偶数的数组长度，当 start 为 1 时，只有 len/2-1 个线程
    CountDownLatch latch = new CountDownLatch(arr.length/2-(arr.length%2==0?start:0));
    for (int i = start; i < arr.length - 1; i += 2) {
      pool.submit(new OddEvenSortTask(i,latch));
    }
```

```
36        // 等待所有线程结束
37        latch.await();
38        if (start == 0)
39           start = 1;
40        else
41           start = 0;
42     }
43 }
```

上述代码第 9 行定义了奇偶排序的任务类，该任务类的主要工作是数据比较和必要的交换（第 18~23 行）。并行排序的主体是 pOddEvenSort()方法，它使用 CountDownLatch 记录线程数量，对于每一次迭代，使用单独的线程对每一次元素比较和交换进行操作。在下一次迭代开始前，必须等待上一次迭代所有线程执行完成。

5.8.2 改进的插入排序：希尔排序

插入排序也是一种很常用的排序算法。它的基本思想是：一个未排序的数组（当然也可以是链表）可以分为两个部分，前半部分是已经排序的，后半部分是未排序的。在排序时，只需要在未排序的部分中选择一个元素，将其插入前面有序的数组中即可。最终，未排序的部分会越来越少，直到为 0，排序就完成了。初始时，可以假设已排序部分就是第一个元素。

插入排序示意图如图 5.14 所示。

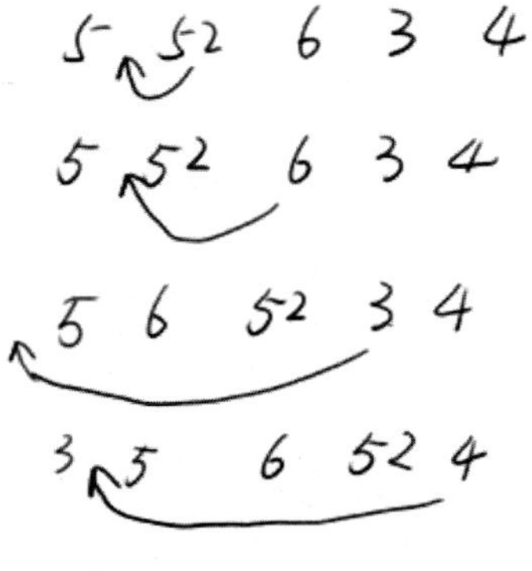

图 5.14 插入排序示意图

插入排序的实现如下所示：

```
01 public static void insertSort(int[] arr) {
02    int length = arr.length;
03    int j, i, key;
04    for (i = 1; i < length; i++) {
05       // key 为准备插入的元素
06       key = arr[i];
07       j = i - 1;
08       while (j >= 0 && arr[j] > key) {
09          arr[j + 1] = arr[j];
10          j--;
11       }
12       // 找到合适的位置插入 key
13       arr[j + 1] = key;
14    }
15 }
```

上述代码第 6 行提取准备插入的元素（也就是未排序序列中的第一个元素），然后在已排序队列中找到这个元素的插入位置（第 8~10 行）插入（第 13 行）即可。

简单的插入排序是很难并行化的。因为这一次的数据插入依赖于上一次得到的有序序列，所以多个步骤之间无法并行。为此，我们可以对插入排序进行扩展，这就是希尔排序。

希尔排序将整个数组根据间隔 h 分割为若干个子数组，它们相互穿插在一起，每一次排序时，分别对每一个子数组进行排序。当 h 为 3 时，希尔排序将整个数组分为交织在一起的三个子数组，如图 5.15 所示。其中，所有的方块为一个子数组，所有的圆形和所有的三角形分别组成另外两个子数组。每次排序时，总是交换间隔为 h 的两个元素。

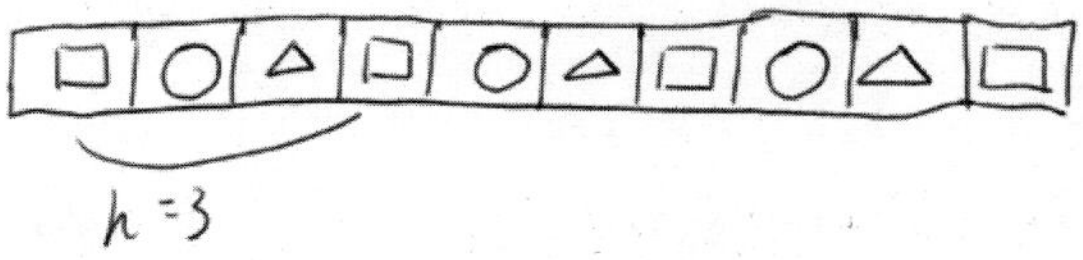

图 5.15　h=3 时的数组分割

在每一组排序完成后，可以递减 h 的值，进行下一轮更加精细的排序。直到 h 为 1，此时等价于一次插入排序。

希尔排序的一个主要优点是，即使一个较小的元素在数组的末尾，由于每次元素移动都以 h 为间隔进行，因此数组末尾的小元素可以在很少的交换次数下，就被置换到最接近元素最终位置的地方。

下面是希尔排序的串行实现：

```
01 public static void shellSort(int[] arr) {
02     // 计算出最大的h值
03     int h = 1;
04     while (h <= arr.length / 3) {
05         h = h * 3 + 1;
06     }
07     while (h > 0) {
08         for (int i = h; i < arr.length; i++) {
09             if (arr[i] < arr[i - h]) {
10                 int tmp = arr[i];
11                 int j = i - h;
12                 while (j >= 0 && arr[j] > tmp) {
13                     arr[j + h] = arr[j];
14                     j -= h;
15                 }
16                 arr[j + h] = tmp;
17             }
18         }
19         // 计算出下一个h值
20         h = (h - 1) / 3;
21     }
22 }
```

上述代码第 4～6 行计算一个合适的 h 值，接着正式进行希尔排序。第 8 行的 for 循环进行间隔为 h 的插入排序，每次排序结束后，递减 h 的值（第 20 行）。直到 h 为 1，退化为插入排序。

很显然，希尔排序每次都针对不同的子数组进行排序，各个子数组之间是完全独立的。因此，很容易改写成并行程序：

```
public static class ShellSortTask implements Runnable {
    int i = 0;
    int h = 0;
    CountDownLatch l;

    public ShellSortTask(int i, int h, CountDownLatch latch) {
```

```
        this.i = i;
        this.h = h;
        this.l = latch;
    }

    @Override
    public void run() {
        if (arr[i] < arr[i - h]) {
            int tmp = arr[i];
            int j = i - h;
            while (j >= 0 && arr[j] > tmp) {
                arr[j + h] = arr[j];
                j -= h;
            }
            arr[j + h] = tmp;
        }
        l.countDown();
    }
}

public static void pShellSort(int[] arr) throws InterruptedException {
    // 计算出最大的 h 值
    int h = 1;
    CountDownLatch latch = null;
    while (h <= arr.length / 3) {
        h = h * 3 + 1;
    }
    while (h > 0) {
        System.out.println("h=" + h);
        if (h >= 4)
            latch = new CountDownLatch(arr.length - h);
        for (int i = h; i < arr.length; i++) {
            // 控制线程数量
            if (h >= 4) {
                pool.execute(new ShellSortTask(i, h, latch));
            } else {
                if (arr[i] < arr[i - h]) {
                    int tmp = arr[i];
```

```
45                     int j = i - h;
46                     while (j >= 0 && arr[j] > tmp) {
47                         arr[j + h] = arr[j];
48                         j -= h;
49                     }
50                     arr[j + h] = tmp;
51                 }
52                 // System.out.println(Arrays.toString(arr));
53             }
54         }
55         // 等待线程排序完成，进入下一次排序
56         latch.await();
57         // 计算出下一个 h 值
58         h = (h - 1) / 3;
59     }
60 }
```

上述代码中 ShellSortTask 为并行任务。ShellSortTask 的作用是根据给定的起始位置和 h 对子数组进行排序，因此可以完全并行化。

为控制线程数量，这里定义并行主函数 pShellSort()在 h 大于或等于 4 时使用并行线程（第 40 行），否则退化为传统的插入排序。

每次计算后，递减 h 的值（第 58 行）。

5.9 并行算法：矩阵乘法

我在第 1 章中已经提到，Linus 认为并行程序目前只有在服务端程序和图像处理领域有发展的空间。且不论这种说法是否有局限性，从中也可以看出并行对于这两个应用领域的重要性。而对于图像处理来说，矩阵运行是其中必不可少的重要数学方法。当然，除图像处理外，矩阵运算在神经网络、模式识别等领域也有着广泛的用途。在这里，我将向大家介绍矩阵运算的典型代表——矩阵乘法的并行化实现。

在矩阵乘法中，第一个矩阵的列数和第二个矩阵的行数必须是相同的。矩阵 $\boldsymbol{A}$ 和矩阵 $\boldsymbol{B}$ 相乘，其中矩阵 $\boldsymbol{A}$ 为 4 行 2 列，矩阵 $\boldsymbol{B}$ 为 2 行 4 列，它们相乘后，得到的是 4 行 4 列的矩阵，并且新矩阵中每一个元素为矩阵 $\boldsymbol{A}$ 和矩阵 $\boldsymbol{B}$ 对应行列的乘积求和，如图 5.16 所示。

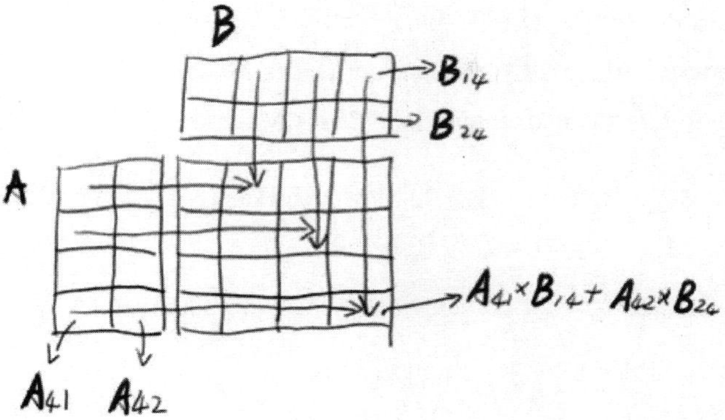

图 5.16　矩阵相乘示意图

如果需要进行并行计算，一种简单的策略是将矩阵 $\boldsymbol{A}$ 进行水平分割，得到子矩阵 $\boldsymbol{A}_1$ 和 $\boldsymbol{A}_2$，矩阵 $\boldsymbol{B}$ 进行垂直分割，得到子矩阵 $\boldsymbol{B}_1$ 和 $\boldsymbol{B}_2$。此时，我们只要分别计算这些子矩阵的乘积，再将结果进行拼接就能得到原始矩阵 $\boldsymbol{A}$ 和 $\boldsymbol{B}$ 的乘积。图 5.17 展示了这种并行计算的策略。

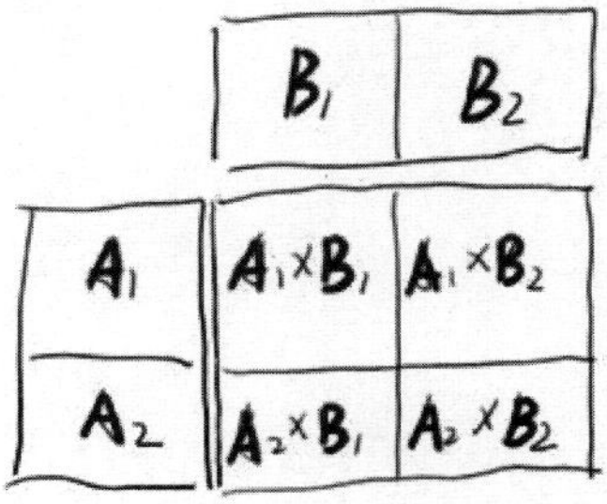

图 5.17　矩阵拆分进行并行计算

当然，这个过程是可以反复进行的。为了计算矩阵 $\boldsymbol{A}_1\times\boldsymbol{B}_1$，我们还可以进一步将矩阵 $\boldsymbol{A}_1$ 和矩阵 $\boldsymbol{B}_1$ 分解，直到我们认为子矩阵的大小已经在可接受范围内。

这里，我们使用 Fork/Join 框架来实现并行矩阵相乘的想法。为了方便矩阵计算，我们使用 jMatrices 开源软件。其中，使用的主要 API 如下。

- Matrix：代表一个矩阵。
- MatrixOperator.multiply(Matrix, Matrix)：矩阵相乘。
- Matrix.row()：获得矩阵的行数。

- Matrix.getSubMatrix()：获得矩阵的子矩阵。
- MatrixOperator.horizontalConcatenation(Matrix,Matrix)：将两个矩阵进行水平连接。
- MatrixOperator.verticalConcatenation(Matrix,Matrix)：将两个矩阵进行垂直连接。

为了计算矩阵乘法，定义一个任务类 MatrixMulTask。它会进行矩阵相乘的计算，如果输入矩阵的粒度比较大，则会再次进行任务分解。

```java
public class MatrixMulTask extends RecursiveTask<Matrix> {
   Matrix m1;
   Matrix m2;
   String pos;

   public MatrixMulTask(Matrix m1, Matrix m2, String pos) {
      this.m1 = m1;
      this.m2 = m2;
      this.pos = pos;
   }

   @Override
   protected Matrix compute() {
//System.out.println(Thread.currentThread().getId()+":"+Thread.currentThread().getName() + " is start");
      if (m1.rows() <= PMatrixMul.granularity || m2.cols() <= PMatrixMul.granularity) {
         Matrix mRe = MatrixOperator.multiply(m1, m2);
         return mRe;
      } else {
         // 如果不是，那么继续分割矩阵
         int rows;
         rows = m1.rows();
         // 左乘的矩阵横向分割
         Matrix m11 = m1.getSubMatrix(1, 1, rows / 2, m1.cols());
         Matrix m12 = m1.getSubMatrix(rows / 2 + 1, 1, m1.rows(), m1.cols());
         // 右乘的矩阵纵向分割
         Matrix m21 = m2.getSubMatrix(1, 1, m2.rows(), m2.cols() / 2);
         Matrix m22 = m2.getSubMatrix(1, m2.cols() / 2 + 1, m2.rows(), m2.cols());

         ArrayList<MatrixMulTask> subTasks = new ArrayList<MatrixMulTask>();
```

```
30        MatrixMulTask tmp = null;
31        tmp = new MatrixMulTask(m11, m21, "m1");
32        subTasks.add(tmp);
33        tmp = new MatrixMulTask(m11, m22, "m2");
34        subTasks.add(tmp);
35        tmp = new MatrixMulTask(m12, m21, "m3");
36        subTasks.add(tmp);
37        tmp = new MatrixMulTask(m12, m22, "m4");
38        subTasks.add(tmp);
39        for (MatrixMulTask t : subTasks) {
40           t.fork();
41        }
42        Map<String, Matrix> matrixMap = new HashMap<String, Matrix>();
43        for (MatrixMulTask t : subTasks) {
44           matrixMap.put(t.pos, t.join());
45        }
46        Matrix tmp1 = MatrixOperator.horizontalConcatenation(matrixMap.get("m1"),
matrixMap.get("m2"));
47        Matrix tmp2 = MatrixOperator.horizontalConcatenation(matrixMap.get("m3"),
matrixMap.get("m4"));
48        Matrix reM = MatrixOperator.verticalConcatenation(tmp1, tmp2);
49        return reM;
50    }
51  }
52 }
```

MatrixMulTask 类由三个参数构成，分别是需要计算的矩阵双方，以及计算结果位于父矩阵相乘结果中的位置。矩阵分解方式如图 5.18 所示。

MatrixMulTask 类中的成员变量 m1 和 m2 表示要相乘的两个矩阵，pos 表示这个乘积结果在父矩阵相乘结果中所处的位置，有 m1、m2、m3 和 m4 四种。代码第 23~27 行先对矩阵进行分割，分割后得到 m11、m12、m21 和 m22 四个矩阵，并将它们按照如图 5.18 所示的规则进行子任务的创建。在第 39~41 行计算这些子任务。在子任务返回后，在第 42~48 行将返回的四个矩阵 m1、m2、m3 和 m4 拼接成新的矩阵作为最终结果。

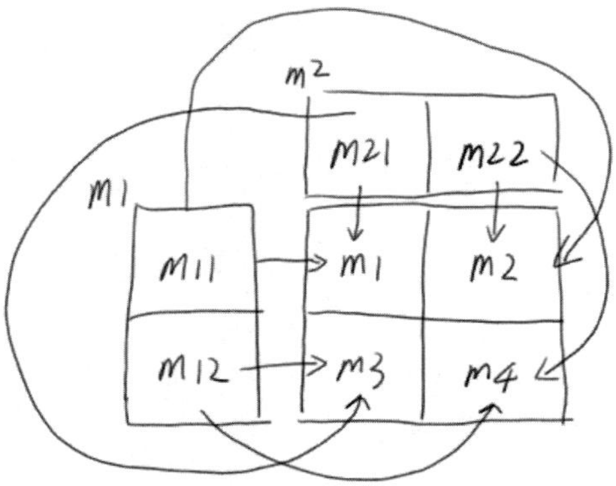

图 5.18　矩阵分解方式

如果矩阵的粒度足够小就直接运算而不分解（第 16 行）。

使用这个任务类可以很容易地进行矩阵并行运算，下面是使用方法：

```
01 public static final int granularity=3;
02 public static void main(String[] args) throws InterruptedException, ExecutionException {
03    ForkJoinPool forkJoinPool = new ForkJoinPool();
04    Matrix m1=MatrixFactory.getRandomIntMatrix(300, 300, null);
05    Matrix m2=MatrixFactory.getRandomIntMatrix(300, 300, null);
06    MatrixMulTask task=new MatrixMulTask(m1,m2,null);
07    ForkJoinTask<Matrix> result = forkJoinPool.submit(task);
08    Matrix pr=result.get();
09    System.out.println(pr);
10 }
```

上述代码中第 4 和第 5 行创建两个 300×300 的随机矩阵。构造矩阵计算任务 MatrixMulTask 类并将其提交给 ForkJoinPool 线程池。第 8 行执行 ForkJoinTask.get()方法并获得最终结果。

5.10　准备好了再通知我：网络 NIO

Java NIO 是 New IO 的简称，它是一种可以替代 Java IO 的新的 IO 机制。它提供了一套不同于 Java 标准 IO 的操作机制。严格来说，NIO 与并发并无直接的关系，但是使用 NIO 技术可以大大提高线程的使用效率。

Java NIO 中涉及的基础内容有通道（Channel）、缓冲区（Buffer）、文件 IO 和网络 IO。

有关通道、缓冲区及文件 IO 在这里不详细介绍了，我想多花一点时间详细介绍一下有关网络 IO 的内容。

对于标准的网络 IO 来说，我们会使用 Socket 进行网络的读写。为了让服务器可以支持更多的客户端连接，通常的做法是为每一个客户端连接开启一个线程。让我们先回顾一下这方面的内容。

5.10.1　基于 Socket 的服务端多线程模式

这里以一个简单的 Echo 服务器作为服务端为例。对于 Echo 服务器，它会读取客户端的一个输入，并将这个输入原封不动地返回给客户端。这看起来很简单，但是麻雀虽小五脏俱全。为了实现这个功能，服务器还是需要有一套完整的 Socket 处理机制。因此，这个 Echo 服务器非常适合学习。实际上，我认为任何业务逻辑简单的系统都很适合学习，大家不用为了理解业务上复杂的功能而忽略系统的重点。

服务端使用多线程处理时的结构示意图，如图 5.19 所示。

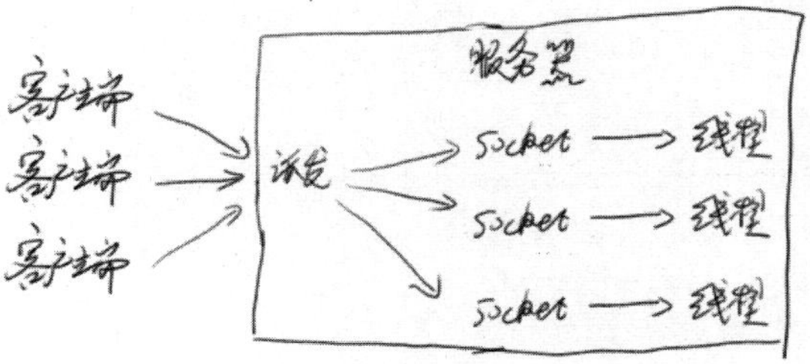

图 5.19　多线程的服务端

服务器会为每一个客户端连接启用一个线程，这个新的线程将全心全意为这个客户端服务。同时，为了接收客户端连接，服务器还会额外使用一个派发线程。

下面的代码实现了这个服务器：

```
public class MultiThreadEchoServer {
    private static ExecutorService  tp=Executors.newCachedThreadPool();
    static class HandleMsg implements Runnable{
        Socket clientSocket;
        public HandleMsg(Socket clientSocket){
            this.clientSocket=clientSocket;
```

```
    }

    public void run(){
        BufferedReader is =null;
        PrintWriter os = null;
        try {

    is = new BufferedReader(new InputStreamReader(clientSocket.getInputStream()));
            os = new PrintWriter(clientSocket.getOutputStream(), true);
            // 从 InputStream 中读取客户端所发送的数据
            String inputLine = null;
            long b=System.currentTimeMillis();
            while ((inputLine = is.readLine()) != null) {
                os.println(inputLine);
            }
            long e=System.currentTimeMillis();
            System.out.println("spend:"+(e-b)+"ms");
        } catch (IOException e) {
            e.printStackTrace();
        }finally{
            try {
                if(is!=null)is.close();
                if(os!=null)os.close();
                clientSocket.close();
            } catch (IOException e) {
                e.printStackTrace();
            }
        }
    }
}
public static void main(String args[]) {
    ServerSocket echoServer = null;
    Socket clientSocket = null;
    try {
        echoServer = new ServerSocket(8000);
    } catch (IOException e) {
        System.out.println(e);
    }
    while (true) {
        try {
```

```
47              clientSocket = echoServer.accept();
48              System.out.println(clientSocket.getRemoteSocketAddress() + " connect!");
49              tp.execute(new HandleMsg(clientSocket));
50          } catch (IOException e) {
51              System.out.println(e);
52          }
53      }
54  }
55 }
```

第 2 行使用了一个线程池来处理每一个客户端连接。第 3~33 行定义了 HandleMsg 线程，它由一个客户端 Socket 构造而成，它的任务是读取这个 Socket 的内容并将其返回，返回成功后，任务完成，客户端 Socket 就被正常关闭。其中第 23 行统计并输出了服务端线程处理一次客户端请求所花费的时间（包括读取数据和回写数据的时间）。主线程 main 的主要作用是在 8000 端口上等待。一旦有新的客户端连接，它就根据这个连接创建 HandleMsg 线程进行处理（第 47~49 行）。

这就是一个支持多线程的服务端的核心内容。它的特点是，在相同可支持的线程范围内，尽量多地支持客户端的数量，同时和单线程服务端相比，它也可以更好地使用多核 CPU。

为了方便大家学习，这里再给出一个客户端的参考实现：

```
public static void main(String[] args) throws IOException {
   Socket client = null;
   PrintWriter writer = null;
   BufferedReader reader = null;
   try {
      client = new Socket();
      client.connect(new InetSocketAddress("localhost", 8000));
      writer = new PrintWriter(client.getOutputStream(), true);
      writer.println("Hello!");
      writer.flush();

      reader = new BufferedReader(new InputStreamReader(client.getInputStream()));
      System.out.println("from server: " + reader.readLine());
   } catch (UnknownHostException e) {
      e.printStackTrace();
   } catch (IOException e) {
      e.printStackTrace();
```

```
18    } finally {
19       if (writer != null)
20          writer.close();
21       if (reader != null)
22          reader.close();
23       if (client != null)
24          client.close();
25    }
26 }
```

上述代码在第 7 行连接了服务器的 8000 端口，并发送字符串。接着在第 12 行读取服务器的返回信息并将其输出。

这种多线程的服务端开发模式是极其常用的。对于绝大多数应用来说，这种模式可以很好地工作。但是，如果你想让你的程序工作得更加有效，就必须知道这种模式的一个重大弱点——它倾向于让 CPU 进行 IO 等待。为了理解这一点，让我们看一下下面这个比较极端的例子：

```
public class HeavySocketClient {
   private static ExecutorService  tp=Executors.newCachedThreadPool();
   private static final int sleep_time=1000*1000*1000;
   public static class EchoClient implements Runnable{
      public void run(){
         Socket client = null;
         PrintWriter writer = null;
         BufferedReader reader = null;
         try {
            client = new Socket();
            client.connect(new InetSocketAddress("localhost", 8000));
            writer = new PrintWriter(client.getOutputStream(), true);
            writer.print("H");
            LockSupport.parkNanos(sleep_time);
            writer.print("e");
            LockSupport.parkNanos(sleep_time);
            writer.print("l");
            LockSupport.parkNanos(sleep_time);
            writer.print("l");
            LockSupport.parkNanos(sleep_time);
            writer.print("o");
```

```
22              LockSupport.parkNanos(sleep_time);
23              writer.print("!");
24              LockSupport.parkNanos(sleep_time);
25              writer.println();
26              writer.flush();
27
28              reader = new BufferedReader(new InputStreamReader(client.getInputStream()));
29              System.out.println("from server: " + reader.readLine());
30          } catch (UnknownHostException e) {
31              e.printStackTrace();
32          } catch (IOException e) {
33              e.printStackTrace();
34          } finally {
35              try {
36                  if (writer != null)
37                      writer.close();
38                  if (reader != null)
39                      reader.close();
40                  if (client != null)
41                      client.close();
42              } catch (IOException e) {
43              }
44          }
45      }
46  }
47  public static void main(String[] args) throws IOException {
48      EchoClient ec=new EchoClient();
49      for(int i=0;i<10;i++)
50          tp.execute(ec);
51  }
52 }
```

上述代码定义了一个新的客户端，它会进行 10 次请求（第 49 行和第 50 行开启 10 个线程），每一次请求都会访问 8000 端口。连接成功后，会向服务器输出“Hello!”字符串（第 13~26 行），但是在这一次交互中，客户端会慢慢地输出，每次只输出一个字符，之后进行 1 秒的等待。因此，整个过程会持续 6 秒。

开启多线程池的服务端和上述客户端。服务端的部分输出如下：

```
spend:6000ms
spend:6000ms
spend:6000ms
spend:6001ms
spend:6002ms
spend:6002ms
spend:6002ms
spend:6002ms
spend:6003ms
spend:6003ms
```

由此可见对于服务端来说，每一个请求的处理时间都在 6 秒左右。这很容易理解，因为服务器要先读取客户端的输入，而客户端缓慢的处理速度（当然也可能是一个拥挤的网络环境）使得服务器花费了不少等待时间。

我们可以试想一下，服务器要处理大量的请求连接，如果每个请求都像这样拖慢了服务器的处理速度，那么服务端能够处理的并发数量就会大幅度减少。反之，如果服务器每次都能很快地处理一次请求，那么它的并发能力就提升了。

在这个案例中，服务器处理请求之所以慢，并不是因为在服务端有多少繁重的任务，而是因为服务线程在等待 IO。让高速运转的 CPU 去等待极其低效的网络 IO 是非常不合算的行为。那么，我们是不是可以想一个方法，将网络 IO 的等待时间从线程中抽离出来呢？

5.10.2 使用 NIO 进行网络编程

使用 Java 的 NIO 就可以将上节的网络 IO 等待时间从业务处理线程中抽离出来。那么 NIO 是什么？它又是如何工作的呢？

要了解 NIO，首先需要知道在 NIO 中的一个关键组件 Channel。Channel 有点类似于流，一个 Channel 可以和文件或者网络 Socket 对应。如果 Channel 对应着一个 Socket，那么往这个 Channel 中写数据，就等于向 Socket 中写数据。

和 Channel 一起使用的另外一个重要组件就是 Buffer。大家可以简单地把 Buffer 理解成一个内存区域或者 byte 数组。数据需要包装成 Buffer 的形式才能和 Channel 交互（写入或者读取）。

另外一个与 Channel 密切相关的是 Selector（选择器）。在 Channel 的众多实现中，有一个 SelectableChannel 实现，表示可被选择的通道。任何一个 SelectableChannel 都可以将自己注册到一个 Selector 中，因此这个 Channel 就能为 Selector 所管理。而一个 Selector 可以管理多个 SelectableChannel。当 SelectableChannel 的数据准备好时，Selector 就会接到通知，得到那些已经准备好的数据，而 SocketChannel 就是 SelectableChannel 的一种。因此，它们构成了如图 5.20 所示的结构。

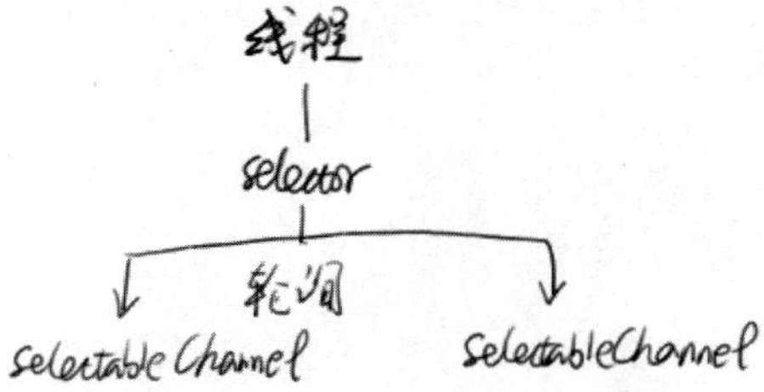

图 5.20　Selector 和 Channel 构成的结构

大家可以看到，一个 Selector 可以由一个线程管理，而一个 SocketChannel 则可以表示一个客户端连接，这就构成了由一个或者极少数线程来处理大量客户端连接的结构。当与客户端连接的数据没有准备好时，Selector 会处于等待状态（不过幸好，用于管理 Selector 的线程数是极少量的），而一旦有任何一个 SocketChannel 准备好了数据，Selector 就能立即得到通知，获取数据并进行处理。

下面就让我们用 NIO 来重新构造这个多线程的 Echo 服务器吧！

首先，我们需要定义一个 Selector 和线程池：

```
private Selector selector;
private ExecutorService  tp=Executors.newCachedThreadPool();
```

其中，Selector 用于处理所有的网络连接，线程池 tp 用于对每一个客户端进行相应的处理，每一个请求都会委托给线程池中的线程进行实际的处理。

为了能够统计服务器线程在一个客户端上花费的时间，这里还需要定义一个与时间统计有关的类：

```
public static Map<Socket,Long> time_stat=new HashMap<Socket,Long>(10240);
```

它用于统计在某一个 Socket 上花费的时间，time_stat 的 key 为 Socket，value 为时间戳（可以记录处理开始时间）。

下面来看一下 NIO 服务器的核心代码，startServer()方法用于启动 NIO Server：

```
private void startServer() throws Exception {
   selector = SelectorProvider.provider().openSelector();
   ServerSocketChannel ssc = ServerSocketChannel.open();
   ssc.configureBlocking(false);

   InetSocketAddress isa = new InetSocketAddress(InetAddress.getLocalHost(), 8000);
   InetSocketAddress isa = new InetSocketAddress(8000);
   ssc.socket().bind(isa);

   SelectionKey acceptKey = ssc.register(selector, SelectionKey.OP_ACCEPT);

   for (;;) {
      selector.select();
      Set readyKeys = selector.selectedKeys();
      Iterator i = readyKeys.iterator();
      long e=0;
      while (i.hasNext()) {
         SelectionKey sk = (SelectionKey) i.next();
         i.remove();

         if (sk.isAcceptable()) {
            doAccept(sk);
         }
         else if (sk.isValid() && sk.isReadable()) {
            if(!time_stat.containsKey(((SocketChannel)sk.channel()).socket()))
               time_stat.put(((SocketChannel)sk.channel()).socket(),
                  System.currentTimeMillis());
            doRead(sk);
         }
         else if (sk.isValid() && sk.isWritable()) {
            doWrite(sk);
            e=System.currentTimeMillis();
            long b=time_stat.remove(((SocketChannel)sk.channel()).socket());
            System.out.println("spend:"+(e-b)+"ms");
         }
      }
   }
}
```

上述代码第 2 行通过工厂方法获得一个 Selector 对象的实例。第 3 行获得表示服务端的 SocketChannel 实例。第 4 行将这个 SocketChannel 设置为非阻塞模式。实际上，Channel 也可以像传统的 Socket 那样按照阻塞的方式工作。但这里更倾向于让其工作在非阻塞模式下，在这种模式下，我们才可以向 Channel 注册感兴趣的事件，并且在数据准备好时，得到必要的通知。在第 6~8 行进行端口绑定，将这个 Channel 绑定在 8000 端口上。

在第 10 行将这个 ServerSocketChannel 绑定到 Selector 上，并注册它感兴趣的时间为 Accept。这样，Selector 就能为这个 Channel 服务了。当 Selector 发现 ServerSocketChannel 有新的客户端连接时，就会通知 ServerSocketChannel 进行处理。register()方法的返回值是一个 SelectionKey，SelectionKey 表示一对 Selector 和 Channel 的关系。当 Channel 注册到 Selector 上时，就相当于确立了两者的服务关系，而 SelectionKey 就是契约。当 Selector 或者 Channel 被关闭时，它们对应的 SelectionKey 就会失效。

第 12~37 行是一个无穷循环，它的主要任务就是等待和分发网络消息。

第 13 行的 select()是一个阻塞方法。如果当前没有任何数据准备好，它就会等待。一旦有数据可读，它就会返回。它的返回值是已经准备就绪的 SelectionKey 的数量。这里简单地将其忽略。

第 14 行获取那些准备好的 SelectionKey。因为 Selector 同时为多个 Channel 服务，所以已经准备就绪的 Channel 就有可能是多个，这里得到的自然是一个集合。得到这个就绪集合后，剩下的就是遍历这个集合，挨个处理 Channel 数据。

第 15 行得到这个集合的迭代器。第 17 行使用迭代器遍历整个集合。第 18 行根据迭代器获得一个集合内的 SelectionKey 实例。

第 19 行将这个元素移除。注意，这非常重要，当你处理完一个 SelectionKey 后，务必将其从集合内删除，否则就会重复处理相同的 SelectionKey。

第 21 行判断当前 SelectionKey 所代表的 Channel 是否在 Acceptable 状态，如果是，就进行客户端的接收（执行 doAccept()方法）。

第 24 行判断 Channel 是否已经可以读了，如果是就进行读取（doRead()方法）。这里为了统计系统处理每一个连接的时间，在第 25~27 行记录了在读取数据之前的一个时间戳。

第 30 行判断通道是否准备好进行写。如果是就写入（doWrite()方法），同时在写入完成后，根据读取前的时间戳，输出处理这个 Socket 连接的耗时。

在了解整体框架后，下面我们从细节着手，学习几个主要方法的内部实现。首先是 doAccept()方法，它与客户端建立连接：

```
01 private void doAccept(SelectionKey sk) {
02     ServerSocketChannel server = (ServerSocketChannel) sk.channel();
03     SocketChannel clientChannel;
04     try {
05         clientChannel = server.accept();
06         clientChannel.configureBlocking(false);
07 
08         // 注册读取通道
09         SelectionKey clientKey = clientChannel.register(selector, SelectionKey.OP_READ);
10         // 新建一个对象实例
11         EchoClient echoClient = new EchoClient();
12         clientKey.attach(echoClient);
13 
14         InetAddress clientAddress = clientChannel.socket().getInetAddress();
15         System.out.println("Accepted connection from " + clientAddress.getHostAddress() + ".");
16     } catch (Exception e) {
17         System.out.println("Failed to accept new client.");
18         e.printStackTrace();
19     }
20 }
```

和 Socket 编程很类似，当有一个新的客户端连接接入时，就会产生一个新的 Channel 来代表这个连接。上述代码第 5 行生成的 clientChannel 就表示和客户端通信的 Channel。第 6 行将这个 Channel 配置为非阻塞模式，也就是要求系统在准备好 IO 后，再通知线程来读取或者写入。

第 9 行很关键，它将新生成的 Channel 注册到 Selector 上，并告诉 Selector 现在对读（OP_READ）操作感兴趣。这样，当 Selector 发现这个 Channel 已经准备好读时，就能给线程一个通知。

第 11 行新建一个对象实例，一个 EchoClient 实例代表一个客户端。在第 12 行，我们将这个客户端实例作为附件，附加到表示这个连接的 SelectionKey 上。这样在整个连接的处理过程中，我们都可以共享 EchoClient 实例。

EchoClient 的定义很简单，它封装了一个队列，保存在需要回复给这个客户端的所有信息上，这样在回复时，只要从 outq 对象中弹出元素即可。

```
class EchoClient {
   private LinkedList<ByteBuffer> outq;
   EchoClient() {
      outq = new LinkedList<ByteBuffer>();
   }
   public LinkedList<ByteBuffer> getOutputQueue() {
      return outq;
   }
   public void enqueue(ByteBuffer bb) {
      outq.addFirst(bb);
   }
}
```

下面来看一下另一个重要的方法 doRead()。当 Channel 可以读取时，doRead()方法就会被调用。

```
private void doRead(SelectionKey sk) {
   SocketChannel channel = (SocketChannel) sk.channel();
   ByteBuffer bb = ByteBuffer.allocate(8192);
   int len;

   try {
      len = channel.read(bb);
      if (len < 0) {
         disconnect(sk);
         return;
      }
   } catch (Exception e) {
      System.out.println("Failed to read from client.");
      e.printStackTrace();
      disconnect(sk);
      return;
   }

   bb.flip();
   tp.execute(new HandleMsg(sk,bb));
}
```

doRead()方法接收一个 SelectionKey 参数，通过它可以得到当前的客户端 Channel（第 2 行）。在这里，我们准备 8KB 的缓冲区读取数据，所有读取的数据存放在变量 bb 中（第 7 行）。读取完成后，重置缓冲区，为数据处理做准备（第 19 行）。

在这个示例中，我们对数据的处理很简单。但是为了模拟复杂的场景，还是使用了线程池进行数据处理（第 20 行）。这样，如果数据处理很复杂，就能在单独的线程中进行，而不用阻塞任务派发线程。

HandleMsg 的实现也很简单：

```
01 class HandleMsg implements Runnable{
02    SelectionKey sk;
03    ByteBuffer bb;
04    public HandleMsg(SelectionKey sk,ByteBuffer bb){
05       this.sk=sk;
06       this.bb=bb;
07    }
08    @Override
09    public void run() {
10       EchoClient echoClient = (EchoClient) sk.attachment();
11       echoClient.enqueue(bb);
12       sk.interestOps(SelectionKey.OP_READ | SelectionKey.OP_WRITE);
13       // 强迫 selector 立即返回
14       selector.wakeup();
15    }
16 }
```

上述代码简单地将接收到的数据压入 EchoClient 的队列（第 11 行）。如果需要处理业务逻辑，就可以在这里处理。

在数据处理完成后，就可以准备将结果回写到客户端，因此重新注册感兴趣的消息事件，将写操作（OP_WRITE）也作为感兴趣的事件来提交（第 12 行）。这样在 Channel 准备好写入时，就能通知线程。

写入操作使用 doWrite()方法实现：

```
private void doWrite(SelectionKey sk) {
   SocketChannel channel = (SocketChannel) sk.channel();
   EchoClient echoClient = (EchoClient) sk.attachment();
   LinkedList<ByteBuffer> outq = echoClient.getOutputQueue();
```

```
05
06    ByteBuffer bb = outq.getLast();
07    try {
08       int len = channel.write(bb);
09       if (len == -1) {
10          disconnect(sk);
11          return;
12       }
13
14       if (bb.remaining() == 0) {
15          // 缓冲区已完全写入，请将其移除
16          outq.removeLast();
17       }
18    } catch (Exception e) {
19       System.out.println("Failed to write to client.");
20       e.printStackTrace();
21       disconnect(sk);
22    }
23
24    if (outq.size() == 0) {
25       sk.interestOps(SelectionKey.OP_READ);
26    }
27 }
```

doWrite()方法也接收一个 SelectionKey 参数，当然对一个客户端来说，这个 SelectionKey 参数和 doRead()方法拿到的 SelectionKey 参数是同一个。因此，通过 SelectionKey 参数就可以在这两个方法中共享 EchoClient 实例了。在上述代码第 3~4 行中，我们取得了 EchoClient 实例及它的发送内容列表。第 6 行获得列表顶部元素，准备写回客户端。第 8 行进行写回操作。如果全部发送完成，则移除这个缓存对象（第 16 行）。

在 doWrite()方法中最重要的，也是最容易被忽略的，是在全部数据发送完成后（也就是 outq 的长度为 0），需要将写事件（OP_WRITE）从感兴趣的操作中移除（第 25 行）。如果不这么做，每次 Channel 准备好写时，都会执行 doWrite()方法，而实际上又无数据可写，这显然是不合理的。因此，这个操作很重要。

上面我们已经介绍了核心代码，现在使用 NIO 服务端来处理上一节中客户端的访问。同样，客户端也是要花费将近 6 秒才能完成一次消息的发送，使用 NIO 技术后，服务端线程需要花费多少时间来处理这些请求呢？答案如下：

```
spend:2ms
spend:2ms
spend:2ms
spend:2ms
spend:3ms
spend:3ms
spend:0ms
spend:0ms
spend:2ms
spend:3ms
```

可以看到，在使用 NIO 技术后，即使客户端迟钝或者出现了网络延迟等现象，并不会给服务端带来太大的影响。

5.10.3 使用 NIO 实现客户端

在前面的案例中，我们使用 Socket 编程来构建客户端，使用 NIO 来实现服务端。实际上，NIO 也可以用来创建客户端。这里，我们再演示一下使用 NIO 来实现客户端的例子。

它和构造服务端类似，核心的元素也是 Selector、Channel 和 SelectionKey。

首先，我们需要初始化 Selector 和 Channel：

```
01 private Selector selector;
02 public void init(String ip, int port) throws IOException {
03     SocketChannel channel = SocketChannel.open();
04     channel.configureBlocking(false);
05     this.selector = SelectorProvider.provider().openSelector();
06     channel.connect(new InetSocketAddress(ip, port));
07     channel.register(selector, SelectionKey.OP_CONNECT);
08 }
```

上述代码第 3 行创建一个 SocketChannel 实例，并将其设置为非阻塞模式。第 5 行创建一个 Selector。第 6 行将 SocketChannel 绑定到 Socket 上，但由于当前 Channel 是非阻塞的，因此当 connect()方法返回时，连接并不一定建立成功，在后续使用这个连接时，还需要使用 finishConnect()方法再次确认。第 7 行将 Channel 和 Selector 进行绑定，并注册了感兴趣的事件作为连接（OP_CONNECT）。

初始化完成后，就是程序的主要执行逻辑：

```
01 public void working() throws IOException {
02    while (true) {
03       if (!selector.isOpen())
04          break;
05       selector.select();
06       Iterator<SelectionKey> ite = this.selector.selectedKeys().iterator();
07       while (ite.hasNext()) {
08          SelectionKey key = ite.next();
09          ite.remove();
10          // 连接事件发生
11          if (key.isConnectable()) {
12             connect(key);
13          } else if (key.isReadable()) {
14             read(key);
15          }
16       }
17    }
18 }
```

在上述代码中，第 5 行通过 Selector 得到已经准备好的事件。如果当前没有任何事件准备就绪，这里就会阻塞。整个处理机制和服务端非常类似，主要处理两个事件，首先是表示连接就绪的 Connect 事件（由 connect()方法处理），以及表示 Channel 可读的 Read 事件（由 read()方法处理）。

connect()方法的实现如下：

```
01 public void connect(SelectionKey key) throws IOException {
02    SocketChannel channel = (SocketChannel) key.channel();
03    // 如果正在连接，则完成连接
04    if (channel.isConnectionPending()) {
05       channel.finishConnect();
06    }
07    channel.configureBlocking(false);
08    channel.write(ByteBuffer.wrap(new String("hello server!\r\n")
09          .getBytes()));
10    channel.register(this.selector, SelectionKey.OP_READ);
11 }
```

上述 connect()方法接收 SelectionKey 作为其参数。在第 4~6 行，它首先判断连接是否

已经建立，如果没有，则调用 finishConnect()方法建立连接。建立连接后，向 Channel 写入数据，并同时注册读事件为感兴趣的事件（第 10 行）。

当 Channel 可读时，会执行 read()方法，进行数据读取：

```
01 public void read(SelectionKey key) throws IOException {
02     SocketChannel channel = (SocketChannel) key.channel();
03     // 创建读取的缓冲区
04     ByteBuffer buffer = ByteBuffer.allocate(100);
05     channel.read(buffer);
06     byte[] data = buffer.array();
07     String msg = new String(data).trim();
08     System.out.println("客户端收到信息: " + msg);
09     channel.close();
10     key.selector().close();
11 }
```

上述 read()方法首先创建了 100 字节的缓冲区（第 4 行），接着从 Channel 中读取数据，并将其打印在控制台上。最后，关闭 Channel 和 Selector。

5.11 读完了再通知我：AIO

AIO 是异步 IO 的缩写，即 Asynchronized IO。虽然 NIO 在网络操作中提供了非阻塞的方法，但是 NIO 的 IO 行为还是同步的。对于 NIO 来说，我们的业务线程在 IO 操作准备好时得到通知，接着就由这个线程自行进行 IO 操作，IO 操作本身还是同步的。

但对于 AIO 来说，则更进了一步，它不是在 IO 准备好时再通知线程，而是在 IO 操作完成后，再给线程发出通知。因此，AIO 是完全不会阻塞的。此时，我们的业务逻辑将变成一个回调函数，等待 IO 操作完成后，由系统自动触发。

下面通过 AIO 来实现一个简单的 EchoServer 及对应的客户端。

5.11.1 AIO EchoServer 的实现

异步 IO 需要使用异步通道（AsynchronousServerSocketChannel），如下所示：

```
public final static int PORT = 8000;
private AsynchronousServerSocketChannel server;
```

```
public AIOEchoServer() throws IOException {
   server = AsynchronousServerSocketChannel.open().bind(new InetSocketAddress(PORT));
}
```

上述代码绑定了 8000 端口为服务端端口，并使用 AsynchronousServerSocketChannel 异步 Channel 作为服务端，变量名为 server。

我们使用 server 来接收和处理客户端连接：

```
public void start() throws InterruptedException, ExecutionException, TimeoutException {
   System.out.println("Server listen on " + PORT);
   // 注册事件和事件完成后的处理器
   server.accept(null, new CompletionHandler<AsynchronousSocketChannel, Object>() {
      final ByteBuffer buffer = ByteBuffer.allocate(1024);
      public void completed(AsynchronousSocketChannel result, Object attachment) {
         System.out.println(Thread.currentThread().getName());
         Future<Integer> writeResult=null;
         try {
            buffer.clear();
            result.read(buffer).get(100, TimeUnit.SECONDS);
            buffer.flip();
            writeResult=result.write(buffer);
         } catch (InterruptedException | ExecutionException e) {
            e.printStackTrace();
         } catch (TimeoutException e) {
            e.printStackTrace();
         } finally {
            try {
               server.accept(null, this);
               writeResult.get();
               result.close();
            } catch (Exception e) {
               System.out.println(e.toString());
            }
         }
      }

      @Override
      public void failed(Throwable exc, Object attachment) {
         System.out.println("failed: " + exc);
```

```
32         }
33     });
34 }
```

上述定义的 start()方法开启了服务端。值得注意的是，这个方法除了第 2 行的打印语句，只调用了 server.accept()，之后的那一大堆代码只是它的参数。

AsynchronousServerSocketChannel.accept()方法会立即返回，它并不会真的等待客户端的到来。在这里使用的 accept()方法的签名为：

```
public final <A> void accept(A attachment,
               CompletionHandler<AsynchronousSocketChannel,? super A> handler)
```

它的第一个参数是一个附件，可以是任意类型的，作用是让当前线程和后续的回调方法可以共享信息，会在后续调用中传递给 handler。它的第二个参数是 CompletionHandler 接口，这个接口提供了两个方法：

```
void completed(V result, A attachment);
void failed(Throwable exc, A attachment);
```

这两个方法分别在异步操作 accept()方法成功或者失败时被回调。因此 AsynchronousServerSocketChannel.accept()方法实际上做了两件事。第一，发起 accept 请求，告诉系统可以开始监听端口了。第二，注册 CompletionHandler 实例，告诉系统一旦有客户端前来连接，如果连接成功，就去执行 CompletionHandler.completed()方法；如果连接失败，就去执行 CompletionHandler.failed()方法。

所以，server.accept()方法不会阻塞，它会立即返回。

下面分析一下 CompletionHandler. completed()方法的实现。当 completed()方法被执行时，意味着已经有客户端连接成功了。第 11 行使用 read()方法读取客户的数据。要注意，AsynchronousSocketChannel.read()方法也是异步的，换句话说它不会等待读取完成了再返回，而是立即返回，返回的结果是一个 Future，这就是 Future 模式的典型应用。为了编程方便，我在这里直接调用 Future.get()方法进行等待，将这个异步方法变成了同步方法。因此，在第 11 行执行完成后，数据读取就已经完成了。

之后，将数据回写给客户端（第 13 行）。这里调用的是 AsynchronousSocketChannel.write()方法。这个方法不会等待数据全部写完，也会立即返回。同样，它返回的也是 Future。

在第 20 行，服务端进行下一个客户端连接的准备，同时关闭当前正在处理的客户端连接。但在关闭之前，得确保 write()方法已经执行完成，因此，使用 Future.get()方法进行等待（第 21 行）。

接下来，我们只需要在主函数中调用 start()方法就可以开启服务端了：

```
01 public static void main(String args[]) throws Exception {
02    new AIOEchoServer().start();
03    // 主线程可以继续自己的行为
04    while (true) {
05       Thread.sleep(1000);
06    }
07 }
```

上述代码第 2 行调用 start()方法开启服务端，但由于 start()方法里使用的都是异步方法，它会马上返回，它并不像阻塞方法那样会等待。因此，如果想让程序驻守执行，第 4~6 行的等待语句是必需的。否则，在 start()方法结束后，不等客户端到来，程序已经运行完成，主线程退出。

5.11.2　AIO 客户端的实现

在服务端的实现中，我们使用 Future.get()方法将异步调用转为一个同步等待。在客户端的实现里，我们将全部使用异步回调实现：

```
public class AIOClient {
   public static void main(String[] args) throws Exception {
      final AsynchronousSocketChannel client = AsynchronousSocketChannel.open();
client.connect(new InetSocketAddress("localhost", 8000), null, new CompletionHandler<Void, Object>() {
         @Override
         public void completed(Void result, Object attachment) {
client.write(ByteBuffer.wrap("Hello!".getBytes()), null, new CompletionHandler<Integer, Object>() {
               @Override
               public void completed(Integer result, Object attachment) {
                  try {
                     ByteBuffer buffer = ByteBuffer.allocate(1024);
```

```
12                     client.read(buffer,buffer,new CompletionHandler<Integer, ByteBuffer>(){
13                                 @Override
14                                 public void completed(Integer result, ByteBuffer buffer) {
15                                     buffer.flip();
16                                     System.out.println(new String(buffer.array()));
17                                     try {
18                                         client.close();
19                                     } catch (IOException e) {
20                                         e.printStackTrace();
21                                     }
22                                 }
23                                 @Override
24                                 public void failed(Throwable exc, ByteBuffer attachment) {
25                                 }
26                             });
27                         } catch (Exception e) {
28                             e.printStackTrace();
29                         }
30                     }
31                     @Override
32                     public void failed(Throwable exc, Object attachment) {
33                     }
34                 });
35             }
36             @Override
37             public void failed(Throwable exc, Object attachment) {
38             }
39         });
40         // 由于主线程马上结束，这里等待上述处理全部完成
41         Thread.sleep(1000);
42     }
43 }
```

上面的 AIO 客户端代码看起来很长，但实际上只有三个语句。

第一个语句为第 3 行，打开 AsynchronousSocketChannel。第二个语句是第 4~39 行，它让客户端连接指定的服务端，并注册了一系列事件。第三个语句是第 41 行，让线程等待。

虽然第 2 个语句看起来很长，但是它完全是异步的，因此会很快返回，并不会在连接操作的过程中等待。如果不等待，客户端会马上退出，也就无法继续工作了。

第 4 行，客户端进行网络连接，并注册了连接成功的回调函数 CompletionHandler<Void, Object>。连接成功后会进入代码第 7 行。第 7 行写入数据，向服务端发送数据。这个过程也是异步的，会很快返回。写入完成后，会通知回调接口 CompletionHandler<Integer, Object>进入第 10 行。从第 10 行开始，准备进行数据读取，从服务端读取回写的数据。当然，第 12 行的 read()方法也是立即返回的，成功读取所有数据后会回调 CompletionHandler <Integer, ByteBuffer>接口，进入第 15 行。在第 15~16 行打印接收到的数据。

6

第 6 章 Java 8/9/10 与并发

2014 年，Oracle 发布了新版本 Java 8。对于 Java 来说，这显然是一个具有里程碑意义的版本。它最主要的改进是增加了函数式编程功能。就目前来说，Java 最令人头痛的问题，也是受到最多质疑的地方，应该就是 Java 烦琐的语法。这使得我们不得不编写大量的代码来实现一些司空见惯的功能，以至于 Java 程序总是冗长的。但是，这一切在 Java 8 的函数式编程中得到了缓解。

严格来说，函数式编程与我们的主题没有太大关系，我似乎不应该在这里提及它。但是，在 Java 8 中新增的一些与并行相关的 API，却以函数式编程范式的形式给出，为了能让大家更好地理解这些功能，我会先简要地介绍一下 Java 8 的函数式编程。

6.1 Java 8 的函数式编程简介

函数式编程与面向对象编程在思路和方法上各有千秋，在这里，我将简要介绍一下函数式编程与面向对象编程的差异。

6.1.1　函数作为一等公民

在理解函数作为一等公民这句话时，让我们先来看一种常用的互联网语言——JavaScript，相信大家对它都不陌生。JavaScript 并不是严格意义上的函数式编程语言，不过，它也不属于严格意义上的面向对象编程语言。但是，如果你愿意，你既可以把它当作面向对象编程语言，也可以把它当作函数式编程语言，因此，把 JavaScript 称为多范式语言可能更加合适。

使用 jQuery 时可能会经常使用如下代码：

```
$("button").click(function(){
  $("li").each(function(){
    alert($(this).text())
  });
});
```

注意这里 each()函数的参数，它是一个匿名函数，在遍历所有的 li 节点时，会弹出 li 节点的文本内容。将函数作为参数传递给另外一个函数，这是函数式编程的特性之一。

再来看另外一个案例。

```
function f1(){
    var n=1;
    function f2(){
      alert(n);
    }
    return f2;
  }
var result=f1();
result(); // 1
```

这也是一段 JavaScript 代码，注意函数 f1 的返回值，它返回了函数 f2。在倒数第 2 行，返回函数 f2 并赋值给 result，实际上，此时的 result 就是一个函数，并且指向函数 f2。调用 result，就会打印 n 的值。

一个函数可以作为另外一个函数的返回值，也是函数式编程的重要特点。

6.1.2 无副作用

函数的副作用指的是函数在调用过程中，除给出返回值，还修改了函数外部的状态。比如，函数在调用过程中修改了某一个全局状态。函数式编程认为，函数的副用作应该被尽量避免。可以想象，如果一个函数肆意修改全局或者外部状态，那么当系统出现问题时，我们可能很难判断究竟是哪个函数引起的，这对于程序的调试和跟踪是没有好处的。如果函数都是显式函数，那么函数的执行显然不会受到外部或者全局信息的影响，因此，对于调试和排错是有益的。

注意：显式函数指函数与外界交换数据的唯一渠道就是参数和返回值，显式函数不会读取或者修改函数的外部状态。与之相对的是隐式函数，隐式函数除参数和返回值外，还会读取外部信息，或者修改外部信息。

然而，完全的无副作用实际上是做不到的，因为系统总是需要获取或者修改外部信息，同时，模块之间的交互也极有可能是通过共享变量进行的。如果完全禁止副作用的出现，也是一件让人很不愉快的事情。因此，大部分函数式编程语言，如 Clojure 等，都允许副作用的存在。但是与面向对象编程相比，这种函数调用的副作用，在函数式编程里需要进行有效的限制。

6.1.3 声明式的编程方式

函数式编程是声明式的（Declarative）编程方式。命令式（Imperative）程序设计喜欢大量使用可变对象和指令。我们总是习惯于创建对象或者变量，并且修改它们的状态或值，或者喜欢提供一系列指令，要求程序执行。这种编程习惯在声明式的函数式编程中有所变化。对于声明式的编程方式，你不再需要提供明确的指令操作，所有的细节指令将会更好地被程序库封装，你要做的只是提出你的要求，声明你的用意即可。

请看下面一段程序，这是一段传统的命令式编程，为了打印数组中的值，我们需要进行一个循环，并且每次都需要判断循环是否结束。在循环体内，我们要明确地给出需要执行的语句和参数：

```
public static void imperative(){
   int[] iArr={1,3,4,5,6,9,8,7,4,2};
        for(int i=0;i<iArr.length;i++){
           System.out.println(iArr[i]);
        }
}
```

与之对应的声明式编程方式的代码如下：

```
public static void declarative(){
    int[] iArr={1,3,4,5,6,9,8,7,4,2};
        Arrays.stream(iArr).forEach(System.out::println);
}
```

可以看到，变量数组的循环体居然消失了！println()函数似乎在这里也没有指定任何参数，在此我们只是简单地声明了用意。循环及判断循环是否结束等操作都被简单地封装在程序库中了。

6.1.4　不变的对象

在函数式编程中，几乎所有传递的对象都不会被轻易修改。

请看以下代码：

```
static int[] arr={1,3,4,5,6,7,8,9,10};
Arrays.stream(arr).map((x)->x=x+1).forEach(System.out::println);
System.out.println();
Arrays.stream(arr).forEach(System.out::println);
```

代码第 2 行看似对每一个数组成员执行了加 1 的操作。但是在操作完成后，在最后一行打印 arr 数组所有的成员值时，你会发现，数组成员并没有变化！在使用函数式编程时，这种状态是一种常态，几乎所有的对象都拒绝被修改。这非常类似于不变模式。

6.1.5　易于并行

由于对象都处于不变的状态，因此函数式编程更加易于并行。实际上，你甚至完全不用担心线程安全问题。我们之所以要关注线程安全，一个很重要的原因是当多个线程对同一个对象进行写操作时，容易将这个对象“写坏”。但是，由于对象是不变的，在多线程环境下，也就没有必要进行任何同步操作了。这样有利于并行化，同时，在并行化后，由于没有同步和锁机制，其性能也会比较好。

6.1.6　更少的代码

通常情况下，函数式编程更加简明扼要，Clojure 语言（一种运行于 JVM 的函数式编程语言）的爱好者就宣称，使用 Clojure 可以将 Java 代码行数减少到原有的 1/10。一般说来，精简的代码更易于维护。引入函数式编程范式后，我们可以使 Java 用更少的代码完成更多的工作。

请看下面这个例子，对于数组中的每一个成员，首先判断是否是奇数，如果是奇数，则执行加 1 操作，并最终打印数组内所有成员。

数组定义：

```
static int[] arr={1,3,4,5,6,7,8,9,10};
```

传统的处理方式：

```
for(int i=0;i<arr.length;i++){
   if(arr[i]%2!=0){
      arr[i]++;
   }
   System.out.println(arr[i]);
}
```

使用函数式编程的方式：

```
Arrays.stream(arr).map(x->(x%2==0?x:x+1)).forEach(System.out::println);
```

可以看到，函数式编程的范式更加紧凑而且简洁。

6.2 函数式编程基础

在正式进入函数式编程之前，有必要先了解一下 Java 8 为支持函数式编程所做的基础性的改进。

6.2.1 FunctionalInterface 注释

Java 8 提出了函数式接口的概念。所谓函数式接口，简单地说，就是只定义了单一抽象方法的接口。比如下面的定义：

```
@FunctionalInterface
public static interface IntHandler{
   void handle(int i);
}
```

注释 FunctionalInterface 用于表明 IntHandler 接口是一个函数式接口，该接口只包含一个抽象方法 handle()，因此它符合函数式接口的定义要求。如果一个函数满足函数式接口的定义要求，那么即使不标注为@FunctionalInterface，编译器依然会把它看作函数式接口。这有点像@Override 注释，如果你的函数符合重载的规范，无论你是否标注了@Override，编译器都会识别这个重载函数，但如果你进行了标注，而实际的代码不符合规范，那么就会得到一个编译错误的提示。图 6.1 展示了一个不符合规范却被标注为@FunctionalInterface 的接口。很显然，IntHandler 接口包含两个抽象方法，因此不符合函数式接口的定义要求，又因为 IntHandler 接口被标注为函数式接口，产生矛盾，故编译出错。

```
@FunctionalInterface
public static interface IntHandler{
    void handle(int i);
    void handle2(int i);
}
```

图 6.1　不符合规范的函数式接口

这里需要强调的是，函数式接口只能有一个抽象方法，而不是只能有一个方法。我分两点来说明：首先，在 Java 8 中，接口运行存在实例方法（参见下一节的“接口默认方法”）；其次，任何被 java.lang.Object 实现的方法都不能视为抽象方法，因为 equals()方法在 java.lang.Object 中已经实现，所以 NonFunc 接口不是函数式接口。

```
interface NonFunc {
   boolean equals(Object obj);
}
```

同理，下面实现的 IntHandler 接口符合函数式接口的定义要求。它虽然看起来不像函数式接口，但实际上却是一个函数式接口。

```
@FunctionalInterface
public static interface IntHandler{
   void handle(int i);
   boolean equals(Object obj);
}
```

函数式接口的实例可以由方法引用或者由 lambda 表达式构造，我们将在后面进一步举例说明。

6.2.2　接口默认方法

在 Java 8 之前，接口只能包含抽象方法。但从 Java 8 开始，接口也可以包含若干个实例方法。这一改进使得 Java 8 拥有了类似于多继承的功能。一个对象实例，将拥有来自多个不同接口的实例方法。

比如，接口 IHorse 的实现如下：

```
public interface IHorse{
   void eat();
   default void run(){
      System.out.println("hourse run");
   }
}
```

在 Java 8 中，使用 default 关键字可以在接口内定义实例方法。注意，这个方法并非抽象方法，而是拥有特定逻辑的具体实例方法。

所有的动物都能自由呼吸，所以，这里可以再定义一个 IAnimal 接口，它也包含一个默认方法 breath()：

```
public interface IAnimal {
   default void breath(){
      System.out.println("breath");
   }
}
```

骡是马和驴的杂交物种，因此骡（Mule）可以实现为 IHorse，同时骡也是动物，因此有：

```
public class Mule implements IHorse,IAnimal{
   @Override
   public void eat() {
      System.out.println("Mule eat");
   }
   public static void main(String[] args) {
     Mule m=new Mule();
          m.run();
          m.breath();
   }
}
```

注意，上述代码中 Mule 实例同时拥有来自不同接口的实现方法，这在 Java 8 之前是做不到的。从某种程度上说，这种模式可以弥补 Java 单一继承的一些不便。但同时要知道，它将遇到和多继承相同的问题，如图 6.2 所示。如果 IDonkey 也存在一个默认的 run()方法，那么同时实现它们的 Mule 就会不知所措，因为它不知道应该以哪个方法为准。

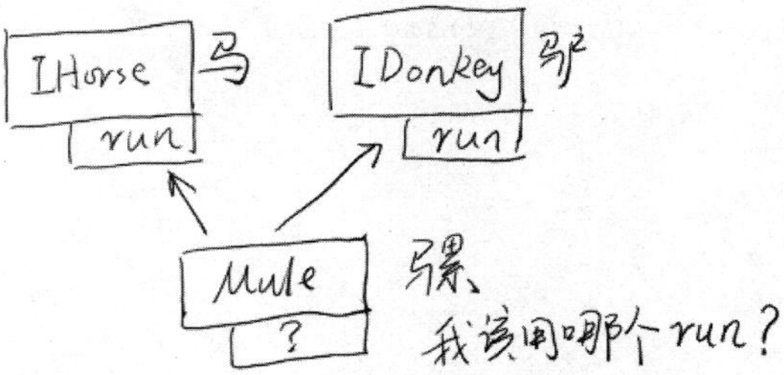

图 6.2　接口默认方法带来的多继承问题

增加一个 IDonkey 的实现：

```
public interface IDonkey{
   void eat();
   default void run(){
      System.out.println("Donkey run");
   }
}
```

修改 Mule 的实现如下，注意它同时实现了 IHorse 和 IDonkey：

```
public class Mule implements IHorse,IDonkey,IAnimal{
   @Override
   public void eat() {
      System.out.println("Mule eat");

   }
   public static void main(String[] args) {
      Mule m=new Mule();
      m.run();
      m.breath();
   }
}
```

此时，由于 IHorse 和 IDonkey 拥有相同的默认实例方法，故编译器会抛出一个错误：

```
Duplicate default methods named run with the parameters () and () are inherited from the types IDonkey and IHorse
```

为了让 Mule 同时实现 IHorse 和 IDonkey，我们不得不重新实现一下 run()方法，让编译器可以进行方法绑定。修改 Mule 的实现如下：

```
public class Mule implements IHorse,IDonkey,IAnimal{
   @Override
public void run(){
      IHorse.super.run();
}

   @Override
   public void eat() {
      System.out.println("Mule eat");
   }
   public static void main(String[] args) {
      Mule m=new Mule();
      m.run();
      m.breath();
   }
}
```

在这里，将 Mule 的 run()方法委托给 IHorse 实现，当然，大家也可以有自己的实现。

接口默认实现对于整个函数式编程的流式表达非常重要。比如，大家熟悉的 java.util.Comparator 接口，它在 JDK 1.2 时就已经被引入了，用于在排序时给出两个对象实例的具体比较逻辑。在 Java 8 中，Comparator 接口新增了若干个默认方法，用于多个比较器的整合。其中一个常用的默认方法如下：

```
default Comparator<T> thenComparing(Comparator<? super T> other) {
   Objects.requireNonNull(other);
   return (Comparator<T> & Serializable) (c1, c2) -> {
      int res = compare(c1, c2);
      return (res != 0) ? res : other.compare(c1, c2);
   };
}
```

有了这个默认方法，在排序时，我们就可以非常方便地进行元素的多条件排序。比如，如下代码构造一个比较器，它先按照字符串长度排序，继而按照大小写不敏感的字母顺序排序：

```
Comparator<String> cmp = Comparator.comparingInt(String::length)
        .thenComparing(String.CASE_INSENSITIVE_ORDER);
```

6.2.3 lambda 表达式

lambda 表达式可以说是函数式编程的核心。lambda 表达式即匿名函数，它是一段没有函数名的函数体，可以作为参数直接传递给相关的调用者，lambda 表达式极大地增强了 Java 语言的表达能力。

下例展示了 lambda 表达式的使用方法，在 forEach()方法中，传入的就是一个 lambda 表达式，它完成了对元素的标准输出操作。可以看到这段表达式并不像函数一样有名字，类似匿名内部类，它只是简单地描述了应该执行的代码段。

```
List<Integer> numbers = Arrays.asList(1, 2, 3, 4, 5, 6);
numbers.forEach((Integer value) -> System.out.println(value));
```

和匿名对象一样，lambda 表达式也可以访问外部的局部变量，如下所示：

```
    final int num = 2;
Function<Integer, Integer> stringConverter = (from) -> from * num;
System.out.println(stringConverter.apply(3));
```

上述代码可以编译通过，正常执行并输出 6。与匿名内部对象一样，在这种情况下，外部的 num 变量必须声明为 final 定义的，这样才能保证在 lambda 表达式中合法地访问它。

奇妙的是，对于 lambda 表达式而言，即使去掉上述的 final，程序依然可以编译通过！但千万不要以为这样你就可以修改 num 的值了。实际上，这只是 Java 8 做的一个小处理，它会自动地将在 lambda 表达式中使用的变量视为 final 定义的。因此，下述代码是可以编译通过的：

```
int num = 2;
Function<Integer, Integer> stringConverter = (from) -> from * num;
System.out.println(stringConverter.apply(3));
```

但是，如果像下面这么写，就不行：

```
int num = 2;
Function<Integer, Integer> stringConverter = (from) -> from * num;
    num++;
System.out.println(stringConverter.apply(3));
```

上述的 num++会引起一个编译错误：

```
Local variable num defined in an enclosing scope must be final or effectively final
```

6.2.4 方法引用

方法引用是 Java 8 中提出的用来简化 lambda 表达式的一种手段。它通过类名和方法名来定位一个静态方法或者实例方法。

方法引用在 Java 8 中的使用非常灵活。总的来说，可以分为以下几种。

- 静态方法引用：ClassName::methodName。
- 实例上的实例方法引用：instanceReference::methodName。
- 超类上的实例方法引用：super::methodName。
- 类型上的实例方法引用：ClassName::methodName。
- 构造方法引用：Class::new。
- 数组构造方法引用：TypeName[]::new。

首先，方法引用使用“::”定义，“::”的前半部分表示类名或者实例名，后半部分表示方法名。如果是构造函数，则使用 new 表示。

下例展示了方法引用的基本使用方法：

```
public class InstanceMethodRef {
   public static void main(String[] args) {
      List<User> users=new ArrayList<User>();
      for(int i=1;i<10;i++){
         users.add(new User(i,"billy"+Integer.toString(i)));
      }
      users.stream().map(User::getName).forEach(System.out::println);
   }
}
```

对于第一个方法引用“User::getName”，表示 User 类的实例方法。在执行时，Java 会自动识别流中的元素（这里指 User 实例）是作为调用目标还是调用方法的参数。在“User::getName”中，显然流内的元素都应该作为调用目标，实际上，在这里调用了每一个 User 对象实例的 getName()方法，并将这些 User 的 name 作为一个新的流。同时，对于这里得到的所有 name，使用方法引用 System.out::println 处理。这里的 System.out 为 PrintStream

对象实例，因此，这里表示 System.out 实例的 println 方法。系统也会自动判断出流内的元素此时应该作为方法的参数传入，而不是调用目标。

一般来说，如果使用的是静态方法，或者调用目标明确，那么流内的元素会自动作为参数使用。如果方法引用表示实例方法，并且不存在调用目标，那么流内元素就会自动作为调用目标。

如果一个类中存在同名的实例方法和静态方法，那么编译器就会感到很困惑，因为此时它不知道应该使用哪个方法。它既可以选择同名的实例方法，将流内元素作为调用目标，也可以使用静态方法，将流内元素作为参数。

请看下面的例子：

```
public class BadMethodRef {
   public static void main(String[] args) {
      List<Double> numbers=new ArrayList<Double>();
      for(int i=1;i<10;i++){
         numbers.add(Double.valueOf(i));
      }
      numbers.stream().map(Double::toString).forEach(System.out::println);
   }
}
```

上述代码试图将所有的 Double 元素转为 String 并将其输出，但是很不幸，在 Double 中同时存在以下两个方法：

```
public static String toString(double d)
public String toString()
```

此时，对方法引用的处理就出现了歧义，因此，这段代码在编译时就会抛出如下错误：

```
Ambiguous method reference: both toString() and toString(double) from the type Double
are eligible
```

方法引用也可以直接使用构造函数。首先，查看模型类 User 的定义：

```
public class User{
   private int id;
   private String name;

   public User(int id,String name){
```

```
        this.id=id;
        this.name=name;
    }
    // 这里省略对字段的 setter 和 getter 操作
}
```

下面的方法引用调用了 User 的构造函数：

```
public class ConstrMethodRef {
    @FunctionalInterface
    interface UserFactory<U extends User> {
        U create(int id, String name);
    }

    static UserFactory<User> uf=User::new;

    public static void main(String[] args) {
        List<User> users=new ArrayList<User>();
        for(int i=1;i<10;i++){
            users.add(uf.create(i, "billy"+Integer.toString(i)));
        }
        users.stream().map(User::getName).forEach(System.out::println);
    }
}
```

在此，UserFactory 作为 User 的工厂类，是一个函数式接口。当使用 User::new 创建接口实例时，系统会根据 UserFactory.create()的签名来选择合适的 User 构造函数。在这里，很显然就是 public User(int id,String name)。在创建 UserFactory 实例后，对 UserFactory.create()的调用，都会委托给 User 的实际构造函数进行，从而创建 User 对象实例。

6.3 一步一步走入函数式编程

在了解了 Java 8 的一些新特性后，我们就可以正式开始走入函数式编程了。为了能让大家更快地理解函数式编程，我们先从简单的例子开始：

```
static int[] arr={1,3,4,5,6,7,8,9,10};

public static void main(String[] args) {
```

```
    for(int i:arr){
        System.out.println(i);
    }
}
```

上述代码循环遍历了数组内的元素，并且进行了数值的打印，这也是传统的做法。如果使用 Java 8 中的流，那么可以写成这样：

```
static int[] arr = { 1, 3, 4, 5, 6, 7, 8, 9, 10 };

public static void main(String[] args) {
    Arrays.stream(arr).forEach(new IntConsumer() {
        @Override
        public void accept(int value) {
            System.out.println(value);
        }
    });
}
```

注意： Arrays.stream()方法返回了一个流对象。类似于集合或者数组，流对象也是一个对象的集合，它将使我们可以遍历处理流内元素。

这里值得注意的是这个流对象的 forEach()方法，它接收一个 IntConsumer 接口，用于对每个流内的对象进行处理。之所以是 IntConsumer 接口，因为当前流是 IntStream，也就是装有 Integer 元素的流，因此，它自然需要一个处理 Integer 元素的接口。forEach()方法会依次将流内的元素送入 IntConsumer 接口进行处理，循环过程被封装在 forEach()方法内部，也就是 JDK 框架内。

除了 IntStream 流，Arrays.stream()方法还支持 DoubleStream、LongStream 和普通的对象流 Stream，这完全取决于它接收的参数。Stream 流的几种类型如图 6.3 所示。

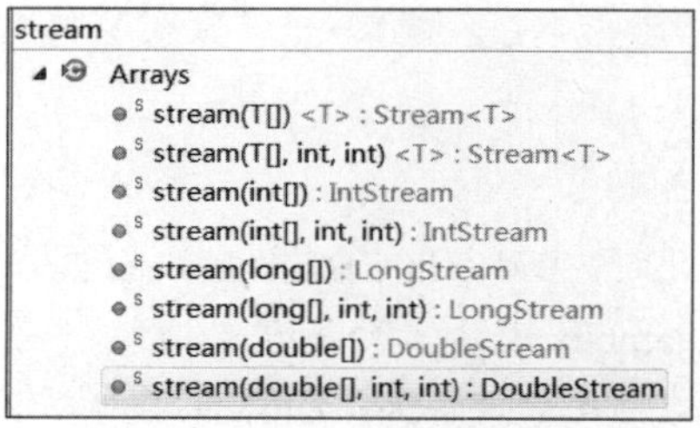

图 6.3　Stream 流的几种类型

这样的写法可能还不能让人满意，代码量似乎比原先更多，而且除了引入了不必要的接口和匿名类等复杂性外，似乎也看不出来有什么太大的好处。但是，我们的脚步并未就此打住。试想，既然 forEach()方法的参数是可以从上下文中推导出来的，为什么还要不厌其烦地写出来呢？这些机械的推导工作就交给编译器去做吧！

```
static int[] arr={1,3,4,5,6,7,8,9,10};

public static void main(String[] args) {
   Arrays.stream(arr).forEach((final int x)-> {
         System.out.println(x);
   });
}
```

从上述代码中可以看到，IntStream 接口名称被省略了，这里只使用了参数名和一个实现体，看起来简洁很多了。但是还不够，因为参数的类型也是可以推导的。既然是 IntConsumer 接口，参数自然是 int 类型的。

```
static int[] arr={1,3,4,5,6,7,8,9,10};

public static void main(String[] args) {
   Arrays.stream(arr).forEach((x)-> {
         System.out.println(x);
   });
}
```

好了，现在连参数类型也省略了，但是两个花括号特别碍眼。虽然它们对程序没有什么影响，但是为了简单的一句执行语句要加上一对花括号实属多余，干脆也去掉吧！去掉花括号后，为了清晰起见，就把参数声明和接口实现放在一行吧！

```
static int[] arr={1,3,4,5,6,7,8,9,10};

public static void main(String[] args) {
   Arrays.stream(arr).forEach((x)->System.out.println(x));
}
```

这样看起来就好多了。此时，forEach()方法的参数依然是 IntConsumer，但是它却以一种新的形式被定义，这就是 lambda 表达式。表达式由“->”分割，左半部分表示参数，右半部分表示实现体。我们可以简单地理解为：lambda 表达式只是匿名对象实现的一种新的方式。实际上也是这样的。

有兴趣的读者可以使用虚拟机参数-Djdk.internal.lambda.dumpProxyClasses 启动带有 lambda 表达式的 Java 小程序，该参数会将 lambda 表达式相关的中间类型输出，方便调试和学习。在本例中，输出了 HelloFunction6$$Lambda$1.class 类，使用以下命令反汇编：

```
javap -p -v HelloFunction6$$Lambda$1.class
```

在输出结果中，可以清楚地看到：

```
final class geym.java8.func.ch3.HelloFunction6$$Lambda$1 implements
java.util.function.IntConsumer
// 省略部分输出
 public void accept(int);
  descriptor: (I)V
  flags: ACC_PUBLIC
  Code:
   stack=1, locals=2, args_size=2
   0: iload_1
   1: invokestatic  #17 // Method geym/java8/func/ch3/HelloFunction6.lambda$0:(I)V
   4: return
```

限于篇幅，这里只给出了我们关心的内容。首先，这个中间类型确实实现了 IntConsumer 接口。其次，在实现 accept()方法时，它内部委托给了一个名为 HelloFunction6.lambda$0()的方法，这个方法是编译时自动生成的。

使用以下命令查看 HelloFunction6 的编译结果：

```
javap -p -v HelloFunction6
```

我们很惊喜地找到了期待已久的 lambda$0()方法，其实现如下：

```
private static void lambda$0(int);
  descriptor: (I)V
  flags: ACC_PRIVATE, ACC_STATIC, ACC_SYNTHETIC
  Code:
   stack=2, locals=1, args_size=1
     0: getstatic    #41
     3: iload_0
     4: invokevirtual #47
     7: return
```

它被实现为一个私有的静态方法，实现内容就是简单地进行了 System.out.println()方法的调用，也正是代码中 lambda 表达式的内容。

由此可见，Java 8 中对 lambda 表达式的处理几乎等同于匿名类的实现，但是在写法上和编程范式上有明显的区别。

不过，简化代码的流程并没有结束，在上一节中已经提到，Java 8 还支持方法引用，你甚至连参数声明和传递都可以省略：

```
static int[] arr={1,3,4,5,6,7,8,9,10};

public static void main(String[] args) {
   Arrays.stream(arr).forEach(System.out::println);
}
```

至此，欢迎大家正式进入 Java 8 函数式编程的殿堂，那些看似玄妙的 lambda 表达式的解析和工作原理已经介绍完毕。

使用 lambda 表达式不仅可以简化匿名类的编写，与接口的默认方法相结合，还可以使用更顺畅的流式 API 对各种组件进行更自由的装配。

下面这个例子对集合中的所有元素进行两次输出，一次输出到标准错误中，另一次输出到标准输出中：

```
static int[] arr={1,3,4,5,6,7,8,9,10};

public static void main(String[] args) {
   IntConsumer outprintln=System.out::println;
   IntConsumer errprintln=System.err::println;
   Arrays.stream(arr).forEach(outprintln.andThen(errprintln));
}
```

这里首先使用方法引用，直接定义了两个 IntConsumer 接口实例，一个指向标准输出，另一个指向标准错误。用接口默认方法 IntConsumer.addThen()将两个 IntConsumer 进行组合，得到一个新的 IntConsumer，新的 IntConsumer 会依次调用 outprintln 和 errprintln，完成对数组中元素的处理。

其中方法 IntConsumer.addThen()的实现如下：

```
default IntConsumer andThen(IntConsumer after) {
```

```
    Objects.requireNonNull(after);
    return (int t) -> { accept(t); after.accept(t); };
}
```

可以看到，addThen()方法返回一个新的 IntConsumer，它会先调用第一个 IntConsumer 进行处理，接着调用第二个 IntConsumer 进行处理，从而实现多个处理器的整合。这种操作在 Java 8 的函数式编程中极其常见，请大家留意。

6.4　并行流与并行排序

Java 8 可以在接口不变的情况下，将流改为并行流。这样，就可以很自然地使用多线程进行集合中的数据处理。

6.4.1　使用并行流过滤数据

现在让我们考虑这么一个简单的案例，统计 1~1 000 000 内质数的数量。首先，我们需要一个判断质数的方法：

```
public class PrimeUtil {
    public static boolean isPrime(int number) {
        int tmp = number;
        if (tmp < 2) {
            return false;
        }
        for (int i = 2; Math.sqrt(tmp) >= i; i++) {
            if (tmp % i == 0) {
                return false;
            }
        }
        return true;
    }
}
```

给定一个数字，如果这个数字是质数，上述方法就返回 true，否则返回 false。

接着，使用函数式编程统计给定范围内所有的质数：

```
IntStream.range(1, 1000000).filter(PrimeUtil::isPrime).count();
```

上述代码首先生成一个 1 到 1 000 000 的数字流。接着使用过滤方法，只选择所有的质数，最后进行数量统计。

上述代码是串行的，将它改造成并行计算非常简单，只需要将流并行化即可：

```
IntStream.range(1, 1000000).parallel().filter(PrimeUtil::isPrime).count();
```

在上述代码中，parallel()方法得到一个并行流，然后在并行流上进行过滤，此时 PrimeUtil.isPrime()方法会被多线程并发调用，应用于流中的所有元素。

6.4.2 从集合得到并行流

在函数式编程中，我们可以从集合得到一个流或者并行流。下面这段代码试图统计集合内所有学生的平均分：

```
List<Student> ss=new ArrayList<Student>();
double ave=ss.stream().mapToInt(s->s.score).average().getAsDouble();
```

从集合对象 List 中，我们使用 stream()方法可以得到一个流。如果希望将这段代码并行化，则可以使用 parallelStream()方法：

```
double ave=ss.parallelStream().mapToInt(s->s.score).average().getAsDouble();
```

可以看到，将原有的串行方式改造成并行方式是非常容易的。

6.4.3 并行排序

除了并行流，对于普通数组，Java 8 也提供了简单的并行功能。比如，进行数组排序可以使用 Arrays.sort()方法，当然这是串行排序方法，在 Java 8 中可以使用新增的 Arrays parallelSort()方法直接进行并行排序。

比如，你可以这样使用：

```
int[] arr=new int[10000000];
Arrays.parallelSort(arr);
```

除了并行排序，Arrays 中还增加了一些 API 用于数组中数据的赋值，比如：

```
public static void setAll(int[] array, IntUnaryOperator generator)
```

这是一个函数式味道很浓的接口，它的第二个参数是一个函数式接口。如果我们想给数组中每一个元素都附上一个随机值，则可以这么做：

```
Random r=new Random();
Arrays.setAll(arr, (i)->r.nextInt());
```

当然，以上过程是串行的。但是只要使用 setAll()方法对应的并行版本，你就可以在多个 CPU 上执行它：

```
Random r=new Random();
Arrays. parallelSetAll (arr, (i)->r.nextInt());
```

6.5 增强的 Future：CompletableFuture

CompletableFuture 是 Java 8 新增的一个超大型工具类。为什么说它大呢？因为它实现了 Future 接口，而更重要的是，它也实现了 CompletionStage 接口。CompletionStage 接口也是 Java 8 中新增的，它拥有多达 40 种方法！是的，你没有看错，这看起来完全不符合设计中所谓的“单方法接口”原则，但是在这里，它就这么存在了。这个接口拥有如此众多的方法，是为函数式编程中的流式调用准备的。通过 CompletionStage 接口，我们可以在一个执行结果上进行多次流式调用，以得到最终结果。比如，你可以在一个 CompletionStage 接口上进行如下调用：

```
stage.thenApply(x -> square(x)).thenAccept(x -> System.out.print(x)).thenRun(() ->
System.out.println())
```

以上一连串的调用会依次执行。

6.5.1 完成了就通知我

CompletableFuture 和 Future 一样，可以作为函数调用的契约。向 CompletableFuture 请求一个数据，如果数据还没有准备好，请求线程就会等待。让人惊喜的是，我们可以手动设置 CompletableFuture 的完成状态：

```
public static class AskThread implements Runnable {
    CompletableFuture<Integer> re = null;

    public AskThread(CompletableFuture<Integer> re) {
        this.re = re;
    }
```

```
07
08     @Override
09     public void run() {
10        int myRe = 0;
11        try {
12           myRe = re.get() * re.get();
13        } catch (Exception e) {
14        }
15        System.out.println(myRe);
16     }
17 }
18
19 public static void main(String[] args) throws InterruptedException {
20     final CompletableFuture<Integer> future = new CompletableFuture<>();
21     new Thread(new AskThread(future)).start();
22     // 模拟长时间的计算过程
23     Thread.sleep(1000);
24     // 告知完成状态
25     future.complete(60);
26 }
```

上述代码在第 1~17 行定义了一个 AskThread 线程。它接收一个 CompletableFuture 作为构造函数，它的任务是计算 CompletableFuture 表示的数字的平方，并将其打印。

代码第 20 行创建一个 CompletableFuture 对象实例。第 21 行，我们将这个对象实例传递给 AskThread 线程，并启动这个线程。此时，AskThread 在执行到第 12 行代码时会阻塞，因为 CompletableFuture 中根本没有它所需要的数据，整个 CompletableFuture 处于未完成状态。第 23 行用于模拟长时间的计算过程。当计算完成后，可以将最终数据载入 CompletableFuture，并标记为完成状态（第 25 行）。

当第 25 行代码执行后，表示 CompletableFuture 已经完成，因此 AskThread 就可以继续执行了。

6.5.2 异步执行任务

通过 CompletableFuture 提供的进一步封装，我们很容易实现 Future 模式那样的异步调用，比如：

```
01 public static Integer calc(Integer para) {
02     try {
03         // 模拟一个长时间的执行
04         Thread.sleep(1000);
05     } catch (InterruptedException e) {
06     }
07     return para*para;
08 }
09
10 public static void main(String[] args) throws InterruptedException, ExecutionException {
11     final CompletableFuture<Integer> future =
12             CompletableFuture.supplyAsync(() -> calc(50));
13     System.out.println(future.get());
14 }
```

上述代码第 11~12 行使用 CompletableFuture.supplyAsync()方法构造一个 CompletableFuture 实例，在 supplyAsync()方法中，它会在一个新的线程中，执行传入的参数。在这里，它会执行 calc()方法。而 calc()方法的执行可能是比较慢的，但是这不影响 CompletableFuture 实例的构造速度，因此 supplyAsync()方法会立即返回，它返回的 CompletableFuture 对象实例就可以作为这次调用的契约，将来在任何场合都可以用于获得最终的计算结果。代码第 13 行试图获得 calc()方法的计算结果，如果当前计算没有完成，则调用 get()方法的线程就会等待。

在 CompletableFuture 中，类似的工厂方法如下：

```
static <U> CompletableFuture<U> supplyAsync(Supplier<U> supplier);
static <U> CompletableFuture<U> supplyAsync(Supplier<U> supplier, Executor executor);
static CompletableFuture<Void> runAsync(Runnable runnable);
static CompletableFuture<Void> runAsync(Runnable runnable, Executor executor);
```

其中 supplyAsync()方法用于那些需要返回值的场景，比如计算某个数据。runAsync()方法用于没有返回值的场景，比如仅仅简单地执行某一个异步动作。

在这两对方法中，都有一个方法可以接收 Executor 参数。这就使得我们可以让 Supplier<U>或者 Runnable 在指定的线程池中工作。如果不指定线程池，则在默认的系统公共的 ForkJoinPool.common 线程池中执行。

> **注意：** 在 Java 8 中，新增了 ForkJoinPool.commonPool()方法，可以获得一个公共的 ForkJoin 线程池。这个公共线程池中的所有线程都是 Daemon 线程，这意味着如果主线程退出，那么这些线程无论是否执行完毕，都会退出系统。

6.5.3 流式调用

在前文中我已经提到，CompletionStage 的 40 个方法是为函数式编程做准备的。下面就让我们看一下，如何使用这些方法进行函数式的流式 API 调用：

```
01 public static Integer calc(Integer para) {
02     try {
03         // 模拟一个长时间的执行
04         Thread.sleep(1000);
05     } catch (InterruptedException e) {
06     }
07     return para*para;
08 }
09
10 public static void main(String[] args) throws InterruptedException, ExecutionException {
11     CompletableFuture<Void> fu=CompletableFuture.supplyAsync(() -> calc(50))
12       .thenApply((i)->Integer.toString(i))
13       .thenApply((str)->"\""+str+"\"")
14       .thenAccept(System.out::println);
15     fu.get();
16 }
```

上述代码使用 supplyAsync()方法执行一个异步任务。接着连续使用流式调用对任务的处理结果进行再加工，直到最后输出结果。

在第 15 行执行 CompletableFuture.get()方法，目的是等待 calc()方法执行完成。由于 CompletableFuture 异步执行，如果不进行等待，那么主函数不等 calc()方法执行完毕就会退出，随着主线程的结束，所有的 Daemon 线程都会立即退出，从而会导致 calc()方法无法正常完成。

6.5.4 CompletableFuture 中的异常处理

如果 CompletableFuture 在执行过程中遇到异常，那么我们可以用函数式编程的风格来优雅地处理这些异常。CompletableFuture 提供了一个异常处理方法 exceptionally()：

```
01 public static Integer calc(Integer para) {
02     return para / 0;
03 }
04 
05 public static void main(String[] args) throws InterruptedException,ExecutionException {
06     CompletableFuture<Void> fu = CompletableFuture
07             .supplyAsync(() -> calc(50))
08             .exceptionally(ex -> {
09                 System.out.println(ex.toString());
10                 return 0;
11             })
12             .thenApply((i) -> Integer.toString(i))
13             .thenApply((str) -> "\"" + str + "\"")
14             .thenAccept(System.out::println);
15     fu.get();
16 }
```

在上述代码中，第 8 行对当前的 CompletableFuture 进行异常处理。如果没有异常发生，则 CompletableFuture 会返回原有的结果。如果遇到了异常，就可以在 exceptionally()方法中处理异常，并返回一个默认的值。在上例中，我们忽略了异常堆栈，只是简单地打印异常的信息。

执行上述方法，将得到如下输出：

```
java.util.concurrent.CompletionException: java.lang.ArithmeticException: / by zero
"0"
```

6.5.5　组合多个 CompletableFuture

CompletableFuture 还允许你将多个 CompletableFuture 进行组合。一种组合方法是使用 thenCompose()方法，它的签名如下：

```
public <U> CompletableFuture<U> thenCompose(Function<? super T, ? extends
CompletionStage<U>> fn)
```

在执行完成后，CompletableFuture 可以将执行结果通过 Function 接口传递给下一个 CompletionStage 实例进行处理（Function 接口返回新的 CompletionStage 实例）：

```
public static Integer calc(Integer para) {
    return para/2;
```

```
03 }
04
05 public static void main(String[] args) throws InterruptedException, ExecutionException {
06     CompletableFuture<Void> fu =
07             CompletableFuture.supplyAsync(() -> calc(50))
08             .thenCompose((i)->CompletableFuture.supplyAsync(() -> calc(i)))
09             .thenApply((str)->"\"" + str + "\"").thenAccept(System.out::println);
10     fu.get();
11 }
```

上述代码第 8 行，将处理后的结果传递给 thenCompose()方法，并进一步传递给后续新生成的 CompletableFuture 实例。以上代码的输出如下：

```
"12"
```

另外一种组合多个 CompletableFuture 的方法是 thenCombine()，它的签名如下：

```
public <U,V> CompletableFuture<V> thenCombine
        (CompletionStage<? extends U> other,
         BiFunction<? super T,? super U,? extends V> fn)
```

thenCombine()方法首先完成当前 CompletableFuture 和 other 的执行，接着将这两者的执行结果传递给 BiFunction（该接口接收两个参数，并有一个返回值），并返回代表 BiFunction 实例的 CompletableFuture 对象。

```
01 public static Integer calc(Integer para) {
02     return para / 2;
03 }
04
05 public static void main(String[] args) throws InterruptedException,ExecutionException {
06     CompletableFuture<Integer> intFuture = CompletableFuture.supplyAsync(() -> calc(50));
07     CompletableFuture<Integer> intFuture2 = CompletableFuture.supplyAsync(() -> calc(25));
08
09     CompletableFuture<Void> fu = intFuture.thenCombine(intFuture2, (i, j) -> (i + j))
10             .thenApply((str) -> "\"" + str + "\"")
11             .thenAccept(System.out::println);
12     fu.get();
13 }
```

在上述代码中，首先生成两个 CompletableFuture 实例（第 6~7 行），接着使用 thenCombine()方法组合这两个 CompletableFuture，将两者的执行结果进行累加（由第 9 行的(i, j) -> (i + j)

实现），并将累加结果转为字符串输出。上述代码的输出是：

```
"37"
```

6.5.6 支持 timeout 的 CompletableFuture

在 JDK 9 以后 CompletableFuture 增加了 timeout 功能。如果一个任务在给定时间内没有完成，则直接抛出异常。例如：

```
01 public static void main(String[] args) {
02    CompletableFuture.supplyAsync(() -> {
03       try {
04          Thread.sleep(2000);
05       } catch (InterruptedException e) {
06       }
07       return calc(50);
08
09    }).orTimeout(1, TimeUnit.SECONDS).exceptionally(e -> {
10       System.err.println(e);
11       return 0;
12    }).thenAccept(System.out::println);
13
14    try
15    {
16       Thread.sleep(2000);
17    } catch (InterruptedException e) {
18    }
19 }
```

本例中 CompletableFuture.orTimeout()方法指定 Future 的执行时间不能超过 1 秒，如果超过 1 秒，则抛出 TimeoutException 异常。在第 10 行的异常处理中，得到的异常正是由 orTimeout()方法抛出的。本例的输出如下：

```
java.util.concurrent.TimeoutException
0
```

6.6 读写锁的改进：StampedLock

StampedLock 是 Java 8 中引入的一种新的锁机制，可以认为它是读写锁的一个改进版本。

读写锁虽然分离了读和写的功能，使得读与读之间可以完全并发。但是，读和写之间依然是冲突的。读锁会完全阻塞写锁，它使用的依然是悲观的锁策略，如果有大量的读线程，它也可能引起写线程的“饥饿”。

StampedLock 提供了一种乐观的读策略。这种乐观的锁非常类似于无锁的操作，使得乐观锁完全不会阻塞写线程。

6.6.1 StampedLock 的使用示例

StampedLock 的使用并不困难，下面是 StampedLock 的使用示例：

```
public class Point {
    private double x, y;
    private final StampedLock sl = new StampedLock();

    void move(double deltaX, double deltaY) {       // 这是一个排他锁
        long stamp = sl.writeLock();
        try {
            x += deltaX;
            y += deltaY;
        } finally {
            sl.unlockWrite(stamp);
        }
    }

    double distanceFromOrigin() {                    // 只读方法
        long stamp = sl.tryOptimisticRead();
        double currentX = x, currentY = y;
        if (!sl.validate(stamp)) {
            stamp = sl.readLock();
            try {
                currentX = x;
                currentY = y;
            } finally {
                sl.unlockRead(stamp);
            }
        }
        return Math.sqrt(currentX * currentX + currentY * currentY);
    }
}
```

上述代码出自 JDK 的官方文档。它定义了一个点 Point 类，内部有两个元素 x 和 y，表示点的坐标。第 3 行定义了 StampedLock 锁。第 15 行定义的 distanceFromOrigin()方法是一个只读方法，它只会读取 Point 的 x 和 y 坐标。在读取时，首先使用了 StampedLock.tryOptimisticRead()方法，这个方法表示试图尝试一次乐观读，它会返回一个类似于时间戳的邮戳整数 stamp，这个 stamp 就可以作为这一次锁获取的凭证。

在第 17 行读取 x 和 y 的值。当然，这时我们并不确定这个 x 和 y 是否是一致的（在读取 x 的时候，可能其他线程改写了 y 的值，使得 currentX 和 currentY 处于不一致的状态），因此，我们必须在第 18 行使用 validate()方法判断 stamp 是否在读取过程中被修改过。如果 stamp 没有被修改过，则认为这次读取是有效的，因此就可以跳转到第 27 行进行数据处理。反之，如果 stamp 是不可用的，则意味着在读取过程中，可能被其他线程改写了数据，因此有可能出现脏读。如果出现这种情况，我们可以像处理 CAS 操作那样在一个死循环中一直使用乐观读，直到成功为止。

也可以升级锁的级别。在本例中，我们升级乐观锁的级别，将乐观锁变为悲观锁。在第 19 行，当判断乐观读失败后，使用 readLock()方法获得悲观的读锁，并进一步读取数据。如果当前对象正在被修改，则读锁的请求可能导致线程挂起。

写入的情况可以参考第 5 行定义的 move()方法。使用 writeLock()方法可以请求写锁，这里的含义和读写锁是类似的。

在退出临界区时，不要忘记释放写锁（第 11 行）或者读锁（第 24 行）。

可以看到，StampedLock 通过引入乐观读增加了系统的并行度。

6.6.2　StampedLock 的小陷阱

StampedLock 实现时，使用类似于 CAS 操作的死循环反复尝试的策略。在它挂起线程时，使用的是 Unsafe.park()方法，而 park()方法在遇到线程中断时，会直接返回（注意，不同于 Thread.sleep()方法，它不会抛出异常）。在 StampedLock 的死循环逻辑中，没有处理中断的逻辑，这就会导致阻塞在 park()方法上的线程被中断后，再次进入循环。而当退出条件得不到满足时，就会发生疯狂占用 CPU 的情况。这一点值得我们注意，下面演示这个问题：

```
public class StampedLockCPUDemo {
    static Thread[] holdCpuThreads = new Thread[3];
```

```
03    static final StampedLock lock = new StampedLock();
04    public static void main(String[] args) throws InterruptedException {
05        new Thread() {
06            public void run() {
07                long readLong = lock.writeLock();
08                LockSupport.parkNanos(600000000000L);
09                lock.unlockWrite(readLong);
10            }
11        }.start();
12        Thread.sleep(100);
13        for (int i = 0; i < 3; ++i) {
14            holdCpuThreads[i] = new Thread(new HoldCPUReadThread());
15            holdCpuThreads[i].start();
16        }
17        Thread.sleep(10000);
18        // 线程中断后，会占用 CPU
19        for (int i = 0; i < 3; ++i) {
20            holdCpuThreads[i].interrupt();
21        }
22    }
23
24    private static class HoldCPUReadThread implements Runnable {
25        public void run() {
26            long lockr = lock.readLock();
27            System.out.println(Thread.currentThread().getName()+ " 获得读锁");
28            lock.unlockRead(lockr);
29        }
30    }
31 }
```

在上述代码中，首先开启线程占用写锁（第 7 行），注意，为了演示效果，这里使写线程不释放锁而一直等待。接着，开启 3 个读线程，让它们请求读锁。此时，由于写锁的存在，所有读线程都会被挂起。

下面是其中一个读线程挂起时的信息：

```
"Thread-2" #10 prio=5 os_prio=0 tid=0x14b1d800 nid=0xafc waiting on condition
[0x153ef000]
  java.lang.Thread.State: WAITING (parking)
      at sun.misc.Unsafe.park(Native Method)
```

```
      - parking to wait for  <0x046b54c8> (a java.util.concurrent.locks.StampedLock)
      at java.util.concurrent.locks.StampedLock.acquireRead(StampedLock.java:1215)
      at java.util.concurrent.locks.StampedLock.readLock(StampedLock.java:428)
      at geym.conc.ch6.stamped.StampedLockCPUDemo$HoldCPUReadThread.run
(StampedLockCPUDemo.java:35)
      at java.lang.Thread.run(Thread.java:745)
```

可以看到，这个线程因为 park()方法的操作而进入了等待状态，这种情况是正常的。

在 10 秒以后（代码第 17 行执行了 10 秒等待），系统中断了这 3 个读线程，之后，你就会发现 CPU 占用率飙升。这是因为中断导致 park()方法返回，使线程再次进入运行状态。下面是同一个线程在中断后的信息：

```
"Thread-2" #10 prio=5 os_prio=0 tid=0x14b1d800 nid=0xafc runnable [0x153ef000]
   java.lang.Thread.State: RUNNABLE
      at sun.misc.Unsafe.park(Native Method)
      - parking to wait for  <0x046b54c8> (a java.util.concurrent.locks.StampedLock)
      at java.util.concurrent.locks.StampedLock.acquireRead(StampedLock.java:1215)
      at java.util.concurrent.locks.StampedLock.readLock(StampedLock.java:428)
      at geym.conc.ch6.stamped.StampedLockCPUDemo$HoldCPUReadThread.run
(StampedLockCPUDemo.java:35)
      at java.lang.Thread.run(Thread.java:745)
```

此时，这个线程的状态是 RUNNABLE，这是我们不愿意看到的。它会一直存在并耗尽 CPU 资源，直到自己抢到了锁。

6.6.3 有关 StampedLock 的实现思想

StampedLock 的内部实现是基于 CLH 锁的。CLH 锁是一种自旋锁，它保证没有饥饿发生，并且可以保证 FIFO（First-In-First-Out）的服务顺序。

CLH 锁的基本思想如下：锁维护一个等待线程队列，所有请求锁但是没有成功的线程都记录在这个队列中。每一个节点（一个节点代表一个线程）保存一个标记位（locked），用于判断当前线程是否已经释放锁。

当一个线程试图获得锁时，取得当前等待队列的尾部节点作为其前序节点，并使用类似如下代码判断前序节点是否已经成功释放锁：

```
while (pred.locked) {
}
```

如果前序节点没有释放锁，则表示当前线程还不能继续执行，因此会自旋等待。反之，如果前序线程已经释放锁，则当前线程可以继续执行。

释放锁时，也遵循这个逻辑，如果线程将自身节点的 locked 位置标记为 false，那么后续等待的线程就能继续执行了。

图 6.4 显示了 CLH 锁的基本思想。

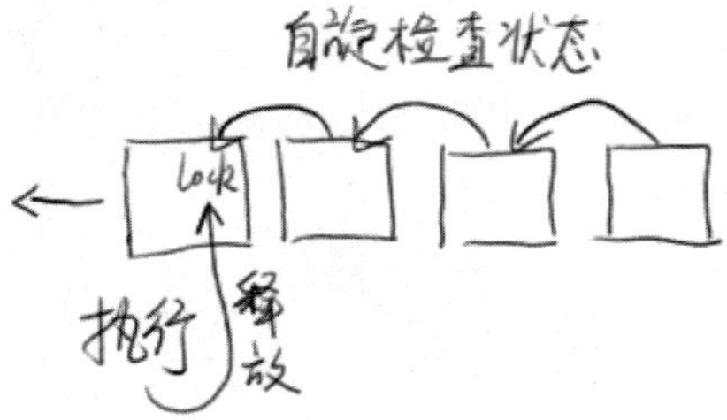

图 6.4　CLH 锁的基本思想

StampedLock 正是基于这种思想实现的，只是更复杂一些。

在 StampedLock 内部，会维护一个等待链表队列：

```
/** Wait nodes */
static final class WNode {
  volatile WNode prev;
  volatile WNode next;
  volatile WNode cowait;    // 读节点链表
  volatile Thread thread;   // 当被暂停时非空
  volatile int status;      // 0, WAITING, or CANCELLED
  final int mode;           // RMODE or WMODE
  WNode(int m, WNode p) { mode = m; prev = p; }
}

/** CLH 队列头部 */
private transient volatile WNode whead;
/** CLH 队列尾部 */
private transient volatile WNode wtail;
```

上述代码中，WNode 为链表的基本元素，每一个 WNode 表示一个等待线程。字段 whead 和 wtail 分别指向等待链表的头部和尾部。

另一个重要的字段为 state：

```
private transient volatile long state;
```

state 表示当前锁的状态。它是一个 long 型整数，有 64 位，其中，倒数第 8 位表示写锁状态，如果该位为 1，则表示当前线程由写锁占用。

对于一次乐观读，它会执行如下操作：

```
public long tryOptimisticRead() {
   long s;
   return (((s = state) & WBIT) == 0L) ? (s & SBITS) : 0L;
}
```

一次成功的乐观读必须保证当前锁没有写锁占用。其中 WBIT 用来获取写锁状态位，值为 0x80。如果成功，则返回当前 state 的值（末尾 7 位清零，末尾 7 位表示当前正在读取的线程数量）。

如果在乐观读后，有线程请求了写锁，那么 state 的状态就会改变：

```
1 public long writeLock() {
2    long s, next;
3    return ((((s = state) & ABITS) == 0L &&
4             U.compareAndSwapLong(this, STATE, s, next = s + WBIT)) ?
5            next : acquireWrite(false, 0L));
6 }
```

上述代码中第 4 行设置写锁位为 1（通过加上 WBIT（0x80）），这样就会改变 state 的取值，那么在乐观锁确认（validate）时，就会发现这个改动，从而导致乐观锁失效：

```
public boolean validate(long stamp) {
   U.loadFence();
   return (stamp & SBITS) == (state & SBITS);
}
```

上述 validate()方法会比较当前 stamp 和使用乐观锁时取得的 stamp，如果不一致，则宣告乐观锁失败。

乐观锁失败后，可以提升锁级别，使用悲观读锁：

```
public long readLock() {
   long s = state, next;
```

```
3    return ((whead == wtail && (s & ABITS) < RFULL &&
4            U.compareAndSwapLong(this, STATE, s, next = s + RUNIT)) ?
5           next : acquireRead(false, 0L));
6 }
```

悲观读线程会尝试设置 state 状态（第 4 行），它会将 state 加 1（前提是读线程数量没有溢出，对于读线程数量溢出的情况，会使用辅助的 readerOverflow 进行统计，我们在这里不做过于烦琐的讨论），用于统计读线程的数量。如果失败，则进入 acquireRead()方法再次尝试获取锁。

在 acquireRead()方法中，线程会在不同条件下进行若干次自旋，试图通过 CAS 操作获得锁。如果自旋失败，则会启用 CLH 队列，将自己加到队列中。之后再自旋，如果发现自己成功获得了读锁，则会进一步把自己的 cowait 队列中的读线程全部激活（使用 Unsafe.unpark()方法）。如果最终依然无法成功获得读锁，则会使用 Unsafe.park()方法挂起当前线程。

acquireWrite()方法和 acquireRead()方法非常类似，也会进行自旋尝试、加入等待队列等操作，直至最终 Unsafe.park()方法挂起线程。释放锁与加锁动作相反，以 unlockWrite()方法为例：

```
1 public void unlockWrite(long stamp) {
2    WNode h;
3    if (state != stamp || (stamp & WBIT) == 0L)
4       throw new IllegalMonitorStateException();
5    state = (stamp += WBIT) == 0L ? ORIGIN : stamp;
6    if ((h = whead) != null && h.status != 0)
7       release(h);
8 }
```

上述代码第 5 行，将写标记位清零，如果 state 发生溢出，则退回到初始值。

接着，如果等待队列不为空，则从等待队列中激活一个线程（绝大多数情况下是第一个等待线程）继续执行（第 7 行）。

6.7 原子类的增强

无锁的原子类操作使用系统的 CAS 指令，有着远远超越锁的性能，那么是否有可能在性能上更上一层楼呢？答案是肯定的。Java 8 引入了 LongAdder 类，它在 java.util.concurrent.atomic 包下，由此可以推测，它也使用了 CAS 指令。

6.7.1 更快的原子类：LongAdder

大家对 AtomicInteger 的基本实现机制应该比较了解。它会在一个死循环内，不断尝试修改目标值，直到修改成功。如果竞争不激烈，那么修改成功的概率就很高，否则修改失败的概率就很高。在大量修改失败时，这些原子操作就会进行多次循环尝试，因此性能就会受到影响。

那么当竞争激烈的时候，我们应该如何进一步提高系统的性能呢？一个基本的解决方案就是使用热点分离将竞争的数据进行分解，基于这个思路，大家应该可以想到对传统 AtomicInteger 等原子类的改进方法。虽然在 CAS 操作中没有锁，但是像减小锁粒度这种分离热点的思想依然可以使用。一种可行的方案就是仿造 ConcurrentHashMap，将热点数据分离。比如，可以将 AtomicInteger 的内部核心数据 value 分离成一个数组，每个线程访问时，通过哈希等算法映射到其中一个数字进行计数，而最终的计数结果则为这个数组的求和累加，图 6.5 显示了这种优化思路。其中，热点数据 value 被分离成多个 cell（单元），每个 cell 独自维护内部的值，当前对象的实际值由所有的 cell 累加合成，这样，热点就进行了有效的分离，提高了并行度。LongAdder 正是使用了这种思想。

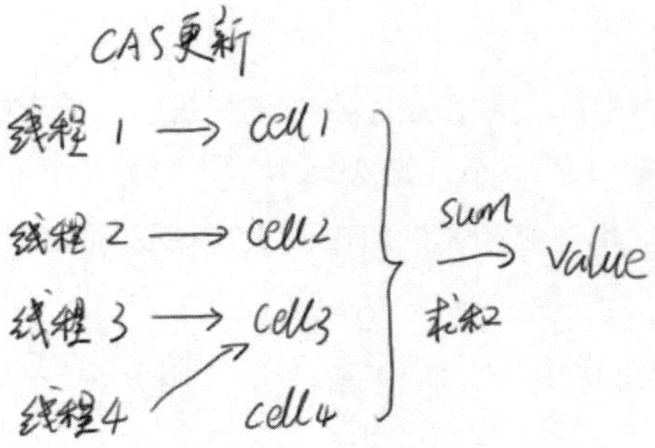

图 6.5　原子类的优化思路

在实际的操作中，LongAdder 并不会一开始就动用数组进行数据处理，而是将所有数据都先记录在一个称为 base 的变量中。在多线程条件下，如果大家修改 base 都没有冲突，那么也没有必要扩展为 cell 数组。但是，一旦 base 修改发生冲突，就会初始化 cell 数组，使用新的策略。如果使用 cell 数组更新后，发现在某一个 cell 上的更新依然发生冲突，那么系统就会尝试创建新的 cell，或者将 cell 的数量加倍，以减小冲突的可能。

下面我们简单分析一下 increment()方法（该方法会将 LongAdder 自增 1）的内部实现：

```
01 public void increment() {
02    add(1L);
03 }
04 public void add(long x) {
05    Cell[] as; long b, v; int m; Cell a;
06    if ((as = cells) != null || !casBase(b = base, b + x)) {
07       boolean uncontended = true;
08       if (as == null || (m = as.length - 1) < 0 ||
09          (a = as[getProbe() & m]) == null ||
10          !(uncontended = a.cas(v = a.value, v + x)))
11          longAccumulate(x, null, uncontended);
12    }
13 }
```

它的核心是第 4 行的 add()方法。最开始 cells 数组为 null，因此数据会向 base 增加（第 6 行）。但是如果与 base 的操作冲突，则会进入第 7 行，并设置冲突标记 uncontended 为 true。接着，如果判断出 cells 数组不可用，或者当前线程对应的 cell 为 null，则直接进入 longAccumulate()方法；否则会尝试使用 CAS 操作更新对应的 cell 数据，如果成功则退出，失败则进入 longAccumulate()方法。

在 longAccumulate()方法中，会对 cells 数组进行扩容，扩容的目录进一步避免冲突。比如，有 8 个线程，cell 数量也是 4 个，那么冲突很容易发生。但是，如果有 8 个线程、16 个 cell，那么取得相同 cell 并引起冲突的概率就大大降低了。下面截取了 longAccumulate() 方法中的相关部分：

```
// n 是数组长度，虽然 cells 数组可以扩展，但是不能无限长，CPU 数量就是 cell 数量的极限
else if (n >= NCPU || cells != as)
   // collide 表示有没有发生冲突，也就是有没有 CAS 操作失败
   // 如果 cell 数量已经够多了，那么就不要扩容了，把 collide 设置为 false 避免扩容
   collide = false;
else if (!collide)
   collide = true;
// 在这里已经确认冲突了，需要扩容，设置 cellbusy 标记
else if (cellsBusy == 0 && casCellsBusy()) {
   try {
```

```
        if (cells == as) {
            // 每次都成倍增加容量
            Cell[] rs = new Cell[n << 1];
            for (int i = 0; i < n; ++i)
                rs[i] = as[i];
            cells = rs;
        }
    } finally {
        cellsBusy = 0;
    }
    collide = false;
    continue;                    // 重试
```

同时，为了更快地进行多线程对 cell 的访问， 在 JDK 内部，已经充分考虑了伪共享的问题：

```
@sun.misc.Contended static final class Cell {
    volatile long value;
    Cell(long x) { value = x; }
    final boolean cas(long cmp, long val) {
        return UNSAFE.compareAndSwapLong(this, valueOffset, cmp, val);
    }
    // 省略部分代码
}
```

在 cell 对象的定义中使用了@sun.misc.Contended，虚拟机会自动为 Cell.value 的前后生成足够多的 padding 数据，使得一个 Cell 对象实例可以占据一个缓存行。这样无论不同线程如何访问 Cell 数组中的不同成员，都不会出现缓存行失效的问题。

下面我们简单地对 LongAdder、原子类及同步锁进行性能测试。测试方法是使用多个线程对同一个整数进行累加，我们观察一下使用 3 种不同方法时所消耗的时间。

首先，定义一些辅助变量：

```
private static final int MAX_THREADS = 3;              // 线程数
private static final int TASK_COUNT = 3;               // 任务数
private static final int TARGET_COUNT = 10000000;      // 目标总数

private AtomicLong acount =new AtomicLong(0L);         // 无锁的原子操作
private LongAdder lacount=new LongAdder();
private long count=0;
```

```
static CountDownLatch cdlsync=new CountDownLatch(TASK_COUNT);
static CountDownLatch cdlatomic=new CountDownLatch(TASK_COUNT);
static CountDownLatch cdladdr=new CountDownLatch(TASK_COUNT);
```

上述代码指定了测试线程数量、目标总数，以及 3 个初始值为 0 的整型变量：acount、lacount 和 count。它们分别表示使用 AtomicLong、LongAdder 和锁进行同步时的操作对象。

下面是使用同步锁时的测试代码：

```
protected synchronized long inc(){                    // 有锁的加法
   return ++count;
}

protected synchronized long getCount(){               // 有锁的操作
   return count;
}


public class SyncThread implements Runnable{
   protected String name;
   protected long starttime;
   LongAdderDemo out;
   public SyncThread(LongAdderDemo o,long starttime){
      out=o;
      this.starttime=starttime;
   }
   @Override
   public void run() {
      long v=out.getCount();
      while(v<TARGET_COUNT){                          // 在到达目标值前，不停循环
         v=out.inc();
      }
      long endtime=System.currentTimeMillis();
      System.out.println("SyncThread spend:"+(endtime-starttime)+"ms"+" v="+v);
      cdlsync.countDown();
   }
}

public void testSync() throws InterruptedException{
```

```
31    ExecutorService exe=Executors.newFixedThreadPool(MAX_THREADS);
32    long starttime=System.currentTimeMillis();
33    SyncThread sync=new SyncThread(this,starttime);
34    for(int i=0;i<TASK_COUNT;i++){
35       exe.submit(sync);                              // 提交线程，开始计算
36    }
37    cdlsync.await();
38    exe.shutdown();
39 }
```

上述代码第 10 行定义线程 SyncThread，它使用加锁方式增加 count 的值。在第 30 行定义的 testSync()方法中，使用线程池控制多线程进行累加操作。

下面使用类似的方法实现原子类累加计时统计：

```
public class AtomicThread implements Runnable{
   protected String name;
   protected long starttime;
   public AtomicThread(long starttime){
      this.starttime=starttime;
   }
   @Override
   public void run() {                                  // 在到达目标值前，不停循环
      long v=acount.get();
      while(v<TARGET_COUNT){
         v=acount.incrementAndGet();                    // 无锁的加法
      }
      long endtime=System.currentTimeMillis();
      System.out.println("AtomicThread spend:"+(endtime-starttime)+"ms"+" v="+v);
      cdlatomic.countDown();
   }
}

public void testAtomic() throws InterruptedException{
   ExecutorService exe=Executors.newFixedThreadPool(MAX_THREADS);
   long starttime=System.currentTimeMillis();
   AtomicThread atomic=new AtomicThread(starttime);
   for(int i=0;i<TASK_COUNT;i++){
      exe.submit(atomic);                               // 提交线程，开始计算
   }
```

```
   cdlatomic.await();
   exe.shutdown();
}
```

同理，以下代码使用 LongAdder 实现类似的功能：

```
01 public class LongAdderThread implements Runnable{
02    protected String name;
03    protected long starttime;
04    public LongAdderThread(long starttime){
05       this.starttime=starttime;
06    }
07    @Override
08    public void run() {
09       long v=lacount.sum();
10       while(v<TARGET_COUNT){
11          lacount.increment();
12          v=lacount.sum();
13       }
14       long endtime=System.currentTimeMillis();
15       System.out.println("LongAdder spend:"+(endtime-starttime)+"ms"+" v="+v);
16       cdladdr.countDown();
17    }
18 }
19
20 public void testAtomicLong() throws InterruptedException{
21    ExecutorService exe=Executors.newFixedThreadPool(MAX_THREADS);
22    long starttime=System.currentTimeMillis();
23    LongAdderThread atomic=new LongAdderThread(starttime);
24    for(int i=0;i<TASK_COUNT;i++){
25       exe.submit(atomic);                          // 提交线程，开始计算
26    }
27    cdladdr.await();
28    exe.shutdown();
29 }
```

注意，由于在 LongAdder 中，将单个数值分解为多个不同的段，因此在累加后，上述代码中第 11 行的 increment()方法并不能返回当前的数值。要取得当前的实际值，需要使用第 12 行的 sum()方法重新计算。这个计算是有额外成本的，但即使加上这个额外成本，LongAdder 的表现还是比 AtomicLong 好。

执行这些代码，就可以得到锁、原子类和 LongAdder 三者的性能比较数据，如下所示：

```
SyncThread spend:1784ms v=10000002
SyncThread spend:1784ms v=10000000
SyncThread spend:1784ms v=10000001
AtomicThread spend:695ms v=10000001
AtomicThread spend:695ms v=10000000
AtomicThread spend:695ms v=10000002
LongAdder spend:227ms v=10000002
LongAdder spend:227ms v=10000002
LongAdder spend:227ms v=10000002
```

可以看到，就计数性能而言，LongAdder 已经超越了普通的原子类了。其中，锁操作耗时约 1784ms，普通原子类操作耗时约 695ms，而 LongAdder 仅需要 227ms。

LongAdder 的另外一个优势是避免了伪共享。注意，LongAdder 并不是直接使用 padding 这种看起来比较碍眼的做法，而是引入了一种新的注释@sun.misc.Contended。

对于 LongAdder 中的每一个 cell，它的定义如下：

```
@sun.misc.Contended
static final class cell {
   volatile long value;
   Cell(long x) { value = x; }
   final boolean cas(long cmp, long val) {
      return UNSAFE.compareAndSwapLong(this, valueOffset, cmp, val);
   }
   // 省略其他不必要的信息
```

可以看到，在上述代码第 1 行声明了 cell 类为 sun.misc.Contended，Java 虚拟机自动为 cell 解决伪共享问题。

当然，在我们自己的代码中也可以使用 sun.misc.Contended 来解决伪共享问题，但是需要额外使用虚拟机参数-XX:-RestrictContended，否则，这个注释将被忽略。

大家应该还记得第 5 章中有关伪共享的案例吧，限于篇幅，这里不再给出完整代码，只给出关键部分的改动，我们将 VolatileLong 修改如下：

```
@sun.misc.Contended
public final static class VolatileLong {
```

```
    public volatile long value = 0L;
}
```

在这里，我们去除了那些看起来不太雅观的 padding，同时增加了 sun.misc.Contended 声明，这就告诉虚拟机我们希望在这个类上解决伪共享问题，然后就可以测试这段代码了。当然，千万不要忘记指定虚拟机参数-XX:-RestrictContended，否则这个优化将被无视。

运行一下优化后的程序，它是不是比传统的方式快很多呢？

6.7.2 LongAdder 功能的增强版：LongAccumulator

LongAccumulator 是 LongAdder 的“亲兄弟”，它们有公共的父类 Striped64，LongAccumulator 内部的优化方式和 LongAdder 的是一样的。它们都将一个 long 型整数分割，并存储在不同的变量中，以防止多线程竞争。两者的主要逻辑是类似的，LongAccumulator 是 LongAdder 的功能扩展。对于 LongAdder 来说，它只是每次对给定的整数执行一次加法，而 LongAccumulator 则可以实现任意函数操作。

用下面的构造函数创建一个 LongAccumulator 实例：

```
public LongAccumulator(LongBinaryOperator accumulatorFunction,long identity)
```

第一个参数 accumulatorFunction 就是需要执行的二元函数，第二个参数是初始值。

下面这个例子展示了 LongAccumulator 的使用方法，它将通过多线程访问若干个整数，并返回遇到的最大的那个数：

```
public static void main(String[] args) throws Exception {
    LongAccumulator accumulator = new LongAccumulator(Long::max, Long.MIN_VALUE);
    Thread[] ts = new Thread[1000];

    for (int i = 0; i < 1000; i++) {
        ts[i] = new Thread(() -> {
            Random random = new Random();
            long value = random.nextLong();
            accumulator.accumulate(value);
        });
        ts[i].start();
    }
    for (int i = 0; i < 1000; i++) {
        ts[i].join();
    }
```

```
16    System.out.println(accumulator.longValue());
17 }
```

上述代码第 2 行构造了 LongAccumulator 实例。由于我们要过滤最大值，因此传入 Long::max 函数句柄。当有数据通过 accumulate()方法传入 LongAccumulator 后（第 9 行），LongAccumulator 会通过 Long::max 识别最大值并保存在内部（很可能是 cell 数组内，也可能是 base）。代码第 16 行通过 longValue()方法对所有的 cell 进行 Long::max 操作，得到最大值。

6.8　ConcurrentHashMap 的增强

在 JDK 1.8 以后，ConcurrentHashMap 有了一些增强接口，其中很多增强接口与 lambda 表达式有关，这些增强接口大大方便了应用程序的开发。

6.8.1　forEach 操作

新版本的 ConcurrentHashMap 增加了一些 foreach 操作，如下所示：

```
public void forEach(BiConsumer<? super K, ? super V> action)
public void forEachKey(long parallelismThreshold,Consumer<? super K> action)
public <U> void forEachKey(long parallelismThreshold,Function<? super K, ? extends U>
transformer,Consumer<? super U> action)
public void forEachValue(long parallelismThreshold,Consumer<? super V> action)
public <U> void forEachValue(long parallelismThreshold,Function<? super V, ? extends U>
transformer,Consumer<? super U> action)
public void forEachEntry(long parallelismThreshold,Consumer<? super Map.Entry <K,V>>
action)
public <U> void forEachEntry(long parallelismThreshold,Function<Map.Entry<K,V>, ?
extends U> transformer,Consumer<? super U> action)
```

这些 forEach 操作的接口是一个 Consumer 或者 BiConsumer，用于对 Map 的数据进行消费。

6.8.2　reduce 操作

和 forEach 操作类似，reduce 操作对 Map 的数据进行处理的同时会将其转为另一种形式。可以认为这是 forEach 操作的 Function 版本。

图 6.6 显示了 ConcurrentHashMap 支持的 reduce 操作。

```
ConcurrentHashMap<K, V>
    reduce(long, BiFunction<? super K, ? super V, ? extends U>, BiFunction<? super U, ? super U, ? extends U>) <U> : U
    reduceToDouble(long, ToDoubleBiFunction<? super K, ? super V>, double, DoubleBinaryOperator) : double
    reduceToLong(long, ToLongBiFunction<? super K, ? super V>, long, LongBinaryOperator) : long
    reduceToInt(long, ToIntBiFunction<? super K, ? super V>, int, IntBinaryOperator) : int
    reduceKeys(long, BiFunction<? super K, ? super K, ? extends K>) : K
    reduceKeys(long, Function<? super K, ? extends U>, BiFunction<? super U, ? super U, ? extends U>) <U> : U
    reduceKeysToDouble(long, ToDoubleFunction<? super K>, double, DoubleBinaryOperator) : double
    reduceKeysToLong(long, ToLongFunction<? super K>, long, LongBinaryOperator) : long
    reduceKeysToInt(long, ToIntFunction<? super K>, int, IntBinaryOperator) : int
    reduceValues(long, BiFunction<? super V, ? super V, ? extends V>) : V
    reduceValues(long, Function<? super V, ? extends U>, BiFunction<? super U, ? super U, ? extends U>) <U> : U
    reduceValuesToDouble(long, ToDoubleFunction<? super V>, double, DoubleBinaryOperator) : double
    reduceValuesToLong(long, ToLongFunction<? super V>, long, LongBinaryOperator) : long
    reduceValuesToInt(long, ToIntFunction<? super V>, int, IntBinaryOperator) : int
    reduceEntries(long, BiFunction<Entry<K, V>, Entry<K, V>, ? extends Entry<K, V>>) : Entry<K, V>
    reduceEntries(long, Function<Entry<K, V>, ? extends U>, BiFunction<? super U, ? super U, ? extends U>) <U> : U
    reduceEntriesToDouble(long, ToDoubleFunction<Entry<K, V>>, double, DoubleBinaryOperator) : double
    reduceEntriesToLong(long, ToLongFunction<Entry<K, V>>, long, LongBinaryOperator) : long
    reduceEntriesToInt(long, ToIntFunction<Entry<K, V>>, int, IntBinaryOperator) : int
```

图 6.6　ConcurrentHashMap 支持的 reduce 操作

下面是一个 reduce 操作的示例，用于并行计算 ConcurrentHashMap 中所有 value 的总和。第一个参数 parallelismThreshold 表示并行度，表示一个并行任务可以处理的元素个数（估算值）。如果设置为 Long.MAX_VALUE，则表示完全禁用并行，如果设置为 1，则表示最大限度地使用并行。

```
ConcurrentHashMap<String, Integer> map = new ConcurrentHashMap<>();
for (int i = 1; i <= 100; i++) {
   map.put(Integer.toString(i), i);
}
int count = map.reduceValues(2, (i, j) -> i + j);
System.out.println(count);
```

6.8.3　条件插入

在应用开发中，一个十分常见的场景是条件插入，即当元素不存在时需要创建并且将对象插入 Map 中，而当 Map 中已经存在该元素时，则直接获得当前 Map 中的元素，从而避免多次创建。这样可以起到对象复用的作用，对于大型重量级对象有很好的优化效果。

下面的代码展示了这个场景：

```
01 public static class HeavyObject {
02    public HeavyObject() {
03       System.out.println("HeavyObject created");
04    }
05 }
06
07 public static void main(String[] args) {
08    ConcurrentHashMap<String, HeavyObject> map = new ConcurrentHashMap<>();
09    HeavyObject obj = getOrCreate(map, "1");
10 }
11
12 public static HeavyObject getOrCreate(ConcurrentHashMap<String, HeavyObject> map, String key)
{
13    HeavyObject value = map.get(key);
14    if (value == null) {
15       value = new HeavyObject();
16       map.put(key, value);
17    }
18    return value;
19 }
```

上述代码第 12~18 行，首先判断对象是否存在，如果不存在则创建对象并返回，如果存在则直接返回对象。代码实现比较简单，但是忽略了一个问题，那就是这段代码不是线程安全的。当多个线程同时访问 getOrCreate()方法时，可能出现重复创建对象的情况。简单的处理方法是将 getOrCreate()方法设置为同步方法，但这样做会极大地降低该方法的性能。同时，这里所说的重复创建对象的可能性很小，仅仅可能发生在第一次创建对象前后。一旦对象创建，就不再需要同步了。在这种场景中我们迫切地需要一种线程安全的高效方法——computeIfAbsent()：

```
public static HeavyObject getOrCreate(ConcurrentHashMap<String, HeavyObject> map, String
key) {
   return map.computeIfAbsent(key, k -> new HeavyObject());
}
```

6.8.4 search 操作

基于 ConcurrentHashMap 还可以做并发 search，图 6.7 中有几个 search 操作方法。

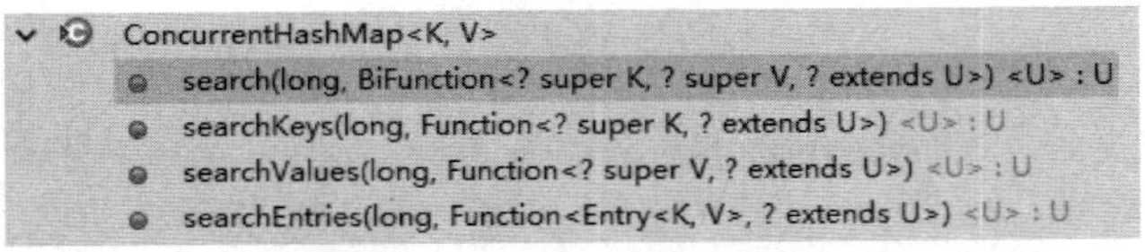

图 6.7　ConcurrentHashMap 的 search 操作方法

search 操作会在 Map 中找到第一个使得 Function 返回不为 null 的值。比如，下面的代码将找到 Map 中可以被 25 整除的数（由于 Hash 的随机性和并行的随机性，因此得到结果也是随机的）：

```
int found = map.search(2, (str,i)->{
    if(i%25==0) {
        return i;
    }
    return null;
});
```

6.8.5　其他新方法

1. mappingCount()方法

mappingCount()方法返回 Map 中的条目总数。有别于 size()方法，该方法返回 long 型数据。因此，当元素总数超过整数最大值时，应该使用这个方法。同时，该方法并不返回精确值，如果在执行该方法时，同时存在并发的插入或者删除操作，则结果是不准确的。

2. newKeySet()方法

在 JDK 中，Set 的实现依附于 Map，实际上，Set 是 Map 的一种特殊情况。如果需要一个线程安全的高效并发 HashSet，那么基于 ConcurrentHashMap 的实现是最好的选择。newKeySet()方法是一个静态工厂方法，返回一个线程安全的 Set。

6.9　发布订阅模式

在 JDK 9 中，引入了一种新的并发编程架构——反应式编程。那么什么是反应式编程呢？反应式编程用于处理异步流中的数据。每当应用程序收到数据，便会对它进行处理。反应式编程以流的形式处理数据，因此其内存使用效率更高。

在反应式编程中，核心的两个组件是发布者（Publisher）和订阅者（Subscriber）。发布者将数据发布到流中，订阅者则负责处理这些数据，发布订阅模式的工作流程如图 6.8 所示。

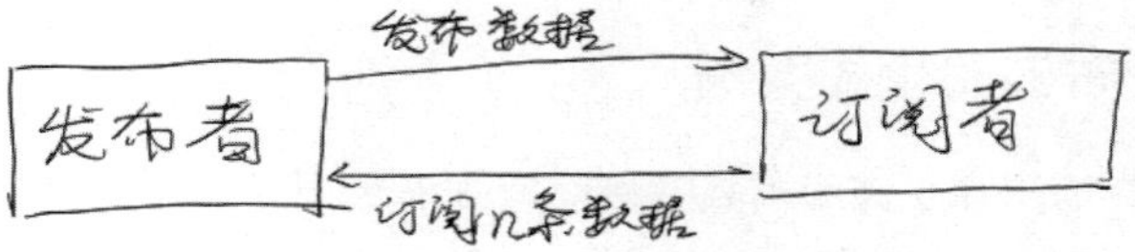

图 6.8　发布订阅模式的工作流程

以下是反应式编程的主要 API：

```
@FunctionalInterface
public static interface Flow.Publisher<T> {
   public void   subscribe(Flow.Subscriber<? super T> subscriber);
}

public static interface Flow.Subscriber<T> {
   public void   onSubscribe(Flow.Subscription subscription);
   public void   onNext(T item) ;
   public void   onError(Throwable throwable) ;
   public void   onComplete() ;
}

public static interface Flow.Subscription {
   public void   request(long n);
   public void   cancel() ;
}

public static interface Flow.Processor<T,R>  extends Flow.Subscriber<T>,
Flow.Publisher<R> {
}
```

其中 Subscriber 是订阅者，用来处理数据。

- onSubscribe()：订阅者注册后被调用的第一个方法。
- onNext()：当有下一个数据项准备好时，进行通知。
- onError()：当发生无法恢复的异常时被调用。
- onComplete()：当没有更多数据需要处理时被调用。

Subscription 表示对订阅数据的处理。

- request()：设定请求的数据个数。

- cancel()：Subscriber 停止接收新的消息。

6.9.1 简单的发布订阅模式案例

本节介绍一个简单的发布订阅模式案例。首先看一下订阅者：

```
class MySubscriber<T> implements Subscriber<T>
{
  private Subscription subscription;

  @Override
  public void onSubscribe(Subscription subscription)
  {
    this.subscription = subscription;
    subscription.request(1);
    System.out.println(Thread.currentThread().getName()+" onSubscribe");
  }

  @Override
  public void onNext(T item)
  {
    System.out.println(Thread.currentThread().getName()+" Received: " + item);
    subscription.request(1);
  }

  @Override
  public void onError(Throwable t)
  {
    t.printStackTrace();
    synchronized("A")
    {
      "A".notifyAll();
    }
  }

  @Override
  public void onComplete()
  {
    System.out.println("Done");
    synchronized("A")
```

```
35        {
36          "A".notifyAll();
37        }
38      }
39 }
```

上述代码实现了一个订阅者，第 6 行的 onSubscribe()方法在注册后首先被调用。第 9 行代码请求一个数据流中的数据，这行代码非常重要，没有它订阅者将无法消费数据。当数据流中有可用数据时，调用第 14 行的 onNext()方法。处理完成后，通过 request()方法再次请求剩余的数据。当出现错误或者完成后，进行通知，结束程序。

下面是数据发布的示例：

```
SubmissionPublisher<String> publisher = new SubmissionPublisher<>();

MySubscriber<String> subscriber = new MySubscriber<>();
MySubscriber<String> subscriber2 = new MySubscriber<>();
publisher.subscribe(subscriber);
publisher.subscribe(subscriber2);

// 发布几个数据，然后关闭发布者

System.out.println("Publishing data items...");
String[] items = { "Jan", "Feb", "Mar", "Apr", "May", "Jun",
        "Jul", "Aug", "Sep", "Oct", "Nov", "Dec" };
Arrays.asList(items).stream().forEach(i ->{
  publisher.submit(i);
  System.out.println(Thread.currentThread().getName()+" publish "+i);
});

publisher.close();

try
{
  synchronized("A")
  {
    "A".wait();
  }
}
```

```
27 catch (InterruptedException ie)
28 {
29 }
```

第 1 行代码创建 SubmissionPublisher 对象，表示数据的发布者。第 5 行和第 6 行代码向 SubmissionPublisher 中注册两个订阅者。第 14 行代码将数据发布到 SubmissionPublisher 中，数据发布后，通过 close()方法关闭发布者。第 24 行等待订阅者处理完毕。

6.9.2 数据处理链

发布订阅模式还可以通过数据处理链对数据进行流式处理。一个泛化的数据转换模块如下：

```
public class TransformProcessor<T, R> extends SubmissionPublisher<R> implements
Processor<T, R> {
    private Function<? super T, ? extends R> function;
    private Subscription subscription;

    public TransformProcessor(Function<? super T, ? extends R> function) {
        super();
        this.function = function;
    }

    @Override
    public void onSubscribe(Subscription subscription) {
        this.subscription = subscription;
        subscription.request(1);
    }

    @Override
    public void onNext(T item) {
        submit(function.apply(item));
        subscription.request(1);
    }

    @Override
    public void onError(Throwable throwable) {
        throwable.printStackTrace();
    }
```

```
26
27     @Override
28     public void onComplete() {
29         close();
30     }
31
32 }
```

其中，第 2 行的 function 包含数据转换的具体逻辑。在第 17 行的 onNext()方法中，使用该逻辑对数据进行处理，并同时将处理结果再次发布，以便进行后续处理。

下述代码建立针对数据的处理链：

```
01 MySubscriber<String> subscriber = new MySubscriber<>();
02 MySubscriber<String> subscriber2 = new MySubscriber<>();
03
04 TransformProcessor<String,String> toUpperCase = new
TransformProcessor<>(String::toUpperCase);
05 TransformProcessor<String,String> toLowverCase = new
TransformProcessor<>(String::toLowerCase);
06
07 publisher.subscribe(toUpperCase);
08 publisher.subscribe(toLowverCase);
09
10 toUpperCase.subscribe(subscriber);
11 toLowverCase.subscribe(subscriber2);
```

第 7~11 行代码建立数据处理链。这里的规则是，对于数据流中的数据进行两种不同的业务处理，在一条处理流中将字母转为大写，在另外一条数据流中将字母转为小写。接着打印输出转换后的两类数据（第 10 和 11 行），处理逻辑如图 6.9 所示。

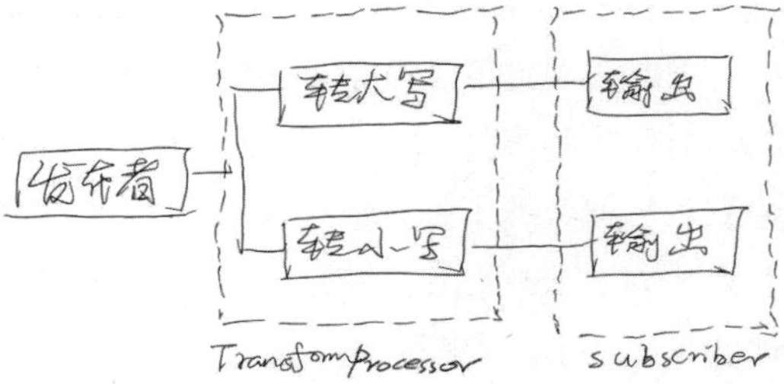

图 6.9　处理逻辑

7

第 7 章 使用 Akka 构建高并发程序

我们知道，写出一个正确的、高性能并且可扩展的并发程序是相当困难的，那么是否有一个好的框架可以帮助我们轻松地构建这样一个程序呢？答案是肯定的，那就是 Akka。Akka 是一款遵循 Aapche 2 许可的开源项目，这意味着你可以无偿并且几乎没有限制地使用它，包括将它应用于商业环境中。

Akka 是用 Scala 创建的，由于 Scala 和 Java 一样，都是 Java 虚拟机上的语言，本质上说，两者并没有什么不同，因此我们也可以在 Java 中使用 Akka。考虑到 Java 开发人员的数量远远高于 Scala 开发人员的数量，这里我将全程使用 Java 作为 Akka 的宿主语言（本书使用 Akka 2.11-2.3.7 作为演示）。但我并不打算把对 Akka 的介绍写成一个 Akka 使用手册，因此本章不会对 Akka 进行全方位完整的 API 介绍，本章只是对 Akka 的主要功能进行简单的描述，帮助大家尽快理解 Akka 的基本思想。

使用 Akka 能够给我们带来什么好处呢？

首先，Akka 提供了一种名为 Actor 的并发模型，其粒度比线程小，这意味着你可以在系统中启用大量的 Actor。

其次，Akka 中提供了一套容错机制，允许在 Actor 出现异常时，进行一些恢复或者重置操作。

再次，通过 Akka 不仅可以在单机上构建高并发程序，也可以在网络中构建分布式程序，并提供位置透明的 Actor 定位服务。

下面就让我们正式开启 Akka 之旅吧！

7.1　新并发模型：Actor

对于并发程序来说，线程始终是并发程序的基本执行单元。但在 Akka 中，你可以完全忘记线程。当你使用 Akka 时，你就有一个全新的执行单元——Actor。Actor 是什么呢？

简单地说，你可以把 Actor 比喻成一个人。人与人之间可以使用语言进行交流。比如，老师问同学："5 乘 5 是多少呀？"同学听到后，想了想，回答说："是 25。"Actor 之间的通信方式和上述对话形式几乎是一模一样的。

传统 Java 并行程序完全基于面向对象的方法，我们通过对象的方法调用进行信息传递。这时，如果对象的方法会修改对象本身的状态，那么在多线程情况下，就有可能出现对象状态不一致的问题，所以我们必须对这类方法调用进行同步。当然，同步往往是以牺牲性能为代价的。

在 Actor 模型中没有对象的方法调用，我们并不是通过调用 Actor 对象的某一个方法来告诉 Actor 需要做什么，而是给 Actor 发送一条消息。当 Actor 收到消息后，它有可能会根据消息的内容做出某些行为，包括更改自身状态。但是，在这种情况下，这个状态的更改是 Actor 自己进行的，并不是由外界被迫进行的。

7.2　Akka 之 Hello World

在了解了 Actor 的基本行为模式后，我们通过简单的 Hello World 程序来进一步了解 Akka。

首先让我们看一下第一个 Actor 的实现：

```
01 public class Greeter extends UntypedActor {
02  public static enum Msg {
03   GREET, DONE;
04  }
05
06  @Override
07  public void onReceive(Object msg) {
08   if (msg == Msg.GREET) {
09    System.out.println("Hello World!");
10    getSender().tell(Msg.DONE, getSelf());
11   } else
12    unhandled(msg);
13  }
14 }
```

上述代码定义了一个欢迎者（Greeter）Actor，它继承自 UntypedActor（它自然就是 Akka 中的核心成员）。UntypedActor 就是我们所说的 Actor，这里之所以强调是无类型的，是因为 Akka 还支持一种有类型的 Actor。有类型的 Actor 可以使用系统中的其他类型构造，从而缓解 Java 单继承的问题。因为继承 UntypedActor 后，就不能再继承系统中的其他类了。如果你一定要这么做，那么就只能选择有类型的 Actor。否则，UntypedActor 应该就是你的首选。

代码第 2~4 行定义了消息类型。这里只有欢迎（GREET）和完成（DONE）两种类型。当 Greeter 收到 GREET 消息后，就会在控制台打印“Hello World”，并且向消息发送方发送 DONE 信息（第 10 行）。

与 Greeter 交流的另外一个 Actor 是 HelloWorld，它的实现如下：

```
public class HelloWorld extends UntypedActor {
  ActorRef greeter;

  @Override
  public void preStart() {
     greeter = getContext().actorOf(Props.create(Greeter.class), "greeter");
     System.out.println("Greeter Actor Path:" + greeter.path());
     greeter.tell(Greeter.Msg.GREET, getSelf());
  }
```

```
10
11    @Override
12    public void onReceive(Object msg) {
13       if (msg == Greeter.Msg.DONE) {
14          greeter.tell(Greeter.Msg.GREET, getSelf());
15          getContext().stop(getSelf());
16       } else
17          unhandled(msg);
18    }
19 }
```

上述代码实现了一个名为 HelloWorld 的 Actor。第 5 行的 preStart()方法为 Akka 的回调方法，在 Actor 启动前，会被 Akka 调用，完成一些初始化工作。在这里，我们在 HelloWorld 中创建了 Greeter 的实例（第 6 行），并且向它发送 GREET 消息（第 8 行）。此时，由于创建 Greeter 时使用的是 HelloWorld 的上下文，因此它属于 HelloWorld 的子 Actor。

第 12 行定义的 onReceive()方法为 HelloWorld 的消息处理方法。在这里，只处理 DONE 消息。在收到 DONE 消息后，它会再次向 Greeter 发送 GREET 消息，接着将自己终止。

因此，Greeter 会收到两条 GREET 消息，打印两次“Hello World”。

最后，让我们看一下主函数 main():

```
1 public class HelloMainSimple {
2    public static void main(String[] args) {
3    ActorSystem system = ActorSystem.create("Hello",ConfigFactory.load("samplehello.conf"));
4       ActorRef a = system.actorOf(Props.create(HelloWorld.class),"helloWorld");
5       System.out.println("HelloWorld Actor Path:" + a.path());
6    }
7 }
```

第 3 行创建了 ActorSystem，表示管理和维护 Actor 的系统。一般来说，一个应用程序只需要一个 ActorSystem 就够用了。ActorSystem.create()方法的第一个参数“Hello”为系统名称，第二个参数为配置文件。

第 4 行通过 ActorSystem 创建了一个顶级的 Actor（HelloWorld）。

配置文件 samplehello.conf 的内容如下：

```
akka {
  loglevel = INFO
}
```

在这里，只是简单地配置日志级别为 INFO。

执行上述代码，可以看到以下输出：

```
1 HelloWorld Actor Path:akka://Hello/user/helloWorld
2 Greeter Actor Path:akka://Hello/user/helloWorld/greeter
3 Hello World!
4 Hello World!
5 [INFO] [05/13/2015 21:15:01.299] [Hello-akka.actor.default-dispatcher-2]
[akka://Hello/user/helloWorld] Message [geym.akka.demo.hello.Greeter$Msg] from
Actor[akka://Hello/user/helloWorld/greeter#-1698722495] to
Actor[akka://Hello/user/helloWorld#-1915075849] was not delivered. [1] dead letters
encountered. This logging can be turned off or adjusted with configuration settings
'akka.log-dead-letters' and 'akka.log-dead-letters-during-shutdown'.
```

第一行打印了 HelloWorld Actor 的路径。它是系统内第一个被创建的 Actor。它的路径为 akka://Hello/user/helloWorld，其中 Hello 表示 ActorSystem 的系统名，我们构造 ActorSystem 时，传入的第一个参数就是 Hello；user 表示用户 Actor，所有的用户 Actor 都会挂载在 user 路径下；helloWorld 就是这个 Actor 的名字。

同理，第二个 Greeter Actor 的路径结构和 HelloWorld 的路径结构是完全一致的。输出中第 3、4 行显示了 Greeter 打印的两条信息。第 5 行表示一条消息投递失败，失败的原因是 HelloWorld 将自己终止了，导致 Greeter 发送的信息无法投递。

当使用 Actor 进行并行程序开发时，我们的关注点已经不在线程上了。实际上，线程调度已经被 Akka 封装了，我们只需要关注 Actor 对象即可。而 Actor 对象之间的交流和普通对象的方法调用有明显区别，它们是通过显式的消息发送来传递信息的。

当系统内有多个 Actor 存在时，Akka 会自动在线程池中选择线程来执行我们的 Actor，多个不同的 Actor 有可能会被同一个线程执行。同时，一个 Actor 也有可能被不同的线程执行。因此，一个值得注意的地方是：不要在一个 Actor 中执行耗时的代码，这样可能会导致其他 Actor 的调度出现问题。

7.3 有关消息投递的一些说明

整个 Akka 应用程序是由消息驱动的，消息是除 Actor 之外最重要的核心组件。作为并发程序中的核心组件，在 Actor 之间传递的消息应该满足不可变性，也就是使用不变模式。因为可变的消息无法高效地在并发环境中使用。理论上 Akka 中的消息可以使用任何对象实例，但在实际使用中，强烈推荐使用不可变对象。一个典型的不可变对象的实现如下：

```
01 public final class ImmutableMessage {
02    private final int sequenceNumber;
03
04    private final List<String> values;
05
06    public ImmutableMessage(int sequenceNumber, List<String> values) {
07       this.sequenceNumber = sequenceNumber;
08       this.values = Collections.unmodifiableList(new ArrayList<String>(values));
09    }
10
11    public int getSequenceNumber() {
12       return sequenceNumber;
13    }
14
15    public List<String> getValues() {
16       return values;
17    }
18 }
```

注意代码中 final 关键字的使用，它声明了当前消息中的几个字段都是常量，在消息构造完成后，就不能再改变了。更需要注意的是，对于 values 字段，final 关键字只能保证 values 引用的不可变性，无法保证 values 对象的不可变性。为了实现彻底的不可变性，代码第 8 行构造了一个不可变的 List 对象。

对于消息投递，大家可能还有另外一个疑问，那就是消息投递究竟是以何种策略进行的呢？也就是发出的消息一定会被对方接收到吗？如果接收不到会重发吗？有没有可能重复接收消息呢？

实际上，消息投递有三种不同的策略。

第一种，称为至多一次投递。在这种策略中，每一条消息最多会被投递一次。在这种策略下，可能偶尔会出现消息投递失败的情况，而导致消息丢失。

第二种，称为至少一次投递。在这种策略中，每一条消息至少会被投递一次，直到成功为止。在一些偶然的场合，接收者可能会收到重复的消息，但不会发生消息丢失。

第三种，称为精确的消息投递。也就是所有的消息保证被精确地投递并成功接收一次。消息既不会丢失，也不会被重复接收。

很明显，第一种策略是最高性能、最低成本的。因为系统只要把消息发送出去就可以了，不需要关注是否成功。第二种策略则需要保存消息投递的状态并不断重试。第三种策略则是成本最高且最不容易实现的。

那么我们是否真的需要保证消息投递的可靠性呢？

答案是否定的。实际上，我们没有必要在 Akka 层保证消息投递的可靠性，这样做成本太高了。消息投递的可靠性更应该从业务层去维护，因为在有些时候，丢失一些消息完全是符合应用程序的要求的。

此外，对于消息投递，Akka 可以在一定程度上保证顺序性。比如，Actor A1 向 Actor A2 顺序发送了 M1、M2 和 M3 三条消息，Actor A3 向 Actor A2 顺序发送了 M4、M5 和 M6 三条消息，那么系统可以保证：

（1）如果 M1 没有丢失，那它一定先于 M2 和 M3 被 Actor A2 收到。

（2）如果 M2 没有丢失，那它一定先于 M3 被 Actor A2 收到。

（3）如果 M4 没有丢失，那它一定先于 M5 和 M6 被 Actor A2 收到。

（4）如果 M5 没有丢失，那它一定先于 M6 被 Actor A2 收到。

（5）对 Actor A2 来说，来自 Actor A1 和 Actor A3 的消息可能交织在一起，没有顺序保证。

值得注意的一点是，这种消息投递规则不具备可传递性，比如，Actor A 向 Actor C 发送了 M1，接着，Actor A 向 Actor B 发送了 M2，Actor B 将 M2 转发给 Actor C，那么 Actor C 收到 M1 和 M2 的先后顺序是没有保证的。

7.4 Actor 的生命周期

Actor 在系统中产生后，也存在着“生老病死”的活动周期。Akka 框架提供了若干个回调函数，让我们得以在 Actor 的活动周期内进行一些与业务相关的操作。Actor 的生命周期如图 7.1 所示。

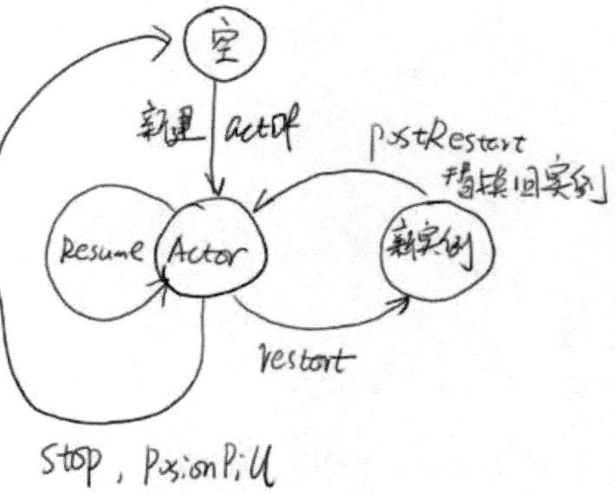

图 7.1　Actor 的生命周期

Actor 在 actorOf()方法被调用后开始建立，Actor 实例创建后会回调 preStart()方法。在这个方法里，我们可以进行一些资源的初始化工作。在 Actor 的工作过程中，可能会出现一些异常，需要重启 Actor。当 Actor 被重启时，会回调 preRestart()方法（在老的实例上），接着系统会创建一个新的 Actor 对象实例（虽然是新的实例，但它们都表示同一个 Actor）。当新的 Actor 实例被创建后，会回调 postRestart()方法，表示启动完成，同时新的实例将代替旧的实例。停止一个 Actor 也有很多方式，你可以调用 stop()方法或者给 Actor 发送一个 PosionPill。当 Actor 停止时，postStop()方法会被调用，同时这个 Actor 的监视者会收到一个 Terminated 消息。

下面让我们建立一个带有生命周期回调函数的 Actor：

```
public class MyWorker extends UntypedActor {
   private final LoggingAdapter log = Logging.getLogger(getContext().system(), this);
   public static enum Msg {
      WORKING, DONE,CLOSE;
   }
   @Override
   public void preStart(){
      System.out.println("MyWorker is starting");
   }
   @Override
   public void postStop(){
      System.out.println("MyWorker is stopping");
   }
```

```
    @Override
    public void onReceive(Object msg) {
        if (msg == Msg.WORKING) {
            System.out.println("I am working");
        }
        if (msg == Msg.DONE) {
            System.out.println("Stop working");
        }if (msg == Msg.CLOSE) {
            System.out.println("I will shutdown");
            getSender().tell(Msg.CLOSE, getSelf());
            getContext().stop(getSelf());
        } else
            unhandled(msg);
    }
}
```

上述代码定义了一个名为 MyWorker 的 Actor。它重载了 preStart()和 postStop()两个方法。一般来说，我们可以使用 preStart()方法来初始化一些资源，使用 postStop()方法来进行资源的释放。这个 Actor 很简单，当它收到 WORKING 消息时，打印“I am working”；收到 DONE 消息时，打印“Stop working”。

接着，我们为 MyWorker 指定一个监视者，监视者就如同一个劳动监工，一旦 MyWorker 因为意外停止工作，监视者就会收到一个通知：

```
public class WatchActor extends UntypedActor {
    private final LoggingAdapter log = Logging.getLogger(getContext().system(), this);

    public WatchActor(ActorRef ref) {
        getContext().watch(ref);
    }

    @Override
    public void onReceive(Object msg) {
        if (msg instanceof Terminated) {
            System.out.println(String.format("%s has terminated, shutting down system",
                    ((Terminated) msg).getActor().path()));
            getContext().system().shutdown();
        } else {
            unhandled(msg);
```

```
16        }
17    }
18 }
```

上述代码定义了一个监视者 WatchActor，它本质上也是一个 Actor，但不同的是，它会在它的上下文中监视一个 Actor（第 5 行）。如果将来这个被监视的 Actor 终止运行，那么 WatchActor 就能收到一条 Terminated 消息（第 10 行）。在这里，我们将简单地打印终止消息 Terminated 中的相关 Actor 路径，并且关闭整个 ActorSystem（第 13 行）。

主函数如下：

```
01 public class DeadMain {
02    public static void main(String[] args) {
03       ActorSystem system = ActorSystem
04             .create("deadwatch", ConfigFactory.load("samplehello.conf"));
05       ActorRef worker = system.actorOf(Props.create(MyWorker.class), "worker");
06       system.actorOf(Props.create(WatchActor.class, worker), "watcher");
07       worker.tell(MyWorker.Msg.WORKING, ActorRef.noSender());
08       worker.tell(MyWorker.Msg.DONE, ActorRef.noSender());
09       worker.tell(PoisonPill.getInstance(), ActorRef.noSender());
10    }
11 }
```

上述代码首先创建 ActorSystem 全局实例（第 3~4 行），接着创建 MyWorker Actor 和 WatchActor。注意第 6 行的 Props.create()方法，它的第 1 个参数为要创建的 Actor 类型，第 2 个参数为这个 Actor 的构造函数的参数（在这里，就是要调用 WatchActor 的构造函数）。接着，向 MyWorker 先后发送 WORKING 和 DONE 两条消息。最后在第 9 行发送一条特殊的消息 PoisonPill。PoisonPill 意为毒药丸，它会直接“毒死”接收方，让其终止运行。

执行上述代码，系统输出如下：

```
MyWorker is starting
I am working
Stop working
MyWorker is stopping
akka://deadwatch/user/worker has terminated, shutting down system
```

从输出中可以看到，MyWorker 生命周期中的两个回调函数及消息处理函数都被正常调用。最后一行输出也显示 WatchActor 正常监视到了 MyWorker 的终止。

7.5 监督策略

如果一个 Actor 在执行过程中发生意外，比如因没有处理某些异常导致出错，那么这时候应该怎么办呢？系统是应该当作什么都没发生过，继续执行，还是认为遇到了一个系统性的错误而重启 Actor，甚至重启它所有的兄弟 Actor 呢？

对于这种情况，Akka 给予了我们足够的控制权。在 Akka 内，父 Actor 可以对子 Actor 进行监督，监控 Actor 的行为是否有异常。监督分为两种：一种是 OneForOneStrategy 策略的监督，另一种是 AllForOneStrategy 策略的监督。

根据 OneForOneStrategy 策略，父 Actor 只会对出问题的子 Actor 进行处理，比如重启或者停止，而根据 AllForOneStrategy 策略，父 Actor 会对出问题的子 Actor 及它所有的兄弟都进行处理。很显然，AllForOneStrategy 策略更适合各个 Actor 联系非常紧密的场景，多个 Actor 中只要有一个 Actor 出现故障，就宣告整个任务失败。在更多的场景中，应该使用 OneForOneStrategy 策略。当然，OneForOneStrategy 策略也是 Akka 的默认策略。

在一个指定的策略中，我们可以对 Actor 的失败情况进行相应的处理，比如当失败时，我们可以无视这个错误，继续执行 Actor，就像什么事都没发生过一样。或者可以重启 Actor，甚至可以让 Actor 彻底停止工作。要指定这些监督行为，只要构造一个自定义的监督策略即可。

下面让我们简单看一下 SupervisorStrategy 的使用方法。首先，定义一个父 Actor，把它作为所有子 Actor 的监督者：

```
public class Supervisor extends UntypedActor {
private static SupervisorStrategy strategy = new OneForOneStrategy(3, Duration.create(1, TimeUnit.MINUTES),
        new Function<Throwable, Directive>() {
            @Override
            public Directive apply(Throwable t) {
                if (t instanceof ArithmeticException) {
                    System.out.println("meet ArithmeticException,just resume");
                    return SupervisorStrategy.resume();
                } else if (t instanceof NullPointerException) {
                    System.out.println("meet NullPointerException,restart");
                    return SupervisorStrategy.restart();
                } else if (t instanceof IllegalArgumentException) {
```

```
13                   return SupervisorStrategy.stop();
14                } else {
15                   return SupervisorStrategy.escalate();
16                }
17             }
18          });
19
20    @Override
21    public SupervisorStrategy supervisorStrategy() {
22       return strategy;
23    }
24
25    public void onReceive(Object o) {
26       if (o instanceof Props) {
27          getContext().actorOf((Props) o,"restartActor");
28       } else {
29          unhandled(o);
30       }
31    }
32 }
```

上述代码第 2~18 行定义了一个 OneForOneStrategy 策略的监督。在这个监督中，运行 Actor 遇到错误后，在 1 分钟内进行 3 次重试。如果超过这个频率，就直接杀死 Actor。具体的策略由第 5~16 行代码定义。当遇到 ArithmeticException 时（比如除以 0 的错误），继续执行这个 Actor，不做任何处理（第 8 行）；当遇到空指针时，进行 Actor 重启（第 11 行）；如果遇到 IllegalArgumentException，则直接停止 Actor（第 13 行）。对于没有涉及的异常，则向上抛出，由顶层的 Actor 处理（第 15 行）。

第 20~23 行覆盖父类的 supervisorStrategy()方法，设置使用自定义的监督策略。

第 27 行用来新建一个名为 restartActor 的子 Actor，这个子 Actor 就由当前的 Supervisor 进行监督。当 Supervisor 接收一个 Props 对象时，就会根据 Props 对象配置生成一个 restartActor。

RestartActor 的实现如下：

```
public class RestartActor extends UntypedActor {
   public enum Msg {
      DONE, RESTART
   }
```

```
05
06    @Override
07    public void preStart() {
08       System.out.println("preStart hashcode:" + this.hashCode());
09    }
10
11    @Override
12    public void postStop() {
13       System.out.println("postStop hashcode:" + this.hashCode());
14    }
15
16    @Override
17    public void postRestart(Throwable reason) throws Exception {
18       super.postRestart(reason);
19       System.out.println("postRestart hashcode:" + this.hashCode());
20    }
21
22    @Override
23    public void preRestart(Throwable reason,Option opt) throws Exception {
24       System.out.println("preRestart hashcode:" + this.hashCode());
25    }
26
27    @Override
28    public void onReceive(Object msg) {
29       if (msg == Msg.DONE) {
30          getContext().stop(getSelf());
31       } else if (msg == Msg.RESTART) {
32          System.out.println(((Object)null).toString());
33          // 抛出异常，默认会被重启，但这里会继续
34          double a = 0 / 0;
35       }
36       unhandled(msg);
37    }
38 }
```

第 6~25 行定义了一些 Actor 生命周期的回调接口，目的是更好地观察 Actor 的活动情况。在第 32~34 行模拟了一些异常情况，第 32 行会抛出 NullPointerException，而第 34 行因为除以零，所以会抛出 ArithmeticException。

主函数定义如下：

```
01 public static void customStrategy(ActorSystem system){
02    ActorRef a = system.actorOf(Props.create(Supervisor.class), "Supervisor");
03    a.tell(Props.create(RestartActor.class), ActorRef.noSender());
04
05    ActorSelection
sel=system.actorSelection("akka://lifecycle/user/Supervisor/restartActor");
06
07    for(int i=0;i<100;i++){
08       sel.tell(RestartActor.Msg.RESTART, ActorRef.noSender());
09    }
10 }
11 public static void main(String[] args) {
12    ActorSystem system = ActorSystem.create("lifecycle",
ConfigFactory.load("lifecycle.conf"));
13    customStrategy(system);
14 }
```

在上述代码中，创建了全局 ActorSystem，接着在 customStrategy()方法中创建了 Supervisor Actor，并且对 Supervisor 发送一个 RestartActor 的 Props 对象（第 3 行，这个消息会使得 Supervisor 创建 RestartActor）。

接着，选中 RestartActor 实例（第 5 行），向它发送 100 条 RESTART 消息（第 7~9 行），这会使得 RestartActor 抛出 NullPointerException。

执行上述代码，部分输出如下（由于输出太多，这里只截取重要的部分）：

```
preStart hashcode:7302437
meet NullPointerException,restart
preRestart hashcode:7302437
[ERROR] [lifecycle-akka.actor.default-dispatcher-3] [akka://lifecycle/user/Supervisor/restartActor] null
java.lang.NullPointerException
   at geym.akka.demo.lifecycle.RestartActor.onReceive(RestartActor.java:46)
   at akka.actor.UntypedActor$$anonfun$receive$1.applyOrElse(UntypedActor.scala:167)
   at akka.actor.Actor$class.aroundReceive(Actor.scala:465)
   at akka.actor.UntypedActor.aroundReceive(UntypedActor.scala:97)
   at akka.actor.ActorCell.receiveMessage(ActorCell.scala:516)
   at akka.actor.ActorCell.invoke(ActorCell.scala:487)
```

```
12    at akka.dispatch.Mailbox.processMailbox(Mailbox.scala:254)
13    at akka.dispatch.Mailbox.run(Mailbox.scala:221)
14    at akka.dispatch.Mailbox.exec(Mailbox.scala:231)
15    at scala.concurrent.forkjoin.ForkJoinTask.doExec(ForkJoinTask.java:260)
16    at scala.concurrent.forkjoin.ForkJoinPool$WorkQueue.runTask(ForkJoinPool.java:1339)
17    at scala.concurrent.forkjoin.ForkJoinPool.runWorker(ForkJoinPool.java:1979)
18    at scala.concurrent.forkjoin.ForkJoinWorkerThread.run(ForkJoinWorkerThread.java:107)
19
20 preStart hashcode:23269863
21 postRestart hashcode:23269863
22 meet NullPointerException,restart
23 preRestart hashcode:23269863
24 preStart hashcode:24918371
25 postRestart hashcode:24918371
26 meet NullPointerException,restart
27 preRestart hashcode:24918371
28 preStart hashcode:12844205
29 postRestart hashcode:12844205
30 [ERROR] [lifecycle-akka.actor.default-dispatcher-2]
[akka://lifecycle/user/Supervisor/restartActor] null
31 meet NullPointerException,restart
32 .....
33 postStop hashcode:12844205
```

第 1 行的 preStart 表示 RestartActor 正在初始化，注意它的 hashcode 为 7302437。接着，这个 Actor 遇到了 NullPointerException。根据自定义的策略，这将导致它重启，因此，就有了第 3 行的 preRestart，因为 preRestart 在正式重启之前调用，hashcode 还是 7302437，表示当前 Actor 和上一个 Actor 还是同一个实例。接着，第 4~19 行打印了异常信息。

第 20 行进入了 preStart，它的 hashcode 为 23269863。这说明系统已经为 RestartActor 生成了一个新的实例，原有的实例因为重启而被回收。新的实例将代替原有实例继续工作。这说明同一个 RestartActor 在系统中未必能保持同一个实例。重启完成后，调用 postRestart（第 21 行）。实际上，Actor 重启后的 preStart 就是在 postRestart 中调用的（Actor 父类的 postRestart()方法会调用 preStart()方法）。

经过 3 次重启后，超过了监督策略中的单位时间内的重试上限，因此系统不会再进行尝试，而是直接关闭 RestartActor。上述输出中第 33 行就显示了这个过程，在最后一个 RestartActor 实例上执行了停止方法。

7.6　选择 Actor

在一个 ActorSystem 中，可能存在大量的 Actor，如何才能有效地对大量 Actor 进行批量的管理和通信呢？Akka 为我们提供了 ActorSelection 类，用来发送批量消息。由于篇幅有限，这里不再给出完整的代码，示意代码如下：

```
1 for(int i=0;i<WORDER_COUNT;i++){
2    workers.add(system.actorOf(Props.create(MyWorker.class,i), "worker_"+i));
3 }
4
5 ActorSelection selection = getContext().actorSelection("/user/worker_*");
6 selection.tell(5, getSelf());
```

上述代码第 1~3 行批量生成了大量 Actor。接着，我们要给这些 worker 发送消息，通过 actorSelection()方法提供的选择通配符（第 5 行），可以得到所有满足条件的 ActorSelection。第 6 行通过 ActorSelection 实例向所有 woker Actor 发送消息。

7.7　消息收件箱（Inbox）

我们已经知道，所有 Actor 之间的通信都是通过消息来进行的。这是否意味着我们必须构建一个 Actor 来控制整个系统呢？答案是否定的，我们并不一定要这么做，Akka 已经为我们准备了一个名叫“收件箱”的组件，使用它 Actor 可以很方便地进行消息发送和接收，大大方便了应用程序与 Actor 之间的交互。

下面定义了当前示例中唯一的 Actor：

```
public class MyWorker extends UntypedActor {
   private final LoggingAdapter log = Logging.getLogger(getContext().system(), this);
   public static enum Msg {
      WORKING, DONE,CLOSE;
   }

   @Override
   public void onReceive(Object msg) {
      if (msg == Msg.WORKING) {
         log.info("I am working");
      }
```

```
12        if (msg == Msg.DONE) {
13           log.info("Stop working");
14        }if (msg == Msg.CLOSE) {
15           log.info("I will shutdown");
16           getSender().tell(Msg.CLOSE, getSelf());
17           getContext().stop(getSelf());
18        } else
19           unhandled(msg);
20     }
21 }
```

上述代码中，MyWorker 会根据收到的消息打印自己的工作状态。当接收到 CLOSE 消息时（第 14 行），会关闭自己，并结束运行。

在本例中与 MyWorker Actor 交互的并不是一个 Actor，而是一个邮箱，邮箱的使用很简单，如下所示：

```
public static void main(String[] args) {
ActorSystem system = ActorSystem.create("inboxdemo",
ConfigFactory.load("samplehello.conf"));
  ActorRef worker = system.actorOf(Props.create(MyWorker.class), "worker");

  final Inbox inbox = Inbox.create(system);
  inbox.watch(worker);
  inbox.send(worker, MyWorker.Msg.WORKING);
  inbox.send(worker, MyWorker.Msg.DONE);
  inbox.send(worker, MyWorker.Msg.CLOSE);

  while(true){
     Object msg = inbox.receive(Duration.create(1, TimeUnit.SECONDS));
     if(msg==MyWorker.Msg.CLOSE){
        System.out.println("My worker is Closing");
     }else if(msg instanceof Terminated){
        System.out.println("My worker is dead");
        system.shutdown();
        break;
     }else{
        System.out.println(msg);
     }
  }
}
```

上述代码第 5 行根据 ActorSystem 构造一个与之绑定的邮箱 Inbox。接着使用邮箱监视 MyWorker（第 6 行），这样就能在 MyWorker 停止后得到一个消息通知。第 7~9 行通过邮箱向 MyWorker 发送消息。

在第 11~21 行接收消息，如果发现 MyWorker 已经停止工作，则关闭整个 ActorSystem（第 17 行）。

执行上述代码，输出如下（这里对输出进行了一些删减）：

```
[INFO] [inboxdemo-akka.actor.default-dispatcher-3] [akka://inboxdemo/user/worker] I am
working
[INFO] [inboxdemo-akka.actor.default-dispatcher-3] [akka://inboxdemo/user/worker] Stop
working
[INFO] [inboxdemo-akka.actor.default-dispatcher-3] [akka://inboxdemo/user/worker] I
will shutdown
My worker is Closing
My worker is dead
```

前 3 行为 MyWorker 的输出日志，表示 MyWorker Actor 的工作状态。后两行为主函数 main()对 MyWorker 消息的处理。

7.8　消息路由

Akka 提供了非常灵活的消息发送机制。有时候，我们也许会使用一组 Actor 而不是一个 Actor 来提供一项服务。这一组 Actor 中所有的 Actor 都是对等的，也就是说你可以让任何一个 Actor 来为你服务。这种情况下，如何才能快速有效地找到合适的 Actor 呢？或者说如何调度这些消息，才可以使负载更为均衡地分配在这一组 Actor 中呢？

为了解决这个问题，Akka 使用路由器组件（Router）来封装消息的调度。系统提供了几种实用的消息路由策略，比如，轮询选择 Actor 进行消息发送，随机发送消息，并将消息发送给最空闲的 Actor，甚至在组内广播消息。

下面就来演示一下消息路由的使用方式：

```
public class WatchActor extends UntypedActor {
    private final LoggingAdapter log = Logging.getLogger(getContext().system(), this);
    public Router router;
```

```
04    {
05       List<Routee> routees=new ArrayList<Routee>();
06       for(int i=0;i<5;i++){
07          ActorRef worker = getContext().actorOf(Props.create(MyWorker.class),"worker_"+i);
08          getContext().watch(worker);
09          routees.add(new ActorRefRoutee(worker));
10       }
11       router=new Router(new RoundRobinRoutingLogic(),routees);
12    }
13
14    @Override
15    public void onReceive(Object msg) {
16      if(msg instanceof  MyWorker.Msg){
17          router.route(msg, getSender());
18      }else if (msg instanceof Terminated) {
19        router=router.removeRoutee(((Terminated)msg).actor());
20       System.out.println(((Terminated)msg).actor().path()+" is closed,routees="+router.
routees().size());
21        if(router.routees().size()==0){
22           System.out.println("Close system");
23           RouteMain.flag.send(false);
24           getContext().system().shutdown();
25        }
26      } else {
27        unhandled(msg);
28      }
29    }
30 }
```

上述代码中定义了 WatchActor。第 3 行是路由器组件 Router，在构造 Router 时，需要指定路由策略和一组被路由的 Actor（Routee），如第 11 行所示。这里使用了 RoundRobinRoutingLogic 路由策略，也就是对所有的 Routee 进行轮询消息发送。在本例中，Routee 由 5 个 MyWorker Actor 构成（第 6~10 行，MyWorker 与上一节中的相同，故此处不再给出代码）。

当有消息需要传递给这 5 个 MyWorker 时，只需要将消息投递给这个 Router 即可（上述代码第 17 行）。Router 就会根据给定的消息路由策略进行消息投递。当一个 MyWorker 停止工作时，还可以简单地将其从工作组中移除（第 19 行）。如果发现系统中没有可用的

Actor，就会直接关闭系统。

主函数比较简单，如下所示：

```
public class RouteMain {
  public static Agent<Boolean> flag=Agent.create(true, ExecutionContexts.global());
  public static void main(String[] args) throws InterruptedException {
    ActorSystem system = ActorSystem.create("route",
ConfigFactory.load("samplehello.conf"));
    ActorRef w=system.actorOf(Props.create(WatchActor.class), "watcher");
    int i=1;
    while(flag.get()){
        w.tell(MyWorker.Msg.WORKING, ActorRef.noSender());
        if(i%10==0)w.tell(MyWorker.Msg.CLOSE, ActorRef.noSender());
        i++;
        Thread.sleep(100);
    }
  }
}
```

上述代码向 WatchActor 发送大量消息，其中夹杂着几条关闭 Actor 的消息，这会使得 MyWorker Actor 逐一被关闭，最终退出程序。

程序的部分输出如下：

```
[INFO][route-akka.actor.default-dispatcher-3] [akka://route/user/watcher/worker_0] I
am working
[INFO][route-akka.actor.default-dispatcher-3] [akka://route/user/watcher/worker_1] I
am working
[INFO][route-akka.actor.default-dispatcher-3] [akka://route/user/watcher/worker_2] I
am working
[INFO][route-akka.actor.default-dispatcher-4] [akka://route/user/watcher/worker_3] I
am working
[INFO][route-akka.actor.default-dispatcher-3] [akka://route/user/watcher/worker_4] I
am working
[INFO][route-akka.actor.default-dispatcher-3] [akka://route/user/watcher/worker_0] I
am working
...
[INFO][route-akka.actor.default-dispatcher-2] [akka://route/user/watcher/worker_0] I
will shutdown
akka://route/user/watcher/worker_1 is closed,routees=0
```

```
Close system
```

可以看到，WORKING 消息被轮流发送给 5 个 worker。大家可以修改路由策略，观察不同路由策略下的消息投递方式（除了 RoundRobinRoutingLogic，还可以尝试 BroadcastRoutingLogic（广播策略）、RandomRoutingLogic（随机投递策略）、SmallestMailboxRoutingLogic（空闲 Actor 优先投递策略））。

7.9 Actor 的内置状态转换

在很多场景下，Actor 的业务逻辑可能比较复杂，需要根据不同的状态对同一条消息做出不同的处理。Akka 已经为我们考虑到了这一点，一个 Actor 内部消息处理方法可以拥有多个不同的状态，在特定的状态下，可以对同一消息进行不同的处理，状态之间也可以任意切换。

现在让我们模拟一个婴儿 Actor，假设婴儿拥有开心或者生气两种不同的状态。当你带他玩的时候，他总是会表现出开心；当你让他睡觉时，他就会非常生气，小孩子总是拥有用不完的精力，入睡困难可能是一种通病吧！

在这个简单的场景模拟中，我们会给婴儿 Actor 发送睡觉和玩两种指令。如果婴儿正在生气，你还让他睡觉，他就会说“我已经生气了”，如果你让他去玩，他就会变得开心。同样，如果他正玩得高兴，你让他继续玩，他就会说“我很愉快”，如果让他睡觉，他就会变得很生气。

下面的 BabyActor 就模拟了上述场景：

```
public class BabyActor extends UntypedActor {
   private final LoggingAdapter log = Logging.getLogger(getContext().system(), this);
   public static enum Msg {
      SLEEP, PLAY, CLOSE;
   }

   Procedure<Object> angry = new Procedure<Object>() {
      @Override
      public void apply(Object message) {
         System.out.println("angryApply:"+message);
         if (message == Msg.SLEEP) {
```

```
12             getSender().tell("I am already angry", getSelf());
13             System.out.println("I am already angry");
14          } else if (message == Msg.PLAY) {
15             System.out.println("I like playing");
16             getContext().become(happy);
17          }
18       }
19    };
20
21    Procedure<Object> happy = new Procedure<Object>() {
22       @Override
23       public void apply(Object message) {
24          System.out.println("happyApply:"+message);
25          if (message == Msg.PLAY) {
26             getSender().tell("I am already happy :-)", getSelf());
27             System.out.println("I am already happy :-)");
28          } else if (message == Msg.SLEEP) {
29             System.out.println("I don't want to sleep");
30             getContext().become(angry);
31          }
32       }
33    };
34
35    @Override
36    public void onReceive(Object msg) {
37       System.out.println("onReceive:"+msg);
38       if (msg == Msg.SLEEP) {
39          getContext().become(angry);
40       } else if (msg == Msg.PLAY) {
41          getContext().become(happy);
42       } else {
43          unhandled(msg);
44       }
45    }
46 }
```

上述代码使用 become()方法切换 Actor 的状态（第 39、41 行），become()方法接收一个 Procedure 参数。Procedure 可以表示一种 Actor 的状态，更重要的是它封装了在这种状态下的消息处理逻辑。

在这个 BabyActor 中定义了两个 Procedure，一个是 angry（第 7 行），另一个是 happy（第 21 行）。

在初始状态下，BabyActor 既不是生气状态也不是开心状态。因此，angry 处理方法和 happy 处理方法都不会工作。当 BabyActor 接收到消息时，系统会调用 onReceive()方法来处理这个消息。

当 onReceive()方法处理 SLEEP 消息时，它会切换当前 Actor 的状态为 angry（第 39 行）。如果是 PLAY 消息，则切换状态为 happy。

一旦完成状态切换，当后续有新的消息送达时，就不会再由 onReceive()方法处理了。由于 angry 和 happy 本身就是消息处理方法，因此后续的消息就直接交由当前状态处理（angry 或者 happy），从而很好地封装了 Actor 的多个不同处理逻辑。

下面的代码向婴儿 Actor 发送了几条 PLAY 和 SLEEP 消息：

```
ActorSystem system = ActorSystem.create("become", ConfigFactory.load("samplehello.conf"));
ActorRef child = system.actorOf(Props.create(BabyActor.class), "baby");
system.actorOf(Props.create(WatchActor.class, child), "watcher");
child.tell(BabyActor.Msg.PLAY, ActorRef.noSender());
child.tell(BabyActor.Msg.SLEEP, ActorRef.noSender());
child.tell(BabyActor.Msg.PLAY, ActorRef.noSender());
child.tell(BabyActor.Msg.PLAY, ActorRef.noSender());

child.tell(PoisonPill.getInstance(), ActorRef.noSender());
```

其主要输出如下：

```
onReceive:PLAY
happyApply:SLEEP
I don't want to sleep
angryApply:PLAY
I like playing
happyApply:PLAY
I am already happy :-)
[INFO][akka://become/user/watcher] akka://become/user/baby has terminated, shutting
down system
```

可以看到，当第一个 PLAY 消息到达时，是由 onReceive()方法进行处理的，在 onReceive()方法中，将 Actor 切换为 happy 状态。因此，当 SLEEP 消息到达时，由 happy.apply()方法处理，接着 Actor 切换为 angry 状态。当 PLAY 消息再次到达时，由 angry.apply()方法处理。由此可见，Akka 为 Actor 提供了灵活的状态切换机制，处于不同状态的 Actor 可以绑定不同的消息处理方法进行消息处理，这对构造结构化应用程序有着重要的帮助作用。

7.10　询问模式：Actor 中的 Future

由于 Actor 之间都是通过异步消息通信的，当你发送一条消息给 Actor 后，通常只能等待 Actor 的返回。与同步方法不同，在你发送异步消息后，接收消息的 Actor 可能根本来不及处理你的消息调用方就已经返回了。

这种模式与我们之前提到的 Future 模式非常相像。不同之处只是在传统的异步调用中我们进行的是函数调用，但在这里我们发送了一条消息。

由于两者的行为方式如此相像，我们很自然地会想到，当我们需要一个有返回值的调用时，Actor 是不是也应该给我们一个契约（Future）呢？这样，就算我们当下没有办法立即获得 Actor 的处理结果，将来通过这个契约还是可以追踪到我们的请求。

```
import static akka.pattern.Patterns.ask;
import static akka.pattern.Patterns.pipe;

public class AskMain {

    public static void main(String[] args) throws Exception {
        ActorSystem system = ActorSystem.create("askdemo", ConfigFactory.load("samplehello.conf"));
        ActorRef worker = system.actorOf(Props.create(MyWorker.class), "worker");
        ActorRef printer = system.actorOf(Props.create(Printer.class), "printer");
        system.actorOf(Props.create(WatchActor.class, worker), "watcher");

        // 等待 Future 返回
        Future<Object> f = ask(worker, 5, 1500);
        int re = (int) Await.result(f, Duration.create(6, TimeUnit.SECONDS));
        System.out.println("return:" + re);

        // 直接导向其他 Actor，pipe 不会等待
        f = ask(worker, 6, 1500);
        pipe(f, system.dispatcher()).to(printer);

```

```
21        worker.tell(PoisonPill.getInstance(), ActorRef.noSender());
22     }
23 }
```

上述代码给出了两处在 Actor 交互中使用 Future 的例子。

第 13 行使用 ask()方法向 worker 发送消息，消息内容是 5，也就是说，worker 会接收一个 Integer 消息，值为 5。当 worker 接收消息后，就可以进行计算处理，并且将结果返回给发送者。当然，这个处理过程可能需要花费一点时间。

ask()方法不会等待 worker 处理，会立即返回一个 Future 对象（第 13 行）。在第 14 行，我们使用 Await.result()方法等待 worker 返回，在第 15 行打印返回结果。

在这种方法中，我们间接地将一个异步调用转为同步阻塞调用。虽然比较容易理解，但是在有些场合可能会出现性能问题。另外一种更有效的方法是使用 pipe()方法。

代码第 18 行使用 ask()方法再次询问 worker，并传递数值 6 给 worker。接着并不进行等待，而是使用 pipe()方法将 Future 重定向到另外一个名为 Printer 的 Actor 上。pipe()方法不会阻塞程序，它会立即返回。

printer 的实现只是简单地输出得到的数据：

```
01 @Override
02 public void onReceive(Object msg) {
03    if (msg instanceof Integer) {
04       System.out.println("Printer:"+msg);
05    }
06    if (msg == Msg.DONE) {
07       log.info("Stop working");
08    }if (msg == Msg.CLOSE) {
09       log.info("I will shutdown");
10       getSender().tell(Msg.CLOSE, getSelf());
11       getContext().stop(getSelf());
12    } else
13       unhandled(msg);
14 }
```

上述代码就是 Printer Actor 的实现，它会通过 pipe()方法得到 worker 的输出结果，并打印在控制台上（第 4 行）。

在本例中，worker Actor 接收一个整数，计算它的平方并返回：

```
01 @Override
02 public void onReceive(Object msg) {
03    if (msg instanceof Integer) {
04       int i=(Integer)msg;
05       try {
06          Thread.sleep(1000);
07       } catch (InterruptedException e) {}
08       getSender().tell(i*i, getSelf());
09    }
10    if (msg == Msg.DONE) {
11       log.info("Stop working");
12    }if (msg == Msg.CLOSE) {
13       log.info("I will shutdown");
14       getSender().tell(Msg.CLOSE, getSelf());
15       getContext().stop(getSelf());
16    } else
17       unhandled(msg);
18 }
```

上述代码第 5~7 行模拟了一个耗时的调用，目的是更明显地说明 ask()和 pipe()方法各自的用途。第 8 行 worker 计算了给定数值的平方，并把它“告诉”请求者。

7.11　多个 Actor 同时修改数据：Agent

在 Actor 编程模型中，Actor 之间主要通过消息进行信息传递，很少发生多个 Actor 需要访问同一个共享变量的情况。但在实际开发中，这种情况很难完全避免。如果多个 Agent 需要对同一个共享变量进行读写，那么如何保证线程安全呢？

在 Akka 中使用一种叫作 Agent 的组件来实现这个功能。一个 Agent 提供了对一个变量的异步更新。当一个 Actor 希望改变 Agent 的值时，它会向 Agent 下发一个动作（action）。当多个 Actor 同时改变 Agent 时，这些动作将会在 ExecutionContext 中被并发调度执行。在任意时刻，一个 Agent 最多只能执行一个动作，对于某一个线程来说，它执行动作的顺序与它的发生顺序一致，但对于不同线程来说，这些动作可能会交织在一起。

Agent 的修改可以使用两种方法：send()和 alter()，它们都可以向 Agent 发送一个修改动作，但是 send()方法没有返回值，而 alter()方法会返回一个 Future 对象，便于跟踪 Agent 的执行。

下面我们模拟这么一个场景：有 10 个 Actor，它们一起对一个 Agent 执行累加操作，每个 Agent 累加 10 000 次，如果没有意外，那么 Agent 最终的值将是 100 000；如果 Actor 间的调度出现问题，那么这个值可能小于 100 000。

```
01 public class CounterActor extends UntypedActor {
02    Mapper addMapper = new Mapper<Integer, Integer>() {
03       @Override
04       public Integer apply(Integer i) {
05          return i+1;
06       }
07    };
08
09    @Override
10    public void onReceive(Object msg) {
11       if (msg instanceof Integer) {
12          for (int i = 0; i < 10000; i++) {
13             // 我希望知道 Future 何时结束
14             Future<Integer> f = AgentDemo.counterAgent.alter(addMapper);
15             AgentDemo.futures.add(f);
16          }
17          getContext().stop(getSelf());
18       } else
19          unhandled(msg);
20    }
21 }
```

上述代码定义了一个累加的 Actor——CounterActor。第 2~7 行定义了累计动作 addMapper，它的作用是对 Agent 的值进行修改，这里简单地加 1。

在 CounterActor 的消息处理方法 onReceive()中，对全局的 counterAgent 进行累加操作，alter()方法指定了累加动作 addMapper（第 14 行）。由于我们希望知道累加行为是否完成，因此这里收集返回的 Future 对象（第 15 行）。完成任务后，Actor 会自行退出（第 17 行）。

程序的主函数如下：

```java
public class AgentDemo {
    public static Agent<Integer> counterAgent = Agent.create(0, ExecutionContexts.global());
    static ConcurrentLinkedQueue<Future<Integer>> futures = new ConcurrentLinkedQueue<Future <Integer>>();

    public static void main(String[] args) throws InterruptedException {
        final ActorSystem system = ActorSystem.create("agentdemo",
                ConfigFactory.load("samplehello.conf"));
        ActorRef[] counter = new ActorRef[10];
        for (int i = 0; i < counter.length; i++) {
            counter[i] = system.actorOf(Props.create(CounterActor.class), "counter_" + i);
        }
        final Inbox inbox = Inbox.create(system);
        for (int i = 0; i < counter.length; i++) {
            inbox.send(counter[i], 1);
            inbox.watch(counter[i]);
        }

        int closeCount = 0;
        // 等待所有 Actor 全部结束
        while (true) {
            Object msg = inbox.receive(Duration.create(1, TimeUnit.SECONDS));
            if (msg instanceof Terminated) {
                closeCount++;
                if (closeCount == counter.length) {
                    break;
                }
            } else {
                System.out.println(msg);
            }
        }
        // 等待所有的累加线程完成，因为它们都是异步的
        Futures.sequence(futures, system.dispatcher()).onComplete(
                new OnComplete<Iterable<Integer>>() {
                    @Override
                    public void onComplete(Throwable arg0, Iterable<Integer> arg1) throws Throwable {
                        System.out.println("counterAgent=" + counterAgent.get());
                        system.shutdown();
                    }
```

```
39            }, system.dispatcher());
40    }
41 }
```

在上述代码中，第 8~11 行创建了 10 个 CounterActor 对象。第 12~16 行使用 Inbox 与 CounterActor 进行通信。第 14 行的消息将触发 CounterActor 进行累加操作。第 20~30 行系统将等待 10 个 CounterActor 运行结束。执行完成后，我们便已经收集了所有的 Future。在第 32 行将所有的 Future 进行串行组合（使用 sequence()方法），构造了一个 Future，并为它创建 onComplete()回调方法。在所有的 Agent 操作执行完成后，onComplete()方法就会被调用（第 35 行）。在这个例子中，我们简单地输出最终的 counterAgent 值（第 36 行），并关闭系统（第 37 行）。

执行上述程序，我们将看到：

```
counterAgent=100000
```

7.12 像数据库一样操作内存数据：软件事务内存

在一些函数式编程语言中，支持一种叫作软件事务内存（STM）的技术。什么是软件事务内存呢？这里的事务和数据库中所说的事务非常类似，具有隔离性、原子性和一致性。与数据库中的事务不同的是，内存事务不具备持久性（很显然内存数据不会保存下来）。

在很多场合，某项工作可能要由多个 Actor 协作完成。在这种协作事务中，如果一个 Actor 处理失败，那么根据事务的原子性，其他 Actor 所进行的操作必须回滚。下面我们来看一个简单的案例。

假设有一个公司要给员工发放福利，公司账户里有 100 元。每次公司账户会给员工账户转一笔钱，假设转账 10 元，那么公司账户中应该减少 10 元，同时，员工账户中应该增加 10 元。这两个操作必须同时完成，或者同时不完成。

首先，让我们看一下主函数中是如何启动一个内存事务的：

```
public class STMDemo {
    public static ActorRef company=null;
    public static ActorRef employee=null;

    public static void main(String[] args) throws Exception {
```

```
06 final ActorSystem system = ActorSystem.create("transactionDemo", ConfigFactory.load
("samplehello.conf"));
07        company=system.actorOf(Props.create(CompanyActor.class), "company");
08        employee=system.actorOf(Props.create(EmployeeActor.class), "employee");
09
10        Timeout timeout = new Timeout(1, TimeUnit.SECONDS);
11
12        for(int i=1;i<20;i++){
13           company.tell(new Coordinated(i, timeout), ActorRef.noSender());
14           Thread.sleep(200);
15           Integer companyCount = (Integer) Await.result(
16                 ask(company, "GetCount", timeout), timeout.duration());
17           Integer employeeCount = (Integer) Await.result(
18                 ask(employee, "GetCount", timeout), timeout.duration());
19
20           System.out.println("company count="+companyCount);
21           System.out.println("employee count="+employeeCount);
22           System.out.println("=================");
23        }
24    }
25 }
```

上述代码中 CompanyActor 和 EmployeeActor 分别用于管理公司账户和雇员账户。在第 12~23 行中，我们尝试进行了 19 次汇款，第一次汇款额度为 1 元，第二次为 2 元，以此类推，最后一笔汇款为 19 元。

在第 13 行新建一个 Coordinated 协调者，并且将这个协调者当作消息发送给 company。当 company 收到这个协调者消息后，会自动成为这个事务的第一个成员。

第 15~18 行询问公司账户和雇员账户的当前余额，并在第 20~21 行输出。

下面是代表公司账户的 Actor：

```
public class CompanyActor extends UntypedActor {
   private Ref.View<Integer> count = STM.newRef(100);

   @Override
   public void onReceive(Object msg) {
      if (msg instanceof Coordinated) {
         final Coordinated c=(Coordinated)msg;
```

```
08          final int downCount=(Integer)c.getMessage();
09          STMDemo.employee.tell(c.coordinate(downCount), getSelf());
10          try{
11             c.atomic(new Runnable() {
12                @Override
13                public void run() {
14                   if(count.get()<downCount){
15                      throw new RuntimeException("less than "+downCount);
16                   }
17                   STM.increment(count, -downCount);
18                }
19             });
20          }catch(Exception e){
21             e.printStackTrace();
22          }
23
24       }else if ("GetCount".equals(msg)) {
25          getSender().tell(count.get(), getSelf());
26       }else{
27          unhandled(msg);
28       }
29    }
30 }
```

在 CompanyActor 中，首先判断接收的 msg 是否是 Coordinated。如果是 Coordinated，则表示这是一个新事务的开始。在第 8 行获得事务的参数，也就是需要转账的金额。在第 9 行调用 Coordinated.coordinate()方法，将 employee 加入当前事务中，这样这个事务中就有两个参与者了。

第 11 行调用 Coordinated.atomic()方法定义原子执行块作为事务的一部分。在执行块中对公司账户进行余额调整（第 17 行），当汇款额度大于可用余额时，就会抛出异常，宣告失败。

第 25 行用于处理 GetCount 消息，返回当前账户余额。

作为转账接收方的雇员账户如下：

```
public class EmployeeActor extends UntypedActor {
   private Ref.View<Integer> count = STM.newRef(50);
```

```
03
04    @Override
05    public void onReceive(Object msg) {
06       if (msg instanceof Coordinated) {
07          final Coordinated c = (Coordinated) msg;
08          final int downCount = (Integer) c.getMessage();
09          try {
10             c.atomic(new Runnable() {
11                @Override
12                public void run() {
13                   STM.increment(count, downCount);
14                }
15             });
16          } catch (Exception e) {
17          }
18       } else if ("GetCount".equals(msg)) {
19          getSender().tell(count.get(), getSelf());
20       } else {
21          unhandled(msg);
22       }
23    }
24 }
```

上述代码第 2 行设置雇员账户初始金额是 50 元。第 6 行判断消息是否为 Coordinated，如果是，则当前 Actor 会自动加入 Coordinated 指定的事务。第 10 行定义原子操作，在这个操作中将修改雇员账户余额。在这里，我们并没有给出异常情况的判断，只要接收到转入金额，一律将其增加到雇员账户中。

大家可能会产生疑问，如果由于公司账户余额不足导致转账失败了，那么在这个雇员账户中不还是正常增加了金额吗？这样钱岂不是多了？

这个担心完全是多余的。因为两个 Actor 都已经加入同一个协调事务 Coordinated 中了，如果公司账户出现异常，雇员账户的余额就会回滚。

执行上述程序，部分输出如下：

```
.....
company count=85
employee count=65
```

```
=================
java.lang.RuntimeException: less than 14
company count=9
employee count=141
....
=================
java.lang.RuntimeException: less than 19
   省略堆栈信息 实在太多了
   at
scala.concurrent.forkjoin.ForkJoinWorkerThread.run(ForkJoinWorkerThread.java:107)
company count=9
employee count=141
=================
```

无论转账操作是否成功，公司账户和雇员账户的金额总是一致的。当转账失败时，雇员账户的余额并不会增加。这就是软件事务内存的作用。

7.13 一个有趣的例子：并发粒子群的实现

粒子群算法（PSO）是一种进化算法。它与大名鼎鼎的遗传算法非常类似，可以用来解决优化问题。大家都知道，一些优化问题（比如旅行商问题 TSP）属于 NP 问题。它们的时间复杂度可能会达到 $O(n!)$或者 $O(2^n)$，这种在多项式时间内不可解的问题总是会让人望而生畏。而以 PSO 算法为代表的进化计算，往往可以将这些 NP 问题转变为一个多项式问题。但这种转变是有代价的，进化算法往往都不保证你可以从结果中得到最优解。那么有人就会问了，这个算法都不能保证得到最优解，有什么用呢？其实，在生活中的很多场景下，我们并不需要最优解，我们更加希望得到的是一个满意解。比如，去水果店买西瓜，店里可能放着一大堆西瓜，每个人都想挑一个最好的，但你想拿到最好的西瓜，必须得挨个检查所有西瓜，并且还得认真做好记录才行。我相信，没有一个人会这么买西瓜，因为成本太高了。对于大部分人来说，更倾向于挑几个顺眼的看看，如果还过得去，也就买了。这就是说，只要这个结果不要差得太离谱就行。

既然最优的方案很难得到，那么我们就想办法以很低的成本获得一个还算过得去的方案，也不失为良策。在后面给出的小案例中大家也可以看到，在很多情况下，虽然进化算法无法让你获得最优解，也无法证明它得到的解与最优解到底有多大差距，但在实际生活中，通过进化算法搜索到的满意解很可能与最优解非常接近。

7.13.1　什么是粒子群算法

粒子群算法最早由 Kenny 与 Eberhart 于 1995 年提出，它源于对鸟群捕食行为的研究，与遗传算法相似，是一种基于迭代的优化算法，广泛应用于函数优化和神经网络训练等方面。与遗传算法相比，粒子群算法的实现简单得多，参数配置也相对较少，对使用人员的经验要求不高，因此更易于在实际工程中应用。

从日常的观察中可以知道，鸟类的觅食往往会表现出群体特性。如果在地上有一堆食物，那么鸟群很可能就会聚集在这一堆食物旁边。如果其中一只小鸟发现了另外一堆更丰盛的食物，那么它可能会离群飞向更丰盛的食物，而这有可能带动整个鸟群一起飞向新的地点。当然，在整个种群中，难免会出现几只特别有“个性”的小鸟，它们不喜欢太热闹的地方，当整个种群迁移时，它们不会跟着种群走。

粒子群算法正是对上述过程的模拟。在程序中，我们可以模拟大量的小鸟，小鸟的觅食点正是问题的解。解越优秀，意味着食物越丰盛，因此，模拟的小鸟会从自己的位置出发，以一定的速度向最优点的方向移动。在移动过程中，任何一只小鸟都有可能发现更好的解，这又会进一步影响群体的行为。这样反复迭代，最终将得到一个不错的答案。

7.13.2　粒子群算法的计算过程

粒子群算法的计算过程如下。

（1）初始化所有粒子，粒子的位置随机生成。计算每个粒子当前的适应度，并将此设为当前粒子的个体最优解（记为 pBest）。

（2）所有粒子将自己的个体最优解发送给管理者 Master。Master 获得所有粒子的信息后，筛选出全局最优解（记为 gBest）。

（3）Master 将 gBest 通知给所有粒子，所有粒子便可以知道全局最优解的位置。

（4）所有粒子根据自己的个体最优解和全局最优解，更新自己的速度，在有了速度后，再更新自己的位置。

$$v_{k+1} = c_0 \times \text{rand}() \times v_k + c_1 \times \text{rand}() \times (\text{pBest}_k - x_k) + c_2 \times \text{rand}() \times (\text{gBest}_k - x_k)$$

$x_{k+1}=x_k + v_{k+1}$

其中，rand()函数产生一个(0, 1)之间的随机数。c_0=1、c_1=2、c_2=2，k 表示进化的迭代次数。v_k 表示当前速度，$pBest_k$ 和 $gBest_k$ 表示个体最优解和全局最优解。当然，对于每一个维度上的速度分量，我们都可以限定一个最大值，确保“小鸟”不会飞得太快，错过了重要的信息。

（5）如果粒子产生了新的个体最优解，则发送给 Master，在此转到步骤（2）。

整体过程的示意图如图 7.2 所示。

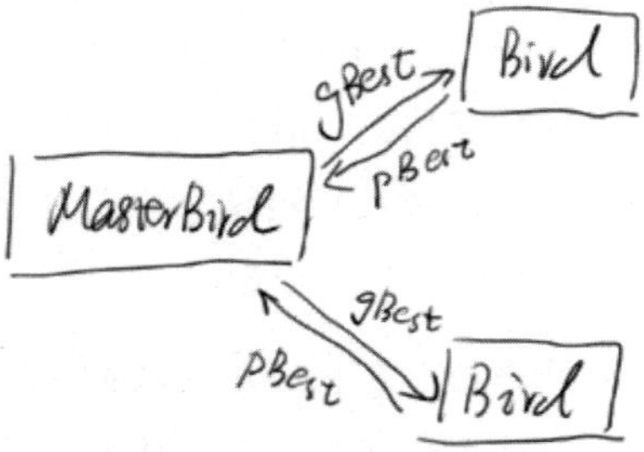

图 7.2　粒子群算法示意图

从计算过程中可以看到，该算法拥有一定的随机性。但由于我们可以启用大量的粒子，因此其计算效果在统计学意义上是稳定的。在标准的粒子群算法中，由于所有粒子都会向全局最优解靠拢，其跳出局部最优解的能力并不算太强。因此，我们也可以想办法对标准的粒子群算法进行一些优化，比如允许各个粒子随机移动甚至逆向移动，来试图突破局部最优解。

7.13.3　粒子群算法能做什么

粒子群算法能做什么呢？它应用得最多的场景是最优化计算。实际上，以粒子群算法为代表的进化计算，可以说是最优化计算中的通用方法。几乎一切最优化问题都可以通过这种随机搜索的模式解决，其成本低、难度小、效果好，颇受欢迎。

下面，就让我们来探讨一个典型的优化问题。

假设现在有 400 万元，要求 4 年内使用完。若第 1 年使用 x 万元，则可以得到的收益为 $\sqrt{x}$ 万元（收益不再使用），当年不用的资金可存入银行，年利率为 10%。尝试制订资金的使用规划，使 4 年收益之和最大。

很明显，对于这类问题，不同的方案得到的结果可能会有很大的差异。比如，若第一年把 400 万元全部用完，则总收益为$\sqrt{400}$ =20 万元；若前 3 年均不用，存入银行，第 4 年把本金和利息全部用完，则总收益为$\sqrt{400\times1.1^3}$ =23.07 万元，显然优于第一种方案。

如果我们将此问题转为一般化的优化问题，则可以得到以下方程组，如图 7.3 所示。

$$\max\ z=\sqrt{x_1}+\sqrt{x_2}+\sqrt{x_3}+\sqrt{x_4}$$

$$\begin{aligned}\text{s.t.}\quad & x_1\le 400\\ & 1.1x_1+x_2\le 440\\ & 1.21x_1+1.1x_2+x_3\le 484\\ & 1.331x_1+1.21x_2+1.1x_3+x_4\le 532.4\\ & x_1,x_2,x_3,x_4\geqslant 0\end{aligned}$$

图 7.3　一般化的优化问题

其中，x_1、x_2、x_3、x_4分别表示第 1、2、3、4 年使用的资金。使用拉格朗日乘子法对此方程组进行求解，可以得到第一年使用 86.19 万元、第 2 年使用 104.29 万元、第 3 年使用 126.19 万元、第 4 年使用 152.69 万元为这个问题的最优解，此时总收益达 43.09 万元。

由于求解过程过于复杂，使用拉格朗日乘子法时，需要对先后 12 个未知数和方程进行联立求解，比较难以实现（求解过程与我们讨论的主题无关，这里不再给出）。

类似的优化问题，正是粒子群算法的适用问题。当使用粒子群算法时，我们可以先随机给出若干个满足条件的资金规划方案。接着，根据粒子群的演化公式，不断调整各个粒子的位置（粒子的每一个位置代表一套方案），逐步探索更优的方案。

7.13.4　使用 Akka 实现粒子群算法

现在，我们已经知道粒子群算法的原理，并且有了一个较为复杂的优化问题等待我们求解。接下来，就需要开动脑筋，使用 Akka 来实现一个简单的粒子群算法，解决这个优化问题。

Actor 模型与粒子群算法之间有着天然的匹配度。粒子群算法由于涉及多个甚至极其大量的粒子参与运算，所以它隐含着并行计算的模式。从直观上看，粒子群算法的求解精度或者说求解的质量，与参与运算的粒子数量有直接的关系。参与运算的粒子数量越多，得到的解自然也就越精确。

如果我们使用传统的多线程方式实现粒子群算法，一个最大的问题就是线程的数量可能是非常有限的。在当前这种应用场景中，我们希望可以拥有数万甚至数十万个粒子，以提高计算精度，但众所周知，在一台计算机上运行数万个线程基本是不可能的，就算可以，系统的性能也会大打折扣。因此，使用多线程无法很好地和粒子群算法实现相融合。

但 Akka 的 Actor 模型则不同。由于多个 Actor 可以复用一个线程，而 Actor 本身作为轻量级的并发执行单元可以大量存在，因此我们可以使用 Actor 来模拟整个粒子群算法的场景。下面就让我们仔细看一下系统的实现。

首先，我们需要两个表示 pBest 和 gBest 的消息类型，用于在多个 Actor 之间传递个体最优解和全局最优解：

```
public final class GBestMsg  {
   final PsoValue value;
   public GBestMsg(PsoValue v){
      value=v;
   }
   public PsoValue getValue() {
      return value;
   }
}

public final class PBestMsg {
   final PsoValue value;
   public PBestMsg(PsoValue v){
      value=v;
   }

   public PsoValue getValue() {
      return value;
   }

   public String toString(){
      return value.toString();
```

```
23    }
24 }
```

在上述代码中，GBestMsg（代码第 1 行）表示携带全局最优解的消息，PBestMsg（代码第 11 行）表示携带个体最优解的消息。它们都使用 PsoValue 来表示一个可行的解。

在 PsoValue 中，主要包括两个信息，第一表示投资规划的方案，即每一年分别需要投资多少钱，第二表示这个投资方案的总收益：

```
public final class PsoValue {
   final double value;
   final List<Double> x;
   public PsoValue(double v,List<Double> x){
      value=v;
      List<Double> b=new ArrayList<Double>(5);
      b.addAll(x);
      this.x=Collections.unmodifiableList(b);
   }
   public double getValue(){
      return value;
   }
   public List<Double> getX(){
      return x;
   }

   public String toString(){
      StringBuffer sb=new StringBuffer();
      sb.append("value:").append(value).append("\n")
      .append(x.toString());
      return sb.toString();
   }
}
```

上述代码的数组 x 中，x[1]、x[2]、x[3]、x[4]分别表示第 1 年、第 2 年、第 3 年和第 4 年的投资额。这里为了方便起见，忽略了 x[0]（它在我们的程序中是没有作用的）。成员变量 value 表示这组投资方案的收益值。

根据需求 x 与 value 之间的关系，代码如下：

```
public class Fitness {
   public static double fitness(List<Double> x){
```

```
        double sum=0;
        for(int i=1;i<x.size();i++){
            sum+=Math.sqrt(x.get(i));
        }
        return sum;
    }
}
```

上述代码定义的 fitness()方法返回了给定投资方案的适应度。适应度也就是投资的收益，我们自然应该更倾向于选择适应度更高的投资方案。在这里，适应度= $\sqrt{x1}+\sqrt{x2}+\sqrt{x3}+\sqrt{x4}$ 。

有了这些基础工具，我们就可以来实现简单的粒子（这里我把它叫作 Bird）了。

对于基本粒子，我们需要定义以下成员变量：

```
public class Bird extends UntypedActor {
    private final LoggingAdapter log = Logging.getLogger(getContext().system(), this);
    private PsoValue pBest=null;
    private PsoValue gBest=null;
    private List<Double> velocity =new ArrayList<Double>(5);
    private List<Double> x =new ArrayList<Double>(5);
    private Random r = new Random();
```

上述代码中，pBest 和 gBest 分别表示个体最优解和全局最优解，velocity 表示粒子在各个维度上的速度（在当前案例中，每一年的投资额可以认为是一个维度，因此系统有 4 个维度）。x 表示投资方案，即每一年的投资额。由于在粒子群算法中需要使用随机数，因此这里定义了 r。

当一个粒子被创建时，我们需要初始化粒子的当前位置，粒子的每一个位置都代表一个投资方案。下面的代码展示了粒子的初始化逻辑：

```
@Override
public void preStart(){
    for(int i=0;i<5;i++){
        velocity.add(Double.NEGATIVE_INFINITY);
        x.add(Double.NEGATIVE_INFINITY);
    }
    // x1<=400
    x.set(1, (double)r.nextInt(401));
```

```
09
10    // x2<=440-1.1*x1
11    double max=400-1.1*x.get(1);
12    if(max<0)max=0;
13    x.set(2, r.nextDouble()*max);
14
15    // x3<=484-1.21*x1-1.1*x2
16    max=484-1.21*x.get(1)-1.1*x.get(2);
17    if(max<=0)max=0;
18    x.set(3, r.nextDouble()*max);
19
20    // x4<= 532.4-1.331*x1-1.21*x2-1.1*x3
21    max=532.4-1.331*x.get(1)-1.21*x.get(2)-1.1*x.get(3);
22    if(max<=0)max=0;
23    x.set(4, r.nextDouble()*max);
24
25    double newFit=Fitness.fitness(x);
26    pBest=new PsoValue(newFit,x);
27    PBestMsg pBestMsg=new PBestMsg(pBest);
28    ActorSelection selection = getContext().actorSelection("/user/masterbird");
29    selection.tell(pBestMsg, getSelf());
30 }
```

每一年的投资额度是有条件约束的，比如第一年的投资额不能超过 400 万元（第 7~8 行），而第 2 年的投资额上限是 440 万元（假设第一年全部存银行，代码第 10~13 行），以此类推。粒子初始化时，随机生成一组满足基本约束条件的投资组合，并计算它的适应度（第 25 行）。初始的投资方案自然也就作为当前的个体最优解，并发送给 Master（第 29 行）。

当 Master 计算出当前全局最优解后，会将全局最优解发送给每一个粒子，粒子根据全局最优解更新自己的运行速度，以及当前位置：

```
@Override
public void onReceive(Object msg) {
  if (msg instanceof GBestMsg) {
     gBest=((GBestMsg) msg).getValue();
     // 更新速度
     for(int i=1;i<velocity.size();i++){
        updateVelocity(i);
```

```
08         }
09         // 更新位置
10         for(int i=1;i<x.size();i++){
11            updateX(i);
12         }
13         validateX();
14         double newFit=Fitness.fitness(x);
15         if(newFit>pBest.value){
16            pBest=new PsoValue(newFit,x);
17            PBestMsg pBestMsg=new PBestMsg(pBest);
18            getSender().tell(pBestMsg, getSelf());
19         }
20      }
21      else{
22         unhandled(msg);
23      }
24 }
```

在上述代码中，粒子接收到了全局最优解（第 4 行）后，根据粒子群的标准公式更新自己的速度（第 6~8 行）。接着，根据速度更新自己的位置（第 10~12 行）。由于当前问题是有约束的，也就是说解空间并不是随意的。粒子很可能在更新位置后跑出了合理的范围，因此还有必要进行有效性检查（第 13 行）。

更新完成后就可以计算新位置的适应度，如果产生了新的个体最优解，就将其发送给 Master（第 15~19 行）。

在当前案例中，速度和位置的更新是依据标准的粒子群实现的：

```
public double updateVelocity(int i){
   double v= Math.random()*velocity.get(i)
         +2*Math.random()*(pBest.getX().get(i)-x.get(i))
         +2*Math.random()*(gBest.getX().get(i)-x.get(i));
   v=v>0? Math.min(v, 5): Math.max(v, -5);
   velocity.set(i, v);
   return v;
}

public double updateX(int i){
   double newX=x.get(i)+velocity.get(i);
   x.set(i, newX);
```

```
13    return newX;
14 }
```

上述代码中，updateVelocity()和 updateX()方法分别更新了粒子的速度和位置，位置的更新依赖于当前的速度（第 11 行）。

由于每一年的投资都是有限额的，因此要避免粒子跑到合理区间之外，下面的代码强制将粒子约束在合理的区间中：

```
public void validateX(){
   if(x.get(1)>400){
      x.set(1, (double)r.nextInt(401));
   }

   // x2
   double max=400-1.1*x.get(1);
   if(x.get(2)>max || x.get(2)<0){
      x.set(2, r.nextDouble()*max);
   }
   // x3
   max=484-1.21*x.get(1)-1.1*x.get(2);
   if(x.get(3)>max || x.get(3)<0){
      x.set(3, r.nextDouble()*max);
   }
   // x4
   max=532.4-1.331*x.get(1)-1.21*x.get(2)-1.1*x.get(3);
   if(x.get(4)>max || x.get(4)<0){
      x.set(4, r.nextDouble()*max);
   }
}
```

上述代码分别对 x1、x2、x3、x4 进行约束，一旦发现粒子跑出了定义范围，就将它进行随机化。

此外，我们还需要 MasterBird，用于管理和通知全局最优解：

```
public class MasterBird extends UntypedActor {
   private final LoggingAdapter log = Logging.getLogger(getContext().system(), this);
   private PsoValue gBest=null;

   @Override
```

```
06    public void onReceive(Object msg) {
07        if (msg instanceof PBestMsg) {
08            PsoValue pBest = ((PBestMsg) msg).getValue();
09            if(gBest==null || gBest.value < pBest.value){
10                // 更新全局最优解，通知所有粒子
11                System.out.println(msg+"\n");
12                gBest=pBest;
13                ActorSelection selection = getContext().actorSelection("/user/bird_*");
14                selection.tell(new GBestMsg(gBest), getSelf());
15            }
16        }
17        else{
18            unhandled(msg);
19        }
20    }
21 }
```

上述代码定义了 MasterBird。当它收到一个个体最优解时，会将其与全局最优解进行比较，如果产生了新的全局最优解，就更新这个全局最优解，并通知所有的粒子（第 12~14 行）。

好了，现在万事俱备，只欠东风——主函数，下面就是主函数：

```
01 public class PSOMain {
02     public static final int BIRD_COUNT = 100000;
03     public static void main(String[] args) {
04         ActorSystem system = ActorSystem
05                 .create("psoSystem", ConfigFactory.load("samplehello.conf"));
06         system.actorOf(Props.create(MasterBird.class), "masterbird");
07         for (int i = 0; i < BIRD_COUNT; i++) {
08             system.actorOf(Props.create(Bird.class), "bird_" + i);
09         }
10     }
11 }
```

上述代码定义了粒子总数，这里是 10 万个粒子，创建一个 MasterBird Actor（第 6 行）和 10 万个 Bird（第 7~9 行）。

执行上述代码，运行一小段时间，你就可以得到如下输出：

```
value:36.15412875487459
[-Infinity, 168.0, 18.786423873345715, 102.1742923174793, 76.5657638235272]
```

```
value:37.88452477135976
[-Infinity, 64.0, 87.66774733441137, 37.976681047619195, 206.17791816445362]
....
value:42.240797528048176
[-Infinity, 113.0, 42.37168995110633, 141.70570102409184, 174.16812834843475]
....
value:43.01934824083668
[-Infinity, 76.0, 112.89557345993592, 133.29270155682005, 147.16289926594942]
```

上述输出表示，当粒子群随机初始化时，最优解为 36.15 万元，但随着粒子的搜索，这个投资方案被逐步优化，由 37.88 万元一直上升到 43.02 万元。我们知道这个投资方案的最优结果是 43.09 万元，可见粒子群的搜索结果和全局最优解已经非常接近了。

当然，由于粒子群算法的随机性，每次执行结果可能并不一样，这意味着有时你可能会求得更好的解，有时可能会得到一个稍差一些的解，但它们之间不会相差太远。

8

第 8 章 并行程序调试

并行程序调试要比串行程序调试复杂得多，幸运的是，现代的 IDE 可以在一定程度上降低并行程序调试的难度。在本章中，我们简单介绍一下有关并行程序调试的技巧和经验。

8.1 准备实验样本

为了方便讲解，我们定义一个简单的类，作为实验样本：

```
public class UnsafeArrayList {
   static ArrayList al=new ArrayList();
   static class AddTask implements Runnable{
      @Override
      public void run() {
         try {
            Thread.sleep(100);
```

```
        } catch (InterruptedException e) {}
        for(int i=0;i<1000000;i++)
            al.add(new Object());
    }
}
public static void main(String[] args) throws InterruptedException {
    Thread t1=new Thread(new AddTask(),"t1");
    Thread t2=new Thread(new AddTask(),"t2");
    t1.start();
    t2.start();
    Thread t3=new Thread(new Runnable(){
        @Override
        public void run() {
            while(true){
                try {
                    Thread.sleep(1000);
                } catch (InterruptedException e) {}
            }
        }
    },"t3");
    t3.start();
}
}
```

这里使用的 JDK 版本为 JDK 8u5。

上述代码在多线程下访问了 ArrayList，是错误的写法，我们将使用调试重现这个错误。

8.2 正式起航

在正式开始之前，先熟悉一下 Eclipse 的调试环境。当你使用 Eclipse 调试 Java 程序时，程序执行到断点处，在默认情况下，当前的线程就会被挂起。

图 8.1 显示在 ArrayList.add()方法内部设置了一个断点。

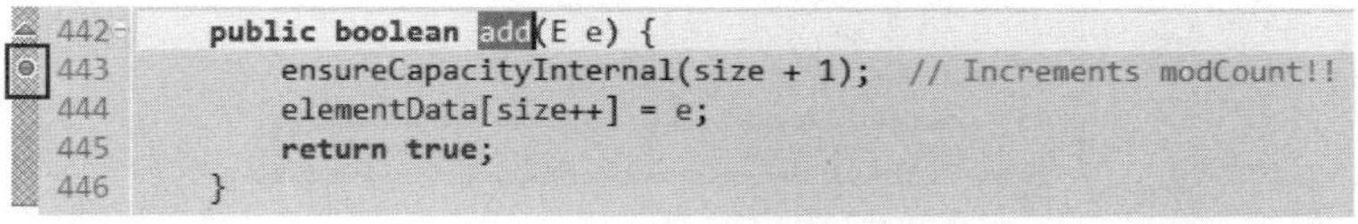

图 8.1　将断点设置在 ArrayList.add()方法内部

以调试方式启动图 8.1 中的代码，可以看到，程序会停留在系统第一次调用 ArrayList.add()方法的地方，如图 8.2 所示。

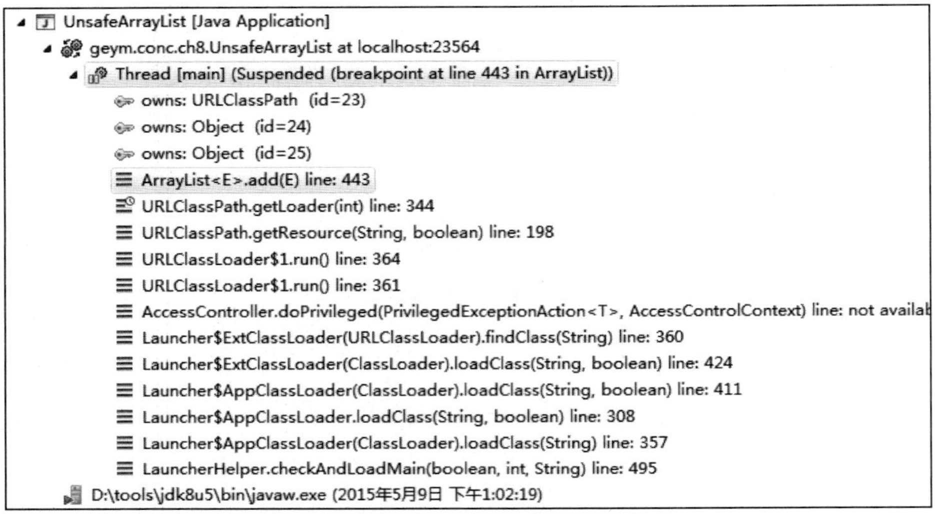

图 8.2　断点阻止了程序的运行

可以看到，主线程停留在 ArrayList.add()方法中，并且显示了完整的调用堆栈。其实我们对主函数并没有太大兴趣，因为这些都是 JDK 内部的代码实现。目前，我们更关心的是在程序中 t1 和 t2 线程对 ArrayList 类的调用，因此我们更希望忽略这些无关的调用。对于 ArrayList 这种常用的类来说，如果不加识别地进行断点设置，那么对系统的整个调试会变得异常痛苦，这应该怎么处理呢？

依托 Eclipse 的强大功能，很容易处理。我们可以为这个断点设置一些额外属性，如图 8.3 所示。

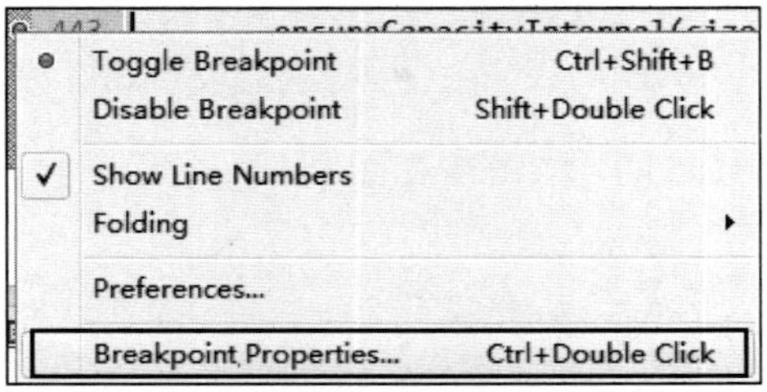

图 8.3　设置断点属性

由于我们不希望主线程启动时被中断，因此在条件断点中指定断点条件是当前线程而不是主线程，如图 8.4 所示，取得当前线程名称，并判断是否为主线程。

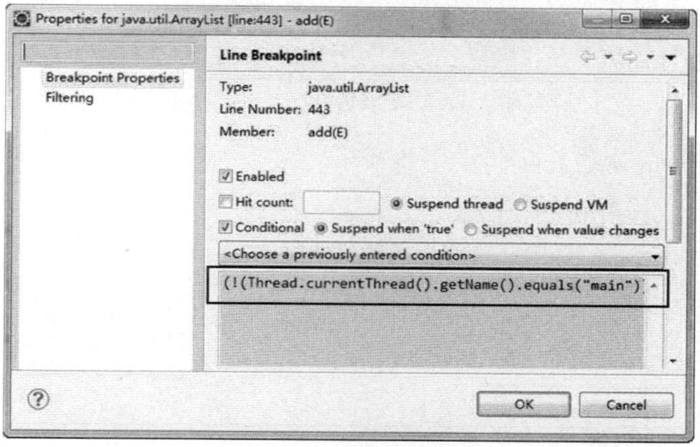

图 8.4　设置条件断点

基于以上设置，再次调试这段代码，我们就可以调试被中断的 t1 和 t2 线程了，如图 8.5 所示。

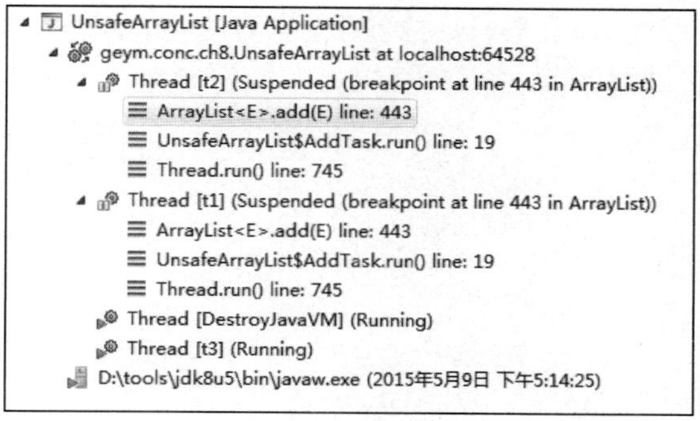

图 8.5　被中断的 t1 和 t2 线程

可以看到当前正在执行的几个线程，这里显示了 t1、t2 和 t3。由于 t3 线程并没有使用 ArrayList，因此它处于 Running 状态，并保持执行，而 t1 和 t2 两个线程都在 ArrayList.add() 方法中被挂起。

在图 8.5 中，当前选中的是 t2 线程，如果我们进行单步操作，那么 t2 线程就会执行，而 t1 线程不会继续执行，除非手动选择 t1 线程并进行相应的操作。

8.3 挂起整个虚拟机

在默认情况下，当断点条件成立时，系统会挂起相关的线程，没有断点的线程会继续执行。在实际环境中，那些还在继续执行的线程可能会对整个调试产生不利的影响。为此，我们可以设置断点类型为挂起整个 Java 虚拟机，而不仅仅是挂起相关线程，如图 8.6 所示。

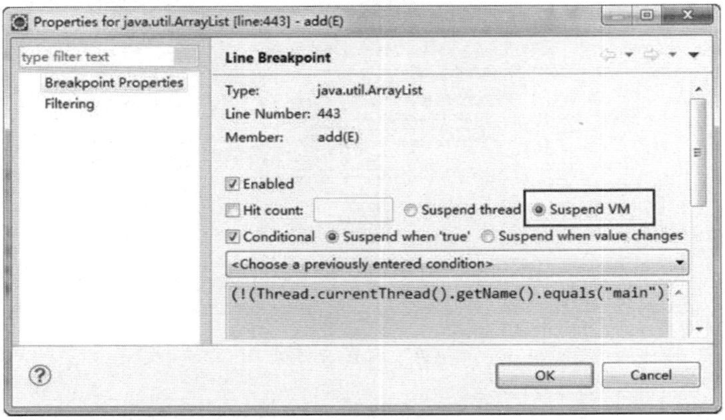

图 8.6　设置断点类型为挂起整个 Java 虚拟机

当然，在默认情况下，调试器只会挂起遇到断点的线程，如果你希望所有断点的模式都是挂起虚拟机而不是挂起线程，则可以在 Eclipse 的全局配置中设置，如图 8.7 所示。

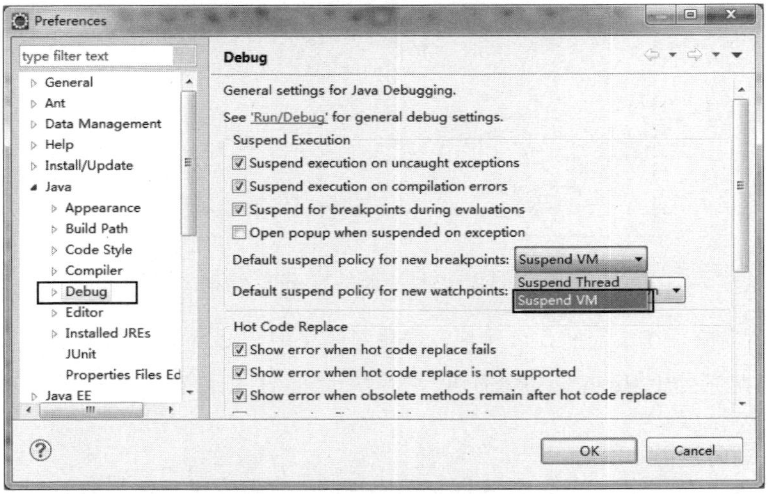

图 8.7　设置断点模式为挂起虚拟机

在挂起虚拟机时，程序进入断点后的状态如图 8.8 所示。

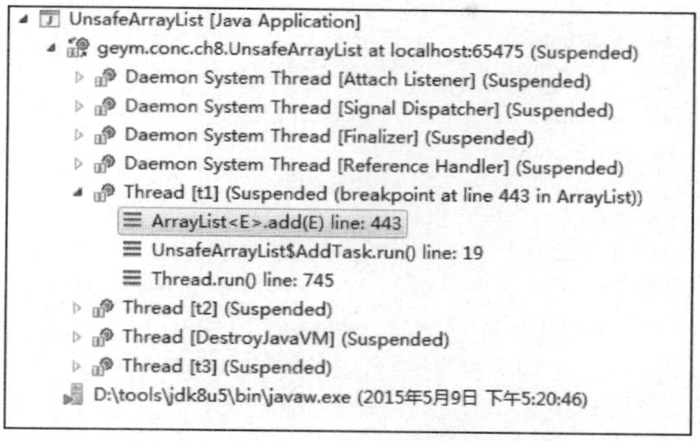

图 8.8　挂起虚拟机时程序进入断点后的状态

可以看到，当前所有的线程全部处于挂起状态，不论当前线程是否接触了断点。这种模式可以排除其他线程对被调试线程的干扰。当然，使用这种方法有时候会引发调试器或者虚拟机的一些问题，导致系统不能正常工作。

直接执行上述代码，很可能会抛出类似下面的异常：

```
Exception in thread "t2" java.lang.ArrayIndexOutOfBoundsException: 21079
   at java.util.ArrayList.add(ArrayList.java:444)
   at geym.conc.ch8.UnsafeArrayList$AddTask.run(UnsafeArrayList.java:19)
   at java.lang.Thread.run(Thread.java:745)
```

下一节用单步调试的方法来重现这个异常。

8.4　调试进入 ArrayList 内部

首先，我们需要理解 ArrayList 的工作方式。在 ArrayList 初始化时，默认会分配 10 个数组空间。当数组空间消耗完毕后，ArrayList 就会自动扩容。在每次调用 add()方法时，系统总要事先检查一下内部空间是否满足所需的大小，如果不满足，就会扩容，否则就正常添加元素。

多线程共同访问 ArrayList 的问题在于：在 ArrayList 容量快用完时（只有 1 个可用空间），如果两个线程同时进入 add()方法，并同时认为系统满足继续添加元素的条件而不需要扩容，那么两者都不会进行扩容操作。之后，两个线程先后向系统写入自己的数据，那么必然有一个线程会将数据写到边界外，从而产生 ArrayIndexOutOfBoundsException。

基于上述原理，我们在 ArrayList.add()方法中设置断点，如图 8.9 所示。

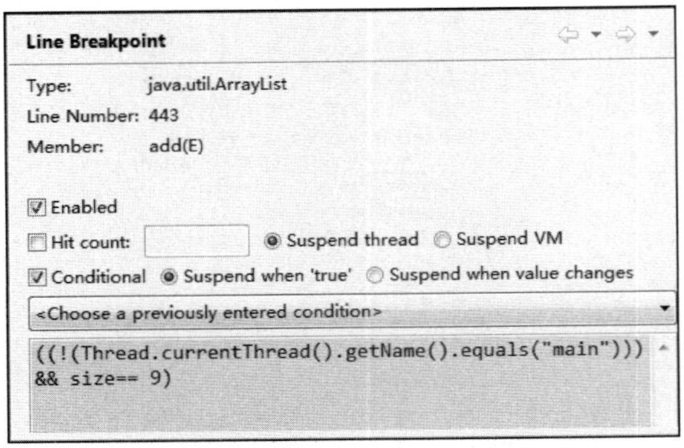

图 8.9　ArrayList.add()方法的断点设置

这个断点意味着在非主线程中（这里就是 t1 和 t2 了），当进入 add()方法后，如果当前 ArrayList 的容量为 9（当前的最大容量为 10），则触发断点。之所以这么设置，是因为当容量没有饱和时，显然不会发生 ArrayIndexOutOfBoundsException，可以直接忽略这些情况。

选中 t1 线程，让它进行容量检查，并让它在追加元素的语句前停止，如图 8.10 所示。

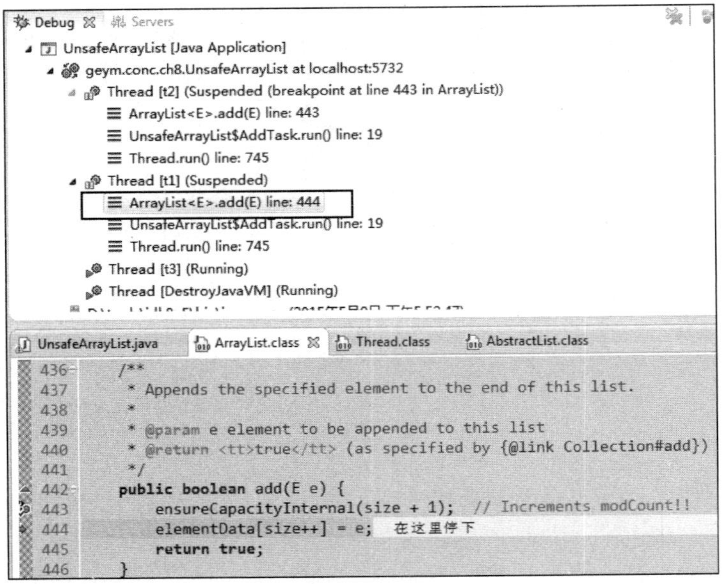

图 8.10　t1 线程完成容量检查

在 t1 线程增加元素之前，选中 t2 线程，并让 t2 线程进入 add()方法完成容量检查，如图 8.11 所示。

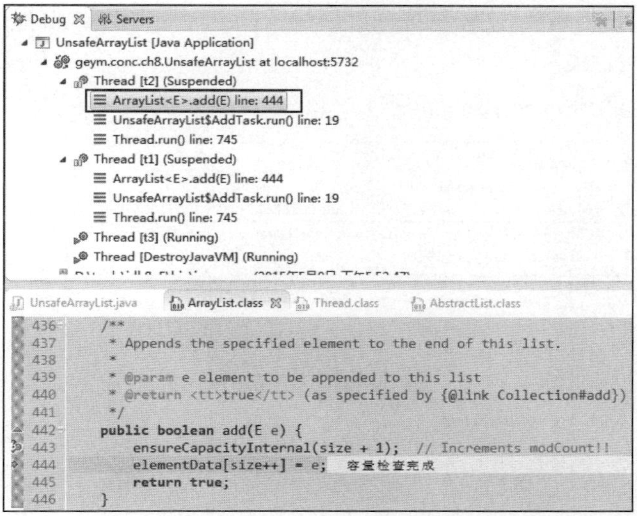

图 8.11　t2 线程完成容量检查

此时，t1 和 t2 线程都认为 ArrayList 中的容量满足它们的需求，因此它们都准备开始追加元素。让我们先选择 t1 完成元素追加，如图 8.12 所示。

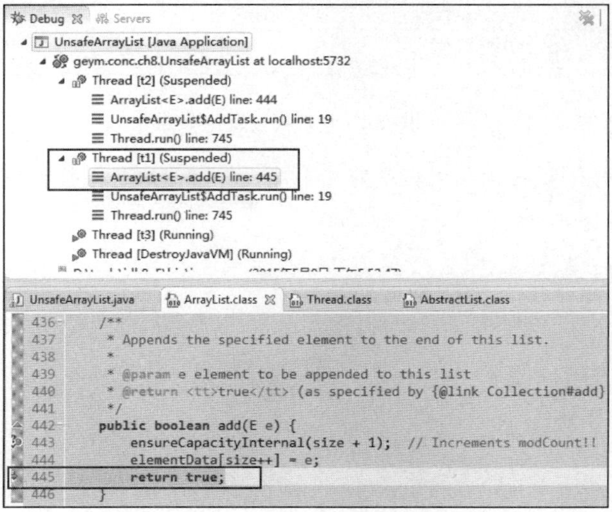

图 8.12　t1 线程完成元素追加

在 t1 线程追加完成后，t2 线程并不知道数据空间实际上已经用完了。而之前的容量检查告诉 t2 线程，可以继续追加元素，因此 t2 线程还会义无反顾地继续执行追加操作。选择 t2 线程，让 t2 线程进行元素追加，此时，当 t2 线程试图向 ArrayList 追加元素时，追加操作并没有如我们预期一样完成，因为此时 size 的值已经超过了 elementData 的边界。从图 8.13 中可以看到 ArrayIndexOutOfBoundsException 位于 t2 线程中。

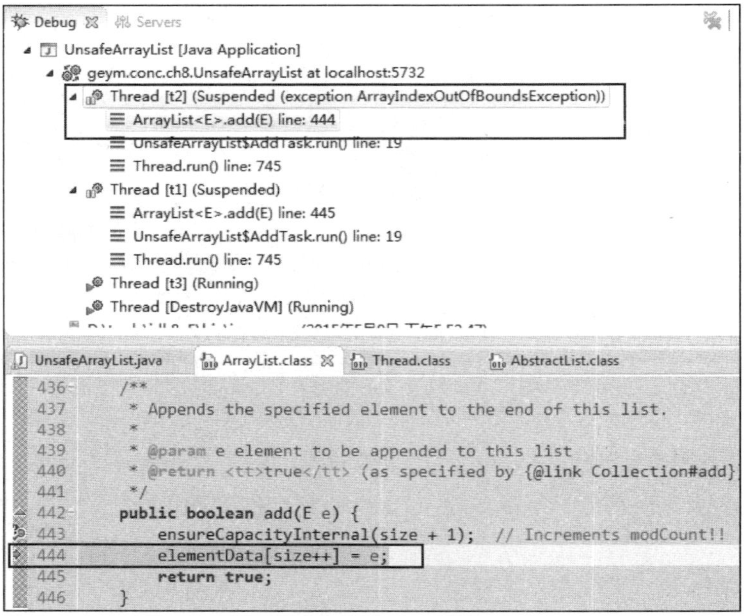

图 8.13　t2 线程发生异常

让 t2 线程继续往下执行的结果就是前文中那段异常信息，之后 t2 线程就从线程列表中消失了（执行结束）。

9

第 9 章 多线程优化示例——Jetty 核心代码分析

Jetty 是一个基于 Java 实现的、免费的 HTTP 服务器和 Servlet 容器。Jetty 项目成立于 1995 年，到目前为止，Jetty 已经成为与 Tomcat 齐名的、使用最广泛的 Java Web 容器之一。大量成功应用都基于 Jetty 开发，如 Apache Geromino、JBoss、IBM Tivoli、Cisco SESM 等。

本章将从多线程优化的角度切入，通过分析 Jetty 的核心代码，来一窥 Jetty 在高并发优化中所做的一些努力。这些编程技巧和软件设计方法也可以在工作实践中复用。

9.1 Jetty 简介与架构

Jetty 的核心组件包括 Server 和 Connector，Server 组件是基于 Handler 容器工作的，它

类似于 Tomcat 的 Container 容器。Jetty 中的 Connector 组件负责接收客户端的连接请求，并将请求分配给处理队列去执行。

图 9.1 显示了 Jetty 的总体架构。

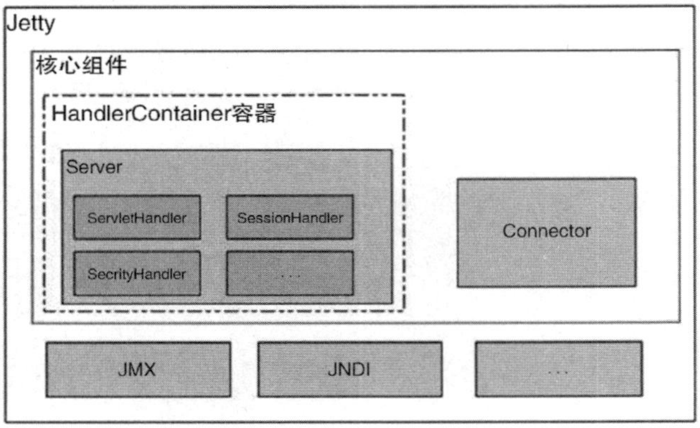

图 9.1　Jetty 总体架构图

其中，Server 可以说是整个 Jetty 的核心元素，大量的工作都围绕着 Server 展开。Server 与其他核心组件的关系如图 9.2 所示。

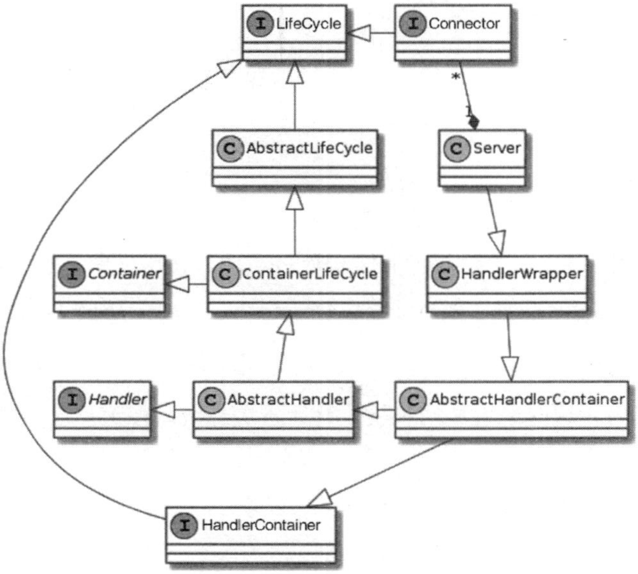

图 9.2　Server 与其他核心组件的关系

Server 内维护着一组 Connector，每个 Connector 表示一个可用的服务，每一个客户端连接都是针对一个 Connector 发起的。Container 接口表示可以被 JMX 管理的对象。LifeCycle 接口定义了具有可管理生命周期的对象。Jetty 的所有组件的生命周期管理都基于观察者模式，在 LifeCycle 接口中，定义了 LifeCycle.Listener 接口作为观察者对象。

9.2　Jetty 服务器初始化

Jetty 的核心业务逻辑实现不在本书的讨论范围内，本节主要着眼于 Jetty 在并发方面做出的努力和优化，我们主要讨论 Jetty 服务器初始化过程中和多线程相关的代码与实现。本书采用的 Jetty 版本为 9.2.10。虽然不同版本的代码实现可能有差异，但是其总体思路和架构是一致的。

9.2.1　初始化线程池

Jetty 服务器使用了独立的线程池处理用户请求，也就是执行 qtp 的那些线程（如果你曾经尝试使用 dump Jetty 线程，那么你应该会看到一些以 qtp 开头的线程）。为了满足自己特殊的需求及管理的需要，Jetty 并没有直接使用 JDK 提供的线程池，而是完全独立开发了一套线程池。在初始化线程池时，使用的是 QueuedThreadPool。

QueuedThreadPool 是一个可以设置最大和最小线程数及线程空闲退出时间的线程池。在默认情况下，最大线程数为 200，最小线程数为 8，线程空闲退出时间为 1 分钟。也就是说，线程池启动时，开启 8 个线程。在执行过程中，如果线程数不够用，则有机会向上扩展到 200 个线程。当空闲后，如果 1 个线程 1 分钟没有任务处理，则结束线程，但始终在线程池中保留 8 个活动线程。

与 JDK 自带线程池最大的不同是：QueuedThreadPool 没有核心线程数的概念，在不超过最大线程数的前提下，只要没有空闲线程处理新任务，它就会立即开启新线程。

类似于 JDK 自带线程池，QueuedThreadPool 依然将任务放在 BlockingQueue 中。但出于优化的目的，Jetty 实现了自己的 BlockingQueue——BlockingArrayQueue。

BlockingArrayQueue 是一个基于数组的队列。它可以是有界的，也可以是无界动态扩展的。在 QueuedThreadPool 中，默认使用无界的 BlockingArrayQueue。与 LinkedBlockingQueue

相比，BlockingArrayQueue 采用数组形式，没有 next 指针，因此会比 LinkedBlockingQueue 更加节省内存空间（大量的 next 指针会占据较多的内存空间）。

BlockingArrayQueue 有 3 个重要的参数：初始大小、扩展增量和最大容量。当所需容量超过初始大小时，会以扩展增量来扩大容量。

```
Object[] elements = new Object[capacity + _growCapacity];
```

可以看到，和 Vector 的扩容机制不同，BlockingArrayQueue 的扩容相对保守，并不会成倍扩容，可以确保内存空间使用的合理性。

与 ArrayBlockingQueue 不同的是，BlockingArrayQueue 可以有效支持无限容量（实际上最大容量是 Integer.MAX_VALUE，但可以认为它是近乎无限的），而由于 ArrayBlockingQueue 在初始化时必须分配所需的所有空间，无法动态扩展，因此对超大容量很难做良好的支持。表 9.1 显示了这几种 BlockingQueue 的特性，无论从哪个角度看，BlockingArrayQueue 都更适合 Jetty。

表 9.1 几种BlockingQueue的特性比较

	提供者	内存使用	容量限制	空间分配
LinkedBlockingQueue	JDK	链表，空间浪费	无限	动态扩展
ArrayBlockingQueue	JDK	内存紧凑	有限	静态固定
BlockingArrayQueue	Jetty	内存紧凑	无限	动态扩展

与 ArrayBlockingQueue 类似，BlockingArrayQueue 也采用了环形数据结构。它们都使用两个变量来保存头部和尾部的当前索引。在 BlockingArrayQueue 中，使用如下代码：

```
private static final int HEAD_OFFSET = MemoryUtils.getIntegersPerCacheLine() - 1;
private static final int TAIL_OFFSET = HEAD_OFFSET +
MemoryUtils.getIntegersPerCacheLine();
private final int[] _indexes = new int[TAIL_OFFSET + 1];
```

这里的_indexes 数组虽然形式上是一个整型数组，但实际上它只表示两个整数，一是队列头部索引，二是队列尾部索引，即_indexes[HEAD_OFFSET]和_indexes[TAIL_OFFSET]。这里之所以使用数组来表示两个整数，是为了处理伪共享问题，详情可参考本书 5.4 节。在执行过程中，一种典型的场景是 HEAD_OFFSET 等于 15，TAIL_OFFSET 等于 31，使得_indexes[HEAD_OFFSET]和_indexes[TAIL_OFFSET]分布在两个 Cache Line 上。

9.2.2　初始化 ScheduledExecutorScheduler

在 Jetty 的初始化过程中，为了实现对任务的调度，还需要初始化 ScheduledExecutorScheduler。ScheduledExecutorScheduler 是对 JDK 线程池 ScheduledThreadPoolExecutor 的包装，通过适配器模式将 ScheduledThreadPoolExecutor 的接口适配到 Jetty 的框架体系中，如图 9.3 所示。

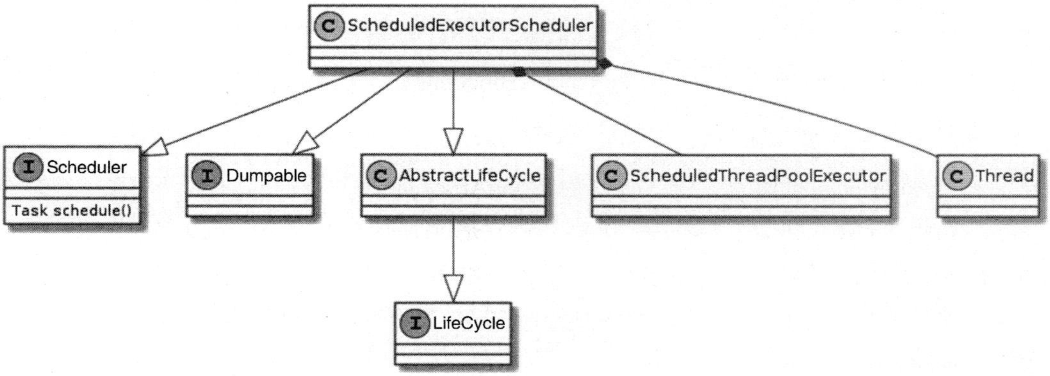

图 9.3　ScheduledExecutorScheduler 的结构

其中，ScheduledThreadPoolExecutor 是 JDK 内置的线程池，用于任务调度。Scheduled-ExecutorScheduler 为其在 Jetty 中的包装，通过定制 ThreadFactory 将调度者线程实例暴露给 ScheduledExecutorScheduler，以完成线程 dump 等管理工作：

```
@Override
protected void doStart() throws Exception
{
    scheduler = new ScheduledThreadPoolExecutor(1, new ThreadFactory()
    {
        @Override
        public Thread newThread(Runnable r)
        {
            Thread thread = ScheduledExecutorScheduler.this.thread = new Thread(r, name);
            thread.setDaemon(daemon);
            thread.setContextClassLoader(classloader);
            return thread;
        }
    });
    scheduler.setRemoveOnCancelPolicy(true);
```

```
16    super.doStart();
17 }
```

上述代码显示了如何在 ScheduledExecutorScheduler 中创建 ScheduledThreadPoolExecutor。可以看到，该线程池只包含一个调度线程，并且在第 9 行代码中将其内部线程暴露给 ScheduledExecutorScheduler 进行管理。

9.2.3 初始化 ByteBufferPool

Java 作为一门使用 GC 的计算机语言，享受了 GC 带来的好处，同时得承受 GC 带来的弊端。一段糟糕的 Java 代码极有可能加重 GC 的负担，导致系统长时间罢工，这将对系统的稳定性和性能都产生巨大的打击。难道在 Java 中就真的没有办法用更优雅的方式控制和优化内存了吗？当然有！Jetty 在优化 Java 堆的使用上下足了功夫。ByteBufferPool 就是其中一种极其重要的技术。通过 ByteBufferPool 可以在应用层维护和控制内存的使用，是一个值得细细体会的设计要点。

顾名思义，ByteBufferPool 就是一个 ByteBuffer 的对象池，其作用是复用 ByteBuffer。相对于每次申请 ByteBuffer 而言，复用 ByteBuffer，尤其是复用直接内存的 ByteBuffer，将会降低 GC 的压力。同时，由于不需要每次申请空间，也可以节省对象创建的开销，特别是对于直接内存（直接内存的申请比堆内存慢）会有更好的优化效果。因此，可以极大地提高系统整体的性能。

ByteBufferPool 的一种重要实现是 ArrayByteBufferPool：

```
public ArrayByteBufferPool(int minSize, int increment, int maxSize)
```

由于每次请求所需的 ByteBuffer 的大小很可能是不一样的，所以 ByteBufferPool 和普通的对象池不同。ByteBufferPool 中的对象并不完全等价，而是按照大小分类，并根据实际的请求，找到一个最合适的 ByteBuffer 返回。在 ArrayByteBufferPool 的构造函数中，minSize 表示池中支持的最小的 ByteBuffer，increment 表示 ByteBuffer 的增量，maxSize 表示池中支持的最大的 ByteBuffer。因此，ByteBufferPool 中所包含的 ByteBuffer 大小必然在 minSize 和 maxSize 之间，并且以 increment 为增量。

ByteBufferPool 内部由一组 Bucket 组成，用于管理这些大小不一的 ByteBuffer。根据堆内存和直接内存的不同，可以将 Bucket 分成两类。

```
01 _min=minSize;
02 _inc=increment;
03
04 _direct=new Bucket[maxSize/increment];
05 _indirect=new Bucket[maxSize/increment];
06
07 int size=0;
08 for (int i=0;i<_direct.length;i++)
09 {
10     size+=_inc;
11     _direct[i]=new Bucket(size);
12     _indirect[i]=new Bucket(size);
13 }
```

上述代码第 4～5 行初始化了直接内存和堆内存的 Bucket。Bucket 的数量与 maxSize 和 increment 有关。第 11~12 行初始化每一个 Bucket，其中 size 表示 Bucket 中保存的 ByteBuffer 的大小，也就是说，相同大小的 ByteBuffer 将由一个 Bucket 管理，不同大小的 ByteBuffer 必然存放在不同的 Bucket 中。图 9.4 显示了 ByteBufferPool 和 Bucket 的关系。其中整个图表示 ByteBufferPool，小方块表示其中的 Bucket，方块的大小表示 Bucket 容积的大小。

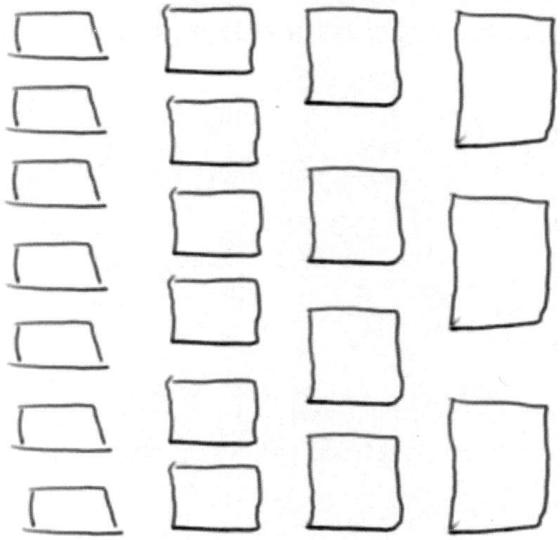

图 9.4　ByteBufferPool 和 Bucket 的关系

Bucket 的定义如下：

```
public static class Bucket
{
    public final int _size;
    public final Queue<ByteBuffer> _queue= new ConcurrentLinkedQueue<>();

    Bucket(int size)
    {
        _size=size;
    }

    @Override
    public String toString()
    {
        return String.format("Bucket@%x{%d,%d}",hashCode(),_size,_queue.size());
    }
}
```

不难看到，一个 Bucket 维护一组 ByteBuffer，并且它们的大小都是_size 字节。同时，为了应对高并发场景，这里使用了高并发队列 ConcurrentLinkedQueue。

在 ByteBufferPool 初始化时，并不会预先申请 ByteBuffer 填充到对象池中，而是在系统执行过程中对新建的 ByteBuffer 进行管理，也就是说，ByteBufferPool 既是一个对象池，也是一个工厂：

```
public ByteBuffer acquire(int size, boolean direct)
{
    Bucket bucket = bucketFor(size,direct);
    ByteBuffer buffer = bucket==null?null:bucket._queue.poll();

    if (buffer == null)
    {
        int capacity = bucket==null?size:bucket._size;
        buffer = direct ? BufferUtil.allocateDirect(capacity) : BufferUtil.allocate(capacity);
    }

    return buffer;
}
```

上述代码第 3 行，根据所需要的 ByteBuffer 大小寻找一个最合适的 Bucket，也就是大于等于请求大小，并且最接近请求大小的一个 Bucket。如果找到这么一个 Bucket，并且 Bucket 中也确实存在空闲的 ByteBuffer，那么直接返回 ByteBuffer。如果找不到合适的 Bucket（比如请求的大小超过 maxSize），或者 Bucket 中已经没有可用的 ByteBuffer，则根据 Bucket 的大小（优先）或者请求大小创建一个 ByteBuffer 并返回。

ByteBuffer 使用完成后需要归还对象池：

```
public void release(ByteBuffer buffer)
{
   if (buffer!=null)
   {
      Bucket bucket = bucketFor(buffer.capacity(),buffer.isDirect());
      if (bucket!=null)
      {
         BufferUtil.clear(buffer);
         bucket._queue.offer(buffer);
      }
   }
}
```

在归还过程中，首先需要找到对应的 Bucket，如果找不到，则不归还。如果找到，则重置 buffer，并且加入 Bucket 中。

很明显，当归还的 ByteBuffer 过大或者过小时，归还总是不成功的。在这种情况下，ByteBufferPool 将失去其对象池的复用功能。

综上所述，ArrayByteBufferPool 是一个设计巧妙且兼具工厂和对象池功能的内存管理组件，其设计意图是通过对内存的管理，减少 GC 压力，节省内存开销，进而提升系统性能。

9.2.4　维护 ConnectionFactory

在初始化过程中，Jetty 还会维护一组 ConnectionFactory 对象，用来创建一个 Connector 上的给定 Connection。每当服务器接收一个连接，Jetty 便会创建一个 Connection 对象来维护连接和相关数据。

9.2.5　计算 ServerConnector 的线程数量

在 ServerConnector 初始化过程中，Jetty 还需要分配工作在 Accept 和 Select 上的线程数量。线程数量的计算基于系统可用的 CPU 数量，因此首先需要取得系统 CPU 核心数：

```
int cores = Runtime.getRuntime().availableProcessors();
```

设置并分配 Accept 线程，默认为：

```
acceptors=Math.max(1, Math.min(4,cores/8));
```

由以上代码可见，Accept 线程数量总是在 1 到 4 个之间。只有在 32 核以上时，才会达到 4 个 Accept 线程。接着还会计算 Selector 的线程数量，默认为：

```
Math.max(1,Math.min(4,Runtime.getRuntime().availableProcessors()/2))
```

Selector 的线程数量由 ServerConnectorManager 维护，它维护了一组 ManagedSelector，每个 ManagedSelector 表示一个 Selector 线程，即在此确定了 ManagedSelector 的数量：

```
_selectors = new ManagedSelector[selectors];
```

9.3　启动 Jetty 服务器

在初始化完成后，Jetty 服务器就进入启动阶段。Jetty 中各个组件的生命周期都是通过 LifeCycle 接口管理的。Server 本身也是这个接口的实现。

9.3.1　设置启动状态

LifeCycle 接口有一个抽象类实现 AbstractLifeCycle，用以维护对象的基本运行状态，如图 9.5 所示。

下面的代码显示了启动阶段的状态变迁和回调：

```
private void setStarting()
 {
    if (LOG.isDebugEnabled())
       LOG.debug("starting {}",this);
    _state = __STARTING;
    for (Listener listener : _listeners)
       listener.lifeCycleStarting(this);
 }
```

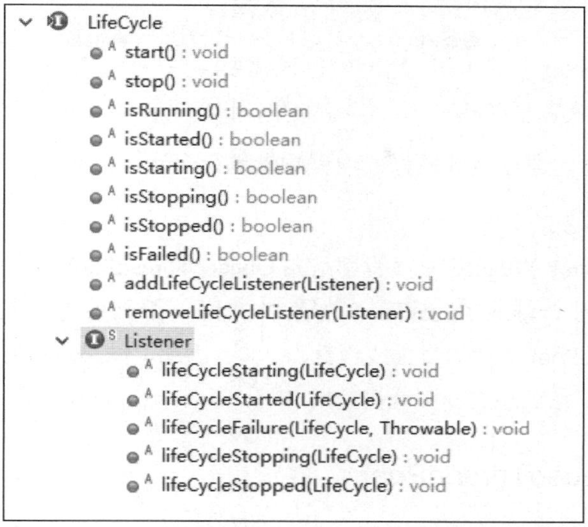

图 9.5　LifeCycle 接口

9.3.2　注册 ShutdownMonitor

在启动过程中，Jetty 服务器会注册 ShutdownMonitor 服务用来接收远程关闭命令，使得服务器可以优雅地退出。ShutdownMonitor 是一个典型的单例模式，使用 Java 内部类实现。在 ShutdownMonitor 中，将开启一个本地端口用于监听系统关闭消息。

ShutdownMonitor 内部维护了一组 LifeCycle 对象，并使用独立的线程监听给定的本地端口，一旦收到指令，则通知这些 LifeCycle 对象（比如 Server）退出系统。

9.3.3　计算系统的线程数量

在启动过程中，Jetty 会取得初始化过程中创建的 QueuedThreadPool，同时计算所需的 Acceptor 线程和 Selector 线程的总数：

```
for (Connector connector : _connectors)
{
   if (connector instanceof AbstractConnector)
      acceptors+=((AbstractConnector)connector).getAcceptors();

   if (connector instanceof ServerConnector)
```

```
selectors+=((ServerConnector)connector).getSelectorManager().getSelectorCount();
}
int needed=1+selectors+acceptors;
```

这里将在初始化阶段已经计算好的线程数量进行合计，得到最终所需的线程数，并使用 needed 变量保存。

Jetty 中的 Acceptor 和 Selector 线程都是向 QueuedThreadPool 申请的，因此，所需线程总数 needed 不能超过 QueuedThreadPool 的最大线程数，否则系统无法正常启动。在默认情况下，QueuedThreadPool 支持的最大线程数为 200。因此，如果所有 Connector 的总线程数超过 200，那么 Jetty 在启动过程中就会抛出 IllegalStateException 异常。

9.3.4 启动 QueuedThreadPool

如果前面的启动过程一切正常，那么 Jetty 将会启动 QueuedThreadPool，也就是 Jetty 的核心业务线程池。该线程池启动时，会创建_minThreads 个线程（默认为 8 个线程），且线程名以“qtp”为开头，如图 9.6 所示。

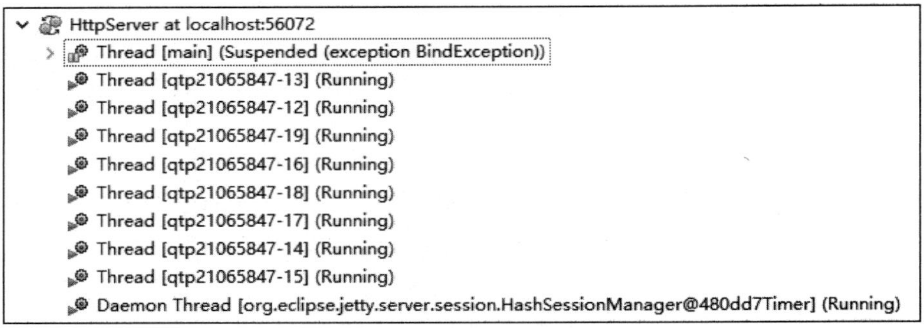

图 9.6　Jetty 线程池线程状态

QueuedThreadPool 中一共有 8 个线程，在 QueuedThreadPool 启动初期，并不会有任务提交到线程池中，因此所有的线程都处于空闲状态。

9.3.5 启动 Connector

Connector 是 Server 的核心，代表一个服务端的端口，ServerConnector 是该接口的一个重要实现，也是最重要的一个 Connector，如无特殊说明，本节的 Connector 都表示 ServerConnector。

启动 Connector 才真正代表 Jetty 可以对外提供服务。首先，Connector 要开启所有的 Selector 线程：

```
1 for (int i = 0; i < _selectors.length; i++)
2 {
3     ManagedSelector selector = newSelector(i);
4     _selectors[i] = selector;
5     selector.start();
6     execute(new NonBlockingThread(selector));
7 }
```

上述代码第 6 行将 selector 任务提交到 QueuedThreadPool 线程池。

在 Selector 线程和 Acceptor 线程执行过程中，会修改当前线程的名字，以标识线程的作用。图 9.7 显示了提交 Selector 线程和 Acceptor 线程后的线程池状态。

图 9.7　提交 Selector 线程和 Acceptor 线程后的线程池状态

这里的 Selector 线程数量和 Acceptor 线程数量应该和“9.2.5　计算 ServerConnector 的线程数量”中的计算结果一致。

在 Jetty 中，由 SelectorManager 管理所有的 Selector 线程，包括 Selector 线程的创建、启动和调度。每一个 Selector 线程都被封装为 ManagedSelector 进行管理。ManagedSelector 是一个 Runnable 接口的实现，并最终被提交到 QueuedThreadPool 线程池执行，图 9.7 中的两个 Selector 线程就是 ManagedSelector 的。图 9.8 显示了 Jetty 中 SelectorManager 的基本结构。

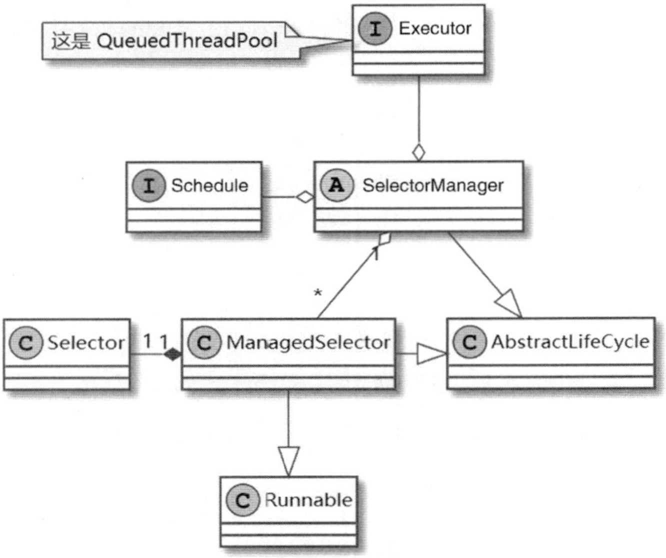

图 9.8　Jetty 中 SelectorManager 的基本结构

在 Selector 线程启动完成后，Jetty 会尝试创建 Acceptor 线程。根据系统初始化时的设置，如果 Acceptor 线程数量大于 1，则会创建并管理相关线程。在如下代码的第 5 行，将 Acceptor 提交到 QueuedThreadPool 线程池：

```
1 for (int i = 0; i < _acceptors.length; i++)
2 {
3   Acceptor a = new Acceptor(i);
4   addBean(a);
5   getExecutor().execute(a);
6 }
```

Acceptor 线程被提交启动后，首先会修改线程名以标识其作用：

```
final Thread thread = Thread.currentThread();
String name=thread.getName();
_name=String.format("%s-acceptor-%d@%x-%s",
  name,_acceptor,hashCode(),AbstractConnector.this.toString());
thread.setName(_name);
```

接着会设置线程优先级，并将当前线程向_acceptor 数组注册，最终在服务器端口上等待客户端连接。

```
1 public void accept(int acceptorID) throws IOException
2 {
3     ServerSocketChannel serverChannel = _acceptChannel;
4     if (serverChannel != null && serverChannel.isOpen())
5     {
6         SocketChannel channel = serverChannel.accept();
7         accepted(channel);
8     }
9 }
```

在默认情况下，channel 是阻塞的，也就是在上述第 6 行代码处系统会等待客户端连接。但如果在初始化过程中得到的 Acceptor 线程数量为 0，则表示不适用单独的 Acceptor 线程，那么 channel 就会设置为非阻塞模式。ServerConnector 的部分启动代码如下：

```
if (getAcceptors()==0)
{
    _acceptChannel.configureBlocking(false);
    _manager.acceptor(_acceptChannel);
}
```

Connector 启动完成后，根据 AbstractLifeCycle 的统一管理，会设置 Connector 的内部状态为 STARTED，并发送 Started 事件通知给相关 Listener。

9.4　处理 HTTP 请求

当 Jetty 启动完成后，便会监听服务端口，等待客户端请求，当请求到达时进行处理。请求的处理从 Acceptor 线程开始，先由 Acceptor 线程接受用户请求，并选择合适的 Selector 线程进行处理。

9.4.1　Accept 成功

在 ServerConnector 中，当 Accept 成功后，便会着手处理客户端连接：

```
private void accepted(SocketChannel channel) throws IOException
{
    channel.configureBlocking(false);
    Socket socket = channel.socket();
    configure(socket);
```

```
    _manager.accept(channel);
}
```

上述代码首先将对应的 channel 设置为非阻塞模式。然后，配置与 socket 相关的属性（如 TCP_NODELAY 和 SO_LINGER）。最后，使用 SelectorManager 进行处理。

在 SelectorManager 中，会选择合适的 ManagedSelector 进行处理，分发的标准是尽量高效地将请求均匀地分到所有的 ManagedSelector 中，如下所示：

```
private ManagedSelector chooseSelector()
{
    long s = _selectorIndex++;
    int index = (int)(s % getSelectorCount());
    return _selectors[index];
}
```

上述代码会在多个线程中被调用，它轮询选择一个可用的 Selector 线程。代码本身很简单，但这段注释特别值得关注。_selectorIndex 不是一个线程安全的原子操作，之所以不坚持使用一个安全的变量，是因为这里只需要_selectorIndex 发生变化即可，并不要求计算的精确性。在多线程程序设计中，这是一个非常重要的思想。我们必须深刻理解：线程安全永远是相对于应用的，如果应用本身并不要求精确的线程安全，那么力求绝对的线程安全就是一种资源浪费。因为几乎所有线程安全的数据结构的性能都大大低于非线程安全的数据结构的性能。虽然 AtomicLong 比阻塞锁拥有更好的性能，但是和原生的 long 相比依然慢了许多。由于这里并不需要精确地将任务派发给 Selector 线程，从概率上来说，最终所有的任务会非常均匀地分配给各个 Selector 线程，所以这里选择了一种最高效的做法。

当得到所需的 Selector 线程后，将对应的任务提交到 ManageredSelector 中：

```
public void accept(SocketChannel channel, Object attachment)
{
    final ManagedSelector selector = chooseSelector();
    selector.submit(selector.new Accept(channel, attachment));
}
```

下面是 Selector 线程的 submit()方法的一个片段，可以看到在 ManageredSelector 中维护了一个_changes 任务集合：

```
public void submit(Runnable change)
{
    _changes.offer(change);
```

9.4.2 请求处理

当任务被提交到 ManageredSelector 后，ManageredSelector 便开始处理提交的任务。在 ManageredSelector 中，使用一个特殊的 ConcurrentArrayQueue 队列来保存这些任务：

```
private final Queue<Runnable> _changes = new ConcurrentArrayQueue<>();
```

在_changes 中，保存着需要当前 Selector 处理的所有任务。ConcurrentArrayQueue 并非 JDK 自带的高并发集合，而是由 Jetty 独立实现的。

ConcurrentArrayQueue 与 ConcurrentLinkedQueue 非常类似，也是一个无界队列，并且也是对高并发相当友好的一种实现。与 ConcurrentLinkedQueue 不同的是，ConcurrentArrayQueue 使用连续数组作为其内部结构，因此 ConcurrentArrayQueue 并不需要将存储的元素封装为 Node，其所需的内存空间也将小于 ConcurrentLinkedQueue，是一种对 GC 更为友好的算法。

ConcurrentArrayQueue 内部使用若干个 Block 存储数据，一个 Block 为一个数组，两个 Block 之间以链表的方式连接。当已有 Block 都满载时，ConcurrentArrayQueue 会新建 Block 存储数据以达到动态扩展的目的。其内部结构如图 9.9 所示。

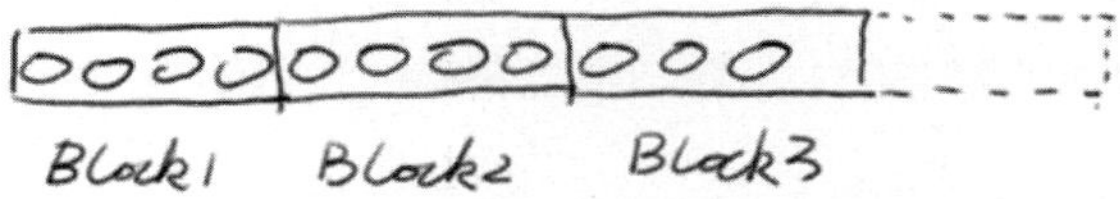

图 9.9 ConcurrentArrayQueue 的内部结构

此外，ConcurrentArrayQueue 的实现还有两个特点，第一，它充分考虑了伪共享问题，对于常用的头部索引和尾部索引都使用一定量的填充，以确保这两个变量处于单独的缓存行中；第二，ConcurrentArrayQueue 大量使用 CAS 操作，完全在应用层处理线程冲突，是一种典型的无锁实现，因此对高并发特别友好。

当 ManagedSelector 从_changes 中得到请求时，它并不会在 ManageredSelector 线程中处理该请求，而是将这个任务再次提交到 QueuedThreadPool，由其他空闲线程处理，从而避免 Selector 线程产生阻塞。

反侵权盗版声明